U0737822

"十四五"职业教育国家规划教材

"十三五"职业教育国家规划教材

江苏联合职业技术学院院本教材
经学院教材审定委员会审定通过

供用电系统运行与维护

主　编　朱照红
副主编　王荷芬
参　编　王　莉　叶　琳　肖永刚

机械工业出版社
CHINA MACHINE PRESS

本书是根据教育部于2014年公布的《中等职业学校电气运行与控制专业教学标准》，同时参考变电设备安装工、电气值班员职业资格标准编写的。

全书共分七个模块，包括电力系统及供配电概述，供配电设备运行与维护，电力线路安装、运行与维护，继电保护装置试验与运行，供配电系统电气图识读，变配电系统设计、操作与运行维护，电气安全技术。本书以职业能力培养为目标，以理实一体化形式组织编写，集中体现了学校教学和企业实践的有机融合，传统工艺和现代技术的有机结合，并严格贯彻最新标准、规范、工艺和规程，淘汰了落后的工艺和电气设备。

本书可作为职业院校电气技术类相关专业的教材，也可作为变电设备安装工、电气值班员的岗位培训用书。

图书在版编目（CIP）数据

供用电系统运行与维护/朱照红主编. —北京：机械工业出版社，2018.8（2025.1重印）

"十三五"职业教育国家规划教材

ISBN 978-7-111-60556-0

Ⅰ.①供… Ⅱ.①朱… Ⅲ.①供电系统-电力系统运行-职业教育-教材②配电系统-电力系统运行-职业教育-教材③供电系统-维修-职业教育-教材④配电系统-维修-职业教育-教材 Ⅳ.①TM732

中国版本图书馆CIP数据核字（2018）第168313号

机械工业出版社（北京市百万庄大街22号 邮政编码100037）

策划编辑：赵红梅 责任编辑：赵红梅 张利萍 责任校对：陈 越

封面设计：张 静 责任印制：常天培

北京机工印刷厂有限公司印刷

2025年1月第1版第7次印刷

184mm×260mm · 16.25印张 · 398千字

标准书号：ISBN 978-7-111-60556-0

定价：42.80元

电话服务

客服电话：010-88361066

010-88379833

010-68326294

网络服务

机 工 官 网：www.cmpbook.com

机 工 官 博：weibo.com/cmp1952

金 书 网：www.golden-book.com

机工教育服务网：www.cmpedu.com

关于“十四五”职业教育
国家规划教材的出版说明

为贯彻落实《中共中央关于认真学习宣传贯彻党的二十大精神的决定》《习近平新时代中国特色社会主义思想进课程教材指南》《职业院校教材管理办法》等文件精神，机械工业出版社与教材编写团队一道，认真执行思政内容进教材、进课堂、进头脑要求，尊重教育规律，遵循学科特点，对教材内容进行了更新，着力落实以下要求：

1. 提升教材铸魂育人功能，培育、践行社会主义核心价值观，教育引导学生树立共产主义远大理想和中国特色社会主义共同理想，坚定“四个自信”，厚植爱国主义情怀，把爱国情、强国志、报国行自觉融入建设社会主义现代化强国、实现中华民族伟大复兴的奋斗之中。同时，弘扬中华优秀传统文化，深入开展宪法法治教育。

2. 注重科学思维方法训练和科学伦理教育，培养学生探索未知、追求真理、勇攀科学高峰的责任感和使命感；强化学生工程伦理教育，培养学生精益求精的大国工匠精神，激发学生科技报国的家国情怀和使命担当。加快构建中国特色哲学社会科学学科体系、学术体系、话语体系。帮助学生了解相关专业和行业领域的国家战略、法律法规和相关政策，引导学生深入社会实践、关注现实问题，培育学生经世济民、诚信服务、德法兼修的职业素养。

3. 教育引导学生深刻理解并自觉实践各行业的职业精神、职业规范，增强职业责任感，培养遵纪守法、爱岗敬业、无私奉献、诚实守信、公道办事、开拓创新的职业品格和行为习惯。

在此基础上，及时更新教材知识内容，体现产业发展的新技术、新工艺、新规范、新标准。加强教材数字化建设，丰富配套资源，形成可听、可视、可练、可互动的融媒体教材。

教材建设需要各方的共同努力，也欢迎相关教材使用院校的师生及时反馈意见和建议，我们将认真组织力量进行研究，在后续重印及再版时吸纳改进，不断推动高质量教材出版。

机械工业出版社

前　言

本书是根据教育部《关于中等职业教育专业技能课教材选题立项的函》（教职成司［2012］95号），由全国机械职业教育教学指导委员会和机械工业出版社联合组织编写的职业教育机电类专业系列教材，是根据教育部2021年公布的职业教育专业目录及2014年公布的《中等职业学校电气运行与控制专业教学标准》，同时参考变电设备安装工、电气值班员等职业资格标准编写并复核的。

本书重点强调职业实践能力的培养，编写过程中力求体现以下特色：

1. 坚持以立德树人为宗旨，坚持以职业能力培养和工匠精神为目标，坚持以“教—学—做”一体化为主线组织编写内容，体现了学校教学和企业实践的有机融合，传统工艺和现代技术的有机结合，并严格贯彻最新标准、规范、工艺和规程，淘汰了落后的工艺和设备。

2. 坚持以易教、易学、够用为编写原则。结合职业学校的学生特点和认知规律，以生动的图片、简洁的描述和丰富的经验取代传统教材的理论分析和数学公式，以期达到教得会、学得进、用得上的教学目标。

3. 坚持以面向工作岗位、利于学生可持续发展为最终目标，结合生产生活中供配电的具体应用，让学习尽快熟悉相应的行业标准和规范，为其顺利走向工作岗位打下坚实基础。

4. 充分利用信息化教学手段和线上线下资源共建互补的优势，开发构建以“1+X”考试建设和线上“名师在线”为资源的新形态立体化教学资源。

本书由朱照红任主编，王荷芬任副主编，王莉、叶琳、肖永刚参编。本书共包括七个模块，具体分工如下：朱照红编写模块二、模块四、模块六，王莉编写模块三和模块七，王荷芬、叶琳、肖永刚编写模块一和模块五。在本书编写过程中，参阅了国内出版的有关教材和资料，在此一并表示衷心感谢！

由于编者水平有限，书中不妥之处在所难免，恳请读者批评指正。

编　者

目　录

模块一

电力系统及供配电概述

【教学目标】

【职业认知】

1. 了解电力系统组成和我国电力系统发展现状。

2. 熟悉供配电系统的基本接线形式，掌握电力企业高压配电系统和低压配电系统的典型结构形式。

【职业能力】

1. 能够在老师指导下完成本单位配电系统网络图的绘制。

2. 能够根据本单位各用电负荷的性质和技术要求合理改进配电接线方式。

任务一 认识电力系统

【知识解读】

一、电力系统概况

电力是以电能作为动力的能源，发明于 19 世纪 70 年代。由于电能具有便于输送、分配、使用、控制等优点，被广泛应用于现代工农业、交通运输、科学技术、国防建设及人民生活中。电力工业的发展水平已成为衡量一个国家综合国力和现代化水平的重要标志。

20 世纪出现的大规模电力系统是人类工程科学史上最重要的成就之一。目前，我国已经建成的跨省电力系统有华东电网、东北电网、华北电网、西北电网、华南电网、西南电网和华中电网共七个。独立的省属电力系统有山东、福建、海南、新疆和台湾共五个。由于我国的水力、石油、原煤等自然资源分布不均衡，长期以来我国的能源供应决策一直是“北煤南运，西电东送”。近年来，由于我国经济的蓬勃发展和交通运力的矛盾日益突出，才把这一决策改成了“北电南送，西电东送”，于是，一个全国性的联合电力系统正在建成。

因此，熟悉本单位供配电系统的接线形式和系统设备组成，对于优化系统设计、合理安排电力负荷节能降耗、提高供电可靠性、快速分析电力系统运行故障等都具有重要意义。

二、电力系统组成

电力系统主要是由发电厂、电力网及电能用户组成的，如图 1-1 所示。

1. 发电

把其他形式的能量转换成电能的过程叫发电。担任发电任务的工厂称发电厂。

按所用能源不同，发电厂可分为火力发电厂、水力发电厂、核动力发电厂、风力发电厂、潮汐发电厂和地热发电厂等。我国电力的生产主要来源于火力发电和水力发电。

1）火力发电通常以煤或油为燃料，使锅炉产生蒸气，以高压（9.8MPa 以上）高温（500℃以上）蒸气驱动汽轮机，由汽轮机带动发电机而发电。

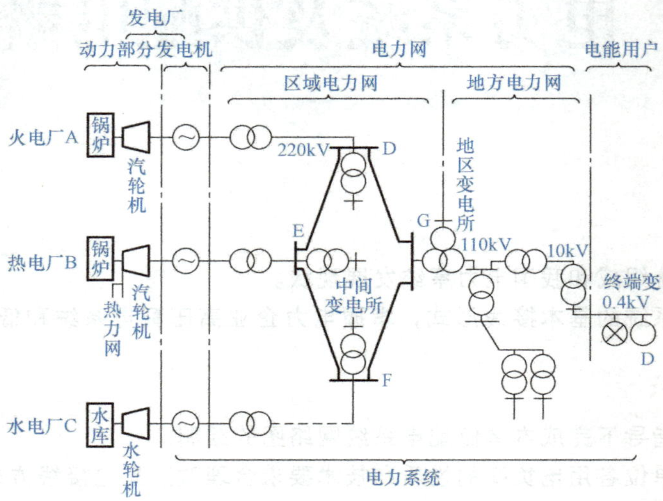

图 1-1　电力系统示意图

2）水力发电是利用自然水资源作为动力，通过水库或筑坝截流的方法提高水位，利用水流的位能驱动水轮机，带动发电机发电。举世瞩目的三峡水电厂如图 1-2 所示，水库坝高 185m，水头 175m，装设水轮发电机组 26 台，每台额定容量 700MW，总装机容量 18.2GW（$1GW=10^3MW$），预计年发电量可达 86.5TW·h（$1TW\cdot h=10^6MW\cdot h$），建成后将为经济发达、能源不足的华东、华中和华南地区提供可靠、廉价、清洁的可再生能源。

a)　　b)

图 1-2　三峡水电厂

3）核动力发电是由核燃料在反应堆中的裂变反应所产生的热能来产生高压高温蒸气，驱动汽轮机，带动发电机发电。核电厂一般建在自然资源匮乏的缺电地区。核电机组与普通火力发电机组不同的是以核反应堆和蒸气发生器替代了锅炉设备，而汽轮机和发电机部分则基本相同。核电厂发电过程示意图如图 1-3 所示。原子核反应堆是核电厂的核心部分，它是一个可以被控制的核裂变装置，以铀—235 或铀—238（或铀—239）为燃料。核反应堆又分为压水堆、重水堆、石墨堆等类型。

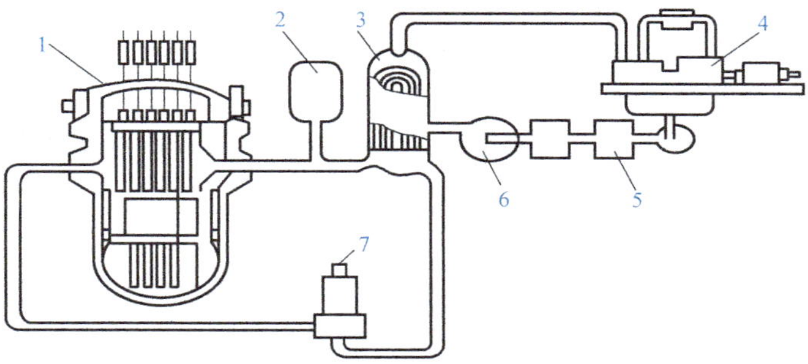

图 1-3 核电厂发电过程示意图

1—核反应堆 2—稳压器 3—蒸气发生器 4—汽轮发电机组
5—给水加热器 6—给水泵 7—主循环泵

我国现有的核电站包括秦山核电站、大亚湾核电站、岭澳核电站和田湾核电站等 7 座。

浙江嘉兴的秦山核电站位于杭州湾畔，共有 9 台运行机组，总装机容量近 700MW，年发电量约 500 亿 kW·h，一期工程是中国第一座依靠自己的力量设计、建造和运营管理的 300MW 压水堆核电站，1991 年 12 月首次并网发电，1994 年 4 月投入商业运行，1995 年 7 月通过国家验收。二期工程 2× 600MW 商用压水堆核电站于 1996 年 6 月 2 日开工，第一台机组于 2002 年 4 月投入商业运行。秦山三期（重水堆）核电站采用加拿大成熟的坎杜 6 重水堆核电技术，建造两台 700MW 级核电机组。1 号机组于 2002 年 11 月 19 日首次并网发电，并于 2002 年 12 月 31 日投入商业运行。2 号机组于 2003 年 6 月 12 日首次并网发电，并于 2003 年 7 月 24 日投入商业运行。

广东深圳的大亚湾核电站工程于 1987 年 8 月 7 日正式开工，1994 年 2 月 1 日和 5 月 6 日两台单机容量为 984MW 压水堆反应堆机组先后投入商业营运。

岭澳核电站一期工程于 1997 年 5 月开工建设。它位于广东大亚湾西海岸大鹏半岛东南侧。岭澳核电站是“九五”期间我国开工建设的基本建设项目中最大的能源项目之一。岭澳核电站（一期）拥有两台百万 kW 级压水堆核电机组，2003 年 1 月全面建成投入商业运行，2004 年 7 月 16 日通过国家竣工验收。

田湾核电站位于江苏省连云港市连云区田湾，厂区按 4 台百万 kW 级核电机组规划，并留有再建 2~4 台的余地。一期建设两台单机容量 1.06GW 俄罗斯 AES-91 型压水堆核电机组，设计寿命 40 年，年平均负荷因子不低于 80%，年发电量为 14TW·h。工程于 1999 年 10 月 20 日正式开工，单台机组的建设工期为 62 个月，分别于 2004 年和 2005 年建成投产。

2. 电能传输

为了安全和节约，通常把大发电厂建在远离城市中心的能源产地附近。如水力发电厂就建在远离城市的江河上。因此，发电厂发出的电能还需要经过一定距离的输送，才能分配给各用户。

由于发电机的绝缘强度和运行安全等因素，发电机发出的电压不能很高，一般为3.15kV、6.3kV、10.5kV、15.75kV等。为了减少电能在数十甚至数百千米输电线路上的损失，因此必须经过升压变压器升高到35~500kV后再进行远距离输电。目前，我国常用的输电电压的等级有35kV、110kV、220kV、330kV及500kV等。输电电压的高低，要根据输电距离和输电容量而定。其原则是：容量越大，距离越远，输电电压就越高。我国也已采用高压直流输电方式，把交流电转化成直流电后再进行输送。

电力输电线路一般都采用钢芯铝绞线，通过架空线路，把电能送到远方变电所。但在跨越江河和通过闹市区以及不允许采用架空线路的区域，则需采用电缆线路。电缆线路投资较大且维护困难。

3. 变电所

变电所有升压与降压之分。升压变电所通常与大型发电厂结合在一起，在发电厂电气部分装有升压变压器，把发电厂发出的电压升高，通过高压输电网络将电能送向远方。降压变电所设在用电中心，将高压的电能适当降低后，向该地区用户供电。

根据供电的范围不同，降压变电所可分为一次（枢纽）变电所和二次变电所。一次变电所是从110kV以上的输电网受电，将电压降到35~110kV，供给一个大的区域用电。二次变电所大多数从35~110kV输电网络受电，将电压降到6~10kV，向较小范围供电。

4. 配电线路

"配电"就是电力的分配，从配电变电站到用户终端的线路称为配电线路。配电线路的电压，简称配电电压。电力系统电压高低的划分有不同的方法，但通常以1kV为界限来划分。额定电压在1kV及以下的系统为低压系统；额定电压在1kV以上的系统为高压系统。常用的高压配电线的额定电压有3kV、6kV和10kV三种。常用的低压配电线的额定电压为380V/220V。

5. 用户

电力系统中的所有用电部门均为电力系统的用户。根据用户的重要程度（主要指中断供电在经济和政治上的影响）和对供电的可靠性要求来分级，用电负荷可分为三个级别，且各级别的负荷分别采用相应的方式供电。

（1）一级负荷

此级负荷一旦中断供电，将造成人身伤亡、重大政治影响、重大经济损失或公共场所秩序严重混乱。一级负荷，必须有两个或两个以上独立电源供电。当其中一个电源发生故障时，另一个电源应能自动投入运行，同时还必须增设应急电源。

（2）二级负荷

此级负荷若中断供电，将造成较大的经济损失，如大量产品报废、公共场所秩序混乱等。对二级负荷，尽可能要有两个独立的电源供电。

（3）三级负荷

除一、二级负荷外的其他负荷均属三级负荷。三级负荷对供电没有什么特别要求。

根据用户用电容量的大小和规模，用户可以接在电力网的各个电压等级中。目前，我国对大多数企业的供电电压为10kV或35kV，110kV和220kV受电的用户不多。对居民的生活用电，则多采用380V/220V系统供电。

【实践指导】

训练 参观变配电站（所）

一、训练准备

1）事先与具备参观条件的变配电所做好事务性对接和安全预防措施。

2）通过电教等形式，对学生进行变配电所的安全教育。

二、训练内容

1）通过参观变配电系统，使学生对电力系统有初步的感观认识，加深对理论知识的理解。

2）完成参观报告。

三、安全教育

1）参观前需穿戴好防护用品；参观过程服从指导教师统一安排。

2）严格遵守组织纪律。参观场所的任何开关、按钮等操作电器禁止乱摸、乱操作。

3）在指导老师的安排及带领下行走参观线路，保持肃静并认真听从老师讲解。

4）参观时应保持与带电设备的安全距离，对任何电器设备均视为带电设备。

【四新技术】

认识新能源发电系统

火力发电的缺点是耗能大，效率低，环境污染严重。而水力发电也存在诸多缺点，如枯水季节水力发电不足、水源抽用会破坏原生态环境等。淤泥的沉积一方面使库区有效蓄水量下降，另一方面也会改变自然的生态平衡，同时蓄水后对地质结构和上空的大气也会产生一定影响。因此，各国的科学家正在开展紧密合作，积极寻找可替代清洁能源。目前，发展比较迅猛的清洁能源主要是太阳能、风能和海洋能。

一、太阳能发电

太阳能是太阳内部连续不断的核聚变反应过程产生的能量。地球轨道上的平均太阳辐射强度为 $1.367MW/m^2$，地球赤道的周长为 40000km，从而可计算出，地球获得的能量可达 173000TW。也就是说，太阳每秒钟照射到地球上的能量就相当于 500 万 t 煤燃烧的能量。据估算，我国陆地表面每年接收的太阳辐射能约为 50×10^{18}kJ，全国各地太阳年辐射总量达 $335\sim837kJ/cm^2\cdot a$。被人们称为“日光城”的拉萨市年平均日照时间为 3005.7h，太阳年辐射总量为 $816kJ/cm^2\cdot a$。

太阳能发电系统可分为太阳能热发电和太阳能光伏发电两种，如图 1-4 所示。太阳能热发电就是利用太阳能将水加热，利用产生的蒸汽去驱动汽轮机发电机组。

太阳能光伏发电，即当光线照射太阳电池时，在太阳电池的顶面和底面之间产生电动势。电路接通后可将电流储存到蓄电池，再通过固态电子功率调节装置转换成所需的交流电提供给各种负载。所以晚上没有太阳时，负载一样可以正常工作。

a)

b)

图 1-4　太阳能发电

a）太阳能光伏发电　b）太阳能热发电

二、风能发电

风是地球上的一种自然现象，它是由太阳辐射热引起的。我国位于亚洲大陆东南、濒临太平洋西岸，季风强盛。全国风力资源的总储量为每年 1.6TW，近期可开发的约为 0.16TW，内蒙古、青海、黑龙江、甘肃等省风能储量居我国前列，每年风速在 3m/s 以上的时间近 4000h 左右，一些地区年平均风速可达 6~7m/s 以上，具有很大的开发利用价值。因此，发展风电对于保障能源安全、调整能源结构、减轻环境污染、实现可持续发展等都具有非常重要的意义。

风力发电的原理是：利用风力带动风车叶片旋转，再通过增速机将旋转的速度提升，来促使发电机发电。风力发电机因风量不稳定，故其输出的是 13~25V 的交流电，须经整流后给蓄电瓶充电，然后通过逆变电源，把蓄电瓶里的化学能转变成交流 220V 市电给用户供电。一台 220W 风力发电机也可以通过大蓄电瓶与逆变器的配合作用，获得 500W 甚至 1000W 乃至更大的功率输出。在旅游景区、边防、学校、部队乃至落后的山区均可大量推广使用风力发电系统。风能发电成功应用如图 1-5 所示。

a)

b)

图 1-5　风能发电成功应用

a）巴林世贸中心风能发电场　b）新疆风能发电场

三、海洋能发电

海洋能源通常指海洋中所蕴藏的可再生的自然能源，主要为潮汐能、波浪能、海流能（潮流能）、海水温差能和海水盐差能。海洋能发电成功应用如图 1-6 所示。

a)

b)

图 1-6　海洋能发电成功应用

a）英国首台潮汐能发电机　b）　岱山亚洲第一座潮流能电站

我国海洋能开发已有近 40 年的历史，迄今已建成潮汐电站 8 座。20 世纪 80 年代以来，浙江、福建等地为建设若干个大中型潮汐电站，进行了考察、勘测和规划设计、可行性研究等大量的前期准备工作。总之，我国的海洋发电技术已有较好的基础和丰富的经验，小型潮汐发电技术基本成熟，已具备开发中型潮汐电站的技术条件。

1985 年挪威在卑尔根附近建立了两座波力发电站：一座为装机容量 600kW 的振荡水柱波力发电站；另一座是装机容量 350kW 的楔形波力发电站。前者是目前世界正在运转发电的最大波力电站。我国在珠江口大万山岛上研建岸边固定式波力电站，第一台装机容量 3kW 的装置于 1990 年已试发电成功。"八五"科技攻关项目总装机容量 20kW 的岸式波力试验电站和 8kW 摆式波力试验电站，均已试建成功。

潮流发电研究国际上开始于 20 世纪 70 年代中期，主要有美国、日本和英国等进行潮流发电试验研究。我国潮流发电研究始于 20 世纪 70 年代末，首先在舟山海域进行了 8kW 潮流发电机组原理性试验。作为国家"863"科技计划的 40kW 潮流能发电实验电站实用化项目，2005 年 12 月建成发电。据悉，这是世界第二座、亚洲第一座潮流能发电站。该潮流能发电技术还被评为全球可再生能源领域最具投资价值的十大领先技术之一。

任务二　绘制配电网络图

【知识解读】

一、基本接线形式

在电力系统中，根据网络所承担的任务可分为系统联络网与供配电网两类。系统联络网用于联系电力系统中的发电厂和枢纽变电所；供配电网用于联络负荷，担负供给用户电能的任务。供配电网的接线形式随用户的要求而异，基本接线形式有无备用接线方式和有备用接线方式两大类。

无备用接线方式又可分为单回路放射式、干线式、链式和树枝式等几种，其结构如图1-7所示。这类接线的主要优点在于接线简单、运行方便，由于只能从一个方向取得电源，因而主要缺点是供电可靠性差。

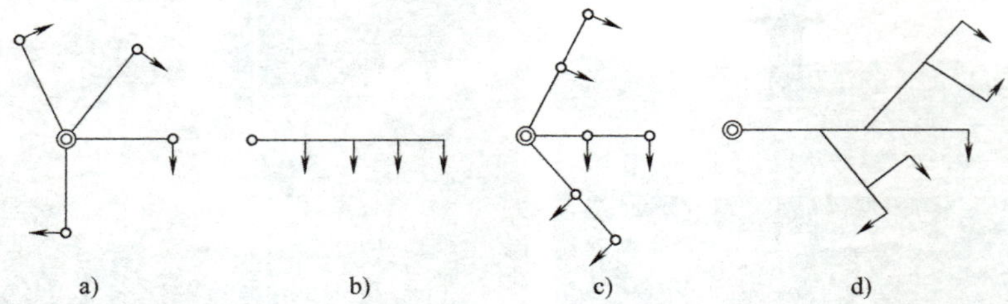

图 1-7　无备用接线方式

a）放射式　b）干线式　c）链式　d）树枝式

有备用接线方式又可分为双回路放射式、双回路干线式、环式、两端供电式和多端供电式等几种，其结构如图1-8所示。这类接线的用户主要优点在于供电可靠性高；缺点是操作复杂、继电保护复杂、经济性较差。

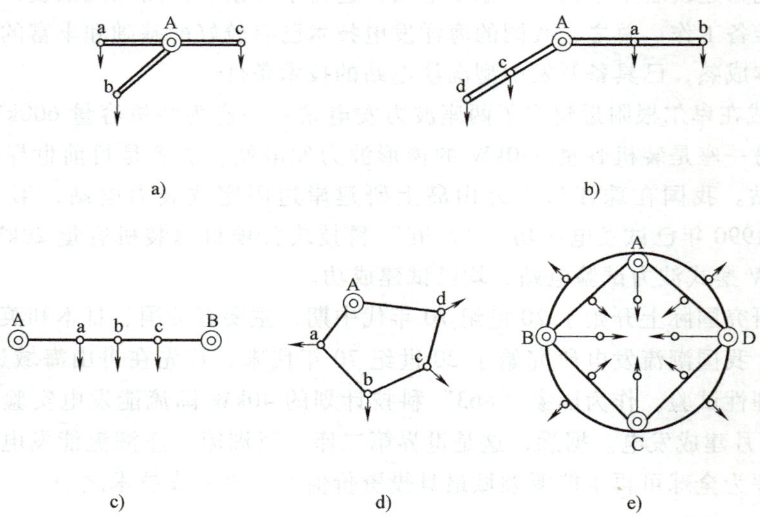

图 1-8　有备用接线方法

a）双回路放射式　b）双回路干线式　c）两端供电式　d）环式　e）多端供电式

二、配电网接线形式

工业企业负荷集中，对供电可靠性要求很高，为了提高运行维护的安全性，一般都要求简化接线和减少供电电压等级，并应尽量采用35kV及以上的高压线路直接向车间供电以提高运行的经济性。企业配电网按电压等级不同可分为高压配电网和低压配电网两类，二者结构形式相似。具体选择时，还需要根据高压配电网接线与低压配电网的联络情况进行综合考虑。

1. **高压配电网接线形式**

由厂区总降压变电所引出的6~10kV高压配电线路承担向各个车间变电所输电的任务。高压配电网通常有放射式、干线式、链式和环式四种。

（1）放射式配电网络

常用的放射式配电网络有单回路放射式网络、有公共备用线路的放射式网络和双电源双回路放射式网络三种，其网络结构如图1-9所示。

单回路放射式配电网络优点是线路敷设简单，维护方便，保护装置简化；其主要缺点是供电可靠性差。它只适用于三级和部分次要的二级负荷。有公共备用线路的放射式网络，当任一条线路故障或停电检修时，另一条线路可继续供电，适用于对二、三级负荷供电。双电源双回路的放射式网络的电源互为备用，无支接，供电可靠性最高，适用于对一级负荷供电。

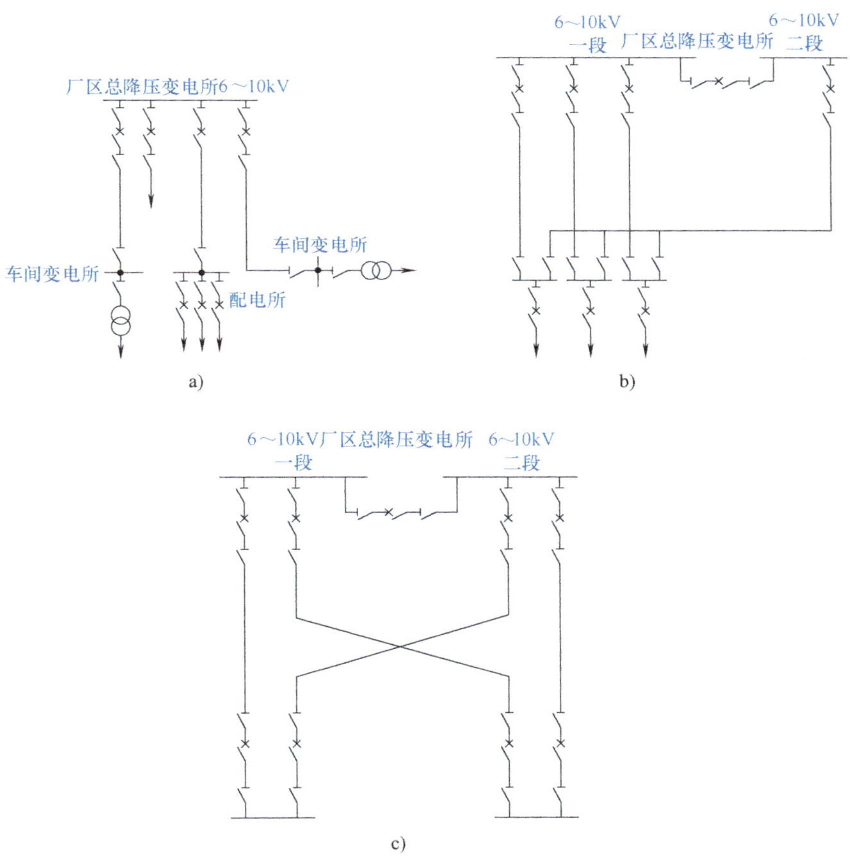

图1-9 放射式配电网络

a）单回路 b）有公共备用线路 c）双电源双回路

（2）干线式配电网络

干线式配电网络如图1-10所示，各车间变压器沿干线敷设，接线简单、投资较少、节约有色金属，但由于干线故障导致各车间停电，为此一般将分支数限制在5个以内。

（3）链式配电网络

链式配电网络如图1-11所示。干线中某一段故障时，在电源端的断路器分断后，可拉开故障段隔离开关：恢复前段干线的供电，缩小了停电范围。这种接线最适用于电缆线路。

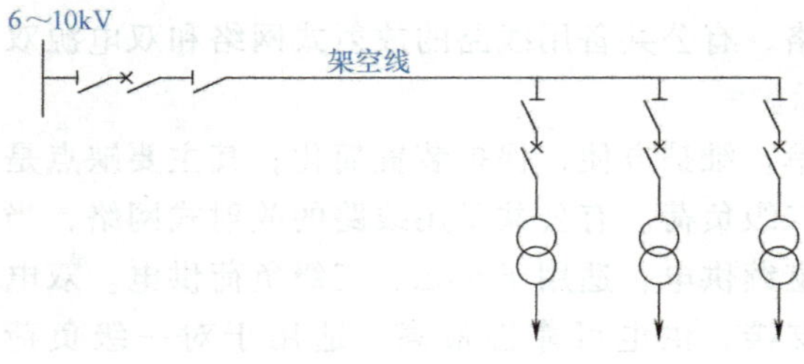

图1-10　干线式配电网络

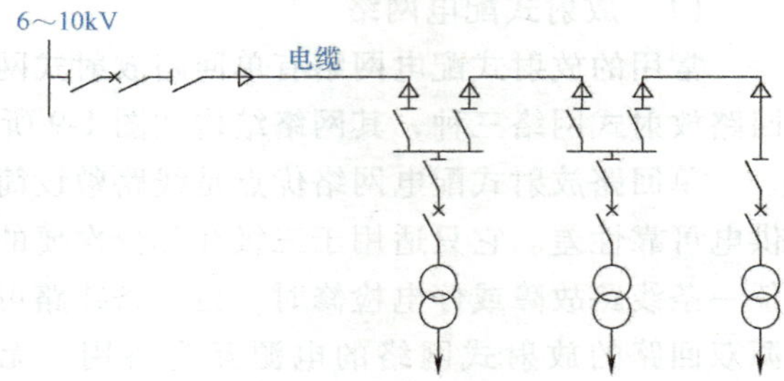

图1-11　链式配电网络

（4）环式配电网络

环式配电网络如图1-12所示。它可以开环或闭环运行，其可靠性和灵活性较高。闭环运行时，保护装置较复杂，短路电流也较大。为简化继电保护及降低短路电流，一般采用正常情况开环运行。若环网任何一段故障，在该段切除原闭合开环点后，仍能保持对各负荷供电。这种网络的缺点在于导线截面积按总负荷考虑，有色金属消耗量和投资费用较大。

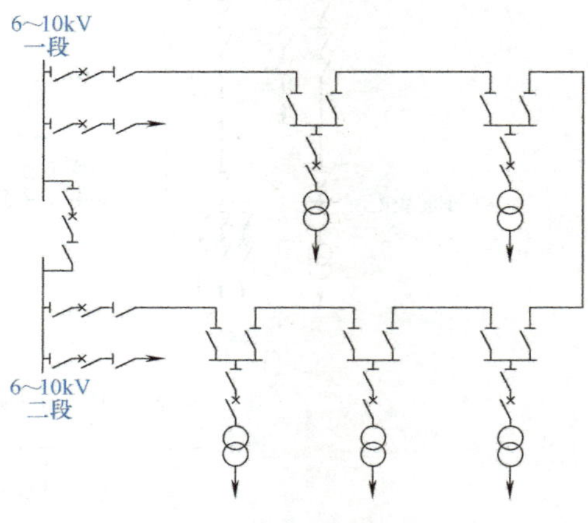

图1-12　环式配电网络

2. 低压配电网接线形式

低压配电网接线形式有放射式、树干式和链式三种，见表1-1。

三种接线形式不同应用场合如下：

1）放射式低压配电网接线适用于供大容量设备，或供要求集中控制的设备，或供要求可靠性高的重要设备。

2）树干式低压配电网接线适用于明敷线路，也适用于对可靠性要求不高和较小容量的设备。

3）链式低压配电网接线适用于暗敷线路，也适用于对可靠性要求不高的小容量设备；链式相连的设备不宜多于5台，总容量不超过10kW。

表1-1　低压配电网接线形式

接线形式	接线形式	优缺点
放射式	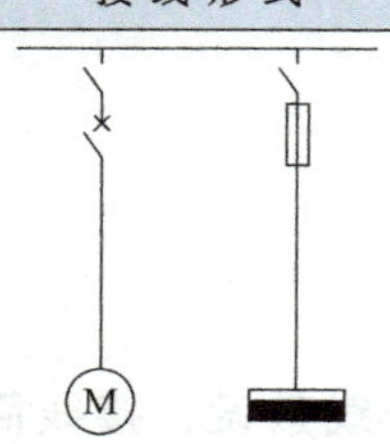	1）优点：线路故障时影响范围小，因此可靠性较高；控制灵活，易于实现集中控制 2）缺点：线路多，有色金属消耗量大；不易适应发展

（续）

接线形式	接线形式	优　缺　点
树干式	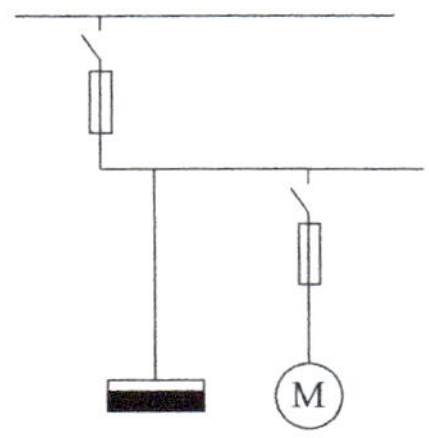	1)优点:线路少,有色金属消耗量少,投资省;易于适应发展 2)缺点:干线故障时影响范围大,因此供电可靠性较低
链式	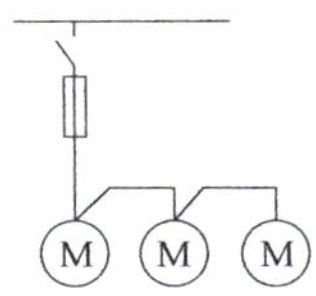	1)优点:线路上无分支点,适合穿管敷设或电缆线路;节省有色金属消耗量 2)缺点:线路检修或故障时,相连设备全部停电,因此供电可靠性较低

【实践指导】

训练　绘制配电接线网络图

一、训练准备

1）符合参观条件的低压配电室（低配室）一处。

2）低配室电气概略图（或系统图）一份。

3）有熟悉配电中心低配室电气工程师或技师两名，一人讲解，一人监护。

二、训练内容

1）复习并比较高配网和低配网的结构特点。

2）识读典型低配室电气概略图。

3）讲解安全注意事项。

4）分组参观，在值班电工陪同下，有专人讲解、专人监护、专人记录。

5）用计算机完成低配网络图的绘制。

三、安全教育

1）参观前需穿戴好防护用品。

2）参观过程服从指导教师统一安排。

3）严格遵守组织纪律，认真听取老师（技师）讲解。

【四新技术】

了解城市配电网络接线相关规定

为帮助学习者更全面地了解城市配电网络接线特点和技术要求，现摘要由中国南方电网有限责任公司和中国国家电网公司等单位依据原建设部《关于印发“2007 年工程建设标准规范制订、修订计划（第二批）”的通知》（建标〔2007〕126 号）的要求而制订的关于城市配电网络接线相关规定如下：

一、高压配电网接线方式

高压配电网常见的接线方式有链式、T 形、辐射式等，接线方式选择应符合下列规定：

1）在中心城区或高负荷密度的工业园区，宜采用链式、3T 接线。

2）在一般城区或城市郊区，宜采用 2T、3T 接线或辐射式接线。

3）高压配电网接线方式应符合本规范附录 A 的规定。

二、中压配电网接线方式

中压配电网接线方式应符合下列规定：

1）应根据城市的规模和发展远景优化、规范各供电区的电缆和架空网架，并根据供电区的负荷性质和负荷密度规划接线方式。

2）架空配电网宜采用开环运行的环网接线。在负荷密度较大的供电区宜采用“多分段多联络”的接线方式；负荷密度较小的供电区可采用单电源辐射式接线，辐射式接线应随负荷增长逐步向开环运行的环网接线过渡。

3）电缆配电网接线宜采用互为备用的“$N-1$”单环网接线或固定备用的“N 供-1 备”接线方式（N 不宜大于 3），中压电缆配电网各种接线的电缆导体负载率和备用裕度应符合表 1-2 的规定；在负荷密度较高且供电可靠性要求较高的供电区，可采用双环网接线方式；对分期建设、负荷集中的住宅小区用户可采用开关站辐射接线方式，两个开关站之间可相互联络。

表 1-2　中压电缆配电网电缆导体负载率和备用裕度

接线方式	选择电缆截面负荷电流	馈线正常运行负载率 k_r(%) 和备用裕度 k_s(%)	事故方式馈线负载率 k_r(%)
2-1	馈线均按最大馈线负荷电流选择	$k_r \leqslant 50, k_s \geqslant 50$	$k_r \leqslant 100$
3-1	馈线均按最大馈线负荷电流选择	$k_r \leqslant 67, k_s \geqslant 33$	$k_r \leqslant 100$
N 供-1 备	工作馈线按各自的负荷电流选择，备用馈线按最大负荷馈线电流选择	工作馈线正常运行负载率：$k_r \leqslant 100$	备用馈线负载率：$k_r \leqslant 100$

三、低压配电网接线方式

低压配电网接线宜采用以配电变压器为中心的辐射式接线，相邻配电变压器的低压母线之间可装设联络开关。

“1+X”证书测评

应知部分

一、选择题

1. 电力系统电压高低的划分有不同的方法，但通常以（　　）为界限来划分。

A. 1kV　　B. 10kV　　C. 220kV　　D. 380V

2. (　　) 级负荷，一旦中断供电，将造成人身伤亡、重大政治影响、重大经济损失或公共场所秩序严重混乱。

A. 一级　　B. 二级　　C. 三级　　D. 其他

3. 干线式配电网一般将分支数限制在 (　　) 个以内。

A. 3　　B. 5　　C. 8　　D. 10

4. 高压配电网接线中，(　　) 配电网最适用于电缆线路。

A. 放射式　　B. 干线式　　C. 环式　　D. 链式

5. 低压配电网接线中，(　　) 配电网适用于明敷线路，也适用于对可靠性要求不高和较小容量的设备。

A. 放射式　　B. 树干式　　C. 链式　　D. 环式

二、判断题

1. 电能具有便于输送、分配、使用、控制等优点，被广泛应用于现代工农业、交通运输、科学技术、国防建设及人民生活中。(　　)

2. 我国电力的生产主要来源于火力发电和风力发电。(　　)

3. 电力系统主要是由发电厂、电力网及电能用户组成的。(　　)

4. 把电能转换成其他形式能量的过程叫发电。(　　)

5. 我国现有的四个主要核电站是秦山核电站、大亚湾核电站、岭澳核电站和田湾核电站。(　　)

6. 输电电压的高低，要根据输电距离和输电容量而定。其原则是：容量越大，距离越远，输电电压就越低。(　　)

7. 链式低压配电网接线适用于暗敷线路，也适用于可靠性要求不高的小容量设备。(　　)

8. 电力系统电压高低的划分有不同的方法，但通常以 1kV 为界限来划分。(　　)

9. 常用的低压配电线的额定电压为 380V/220V 。(　　)

10. 无备用接线方式的用户主要优点在于供电可靠性高，缺点是操作复杂、继电保护复杂、经济性较差。(　　)

三、简答题

1. 电力系统由哪几部分组成？简述我国电力系统发展现状。

2. 水电站、火电站、核电站各利用什么能源？如何转换为电能？

3. 用电负荷分为几级？各采用什么方式供电？

4. 试绘出企业常用的三种高压放射式配电网的接线，并比较其优缺点。

5. 电力系统中性点运行方式有哪几种？我国 220V/380V 低压配电系统采用何种运行方式？

应会部分

技能试题　用计算机二次设计本单位配电网络图

1. 考核图样（略）

2. 准备要求

1) 主要工具：装有绘图软件的计算机每人 1 台。

2）主要材料：提供原单位供配电系统图（概略图）1份；电气设计参考技术资料若干。

3. 考核内容

（1）考核要求

1）分析原单位供配电系统网络图。

2）提出改进方案和理由。

3）绘制本单位配电网络图。

（2）时间定额

45min。

（3）安全生产

服从考试环境安排。

4. 评分表

模块一职业测评技能考核评分表见表1-3。

表1-3 评分表

序号	作业项目	考核内容	配分	评分标准	考核记录	扣分	得分
1	分析图样	1)明确配电网络图的作用和功能 2)分析本单位配电网络采用何种接线形式 3)分析各配电支路的电气组成 4)分析各配电支路的控制方式 5)优化方案，改进设计	50	1)每少完成一个子项目扣4分 2)视项目完成质量酌情扣2~3分			
2	绘制图样	用计算机软件完成改进后的配电网络图	30	1)不能熟练选用计算机软件绘制配电网络图，酌情扣10~20分 2)绘制图样不标准，酌情扣10~20分			
3	安全生产	服从考试安排，遵守考场纪律	20	违反本项规定，酌情扣分			
4	分数合计		100				

模块二
供配电设备运行与维护

【教学目标】

【职业认知】

1. 了解电力变压器的分类；熟悉常见电力变压器的基本结构特点；能够根据电力变压器的容量、电压（电压比）、联结组标号、台数和形式等技术要求正确选用电力变压器。了解电力变压器电气试验项目的种类、目的和技术要求。熟悉电力变压器并列运行的技术要求。

2. 熟悉高压隔离开关、高压负荷开关、高压断路器、高压熔断器及常用低压电器等的选用常识，掌握其运行、维护基本知识。

【职业能力】

1. 能够在教师指导下完成电力变压器基本试验项目的试验，熟练掌握试验要领和安全注意事项。能够分析、排除电力变压器运行中的常见故障。

2. 能够在教师指导下完成高、低压等主要供配电设备的安装、调试、运行和维护等操作。

任务一 电力变压器运行与维护

【知识解读】

一、电力变压器分类

变压器主要用在输电和配电系统中，容量从几十千伏安到数万千伏安不等。电力变压器按发电厂和变电所的用途不同，可分为升压变压器和降压变压器，其中二次电压为400V的降压变压器称为配电变压器。根据变压器冷却条件的不同，可分为油浸变压器和干式变压器两类。

1. 油浸变压器

油浸变压器的铁心和线圈完全浸在变压器油中，现在生产的绝大多数电力变压器都属于这一类，目前常见的油浸电力变压器为S11系列，较新的有S12、S13、S14、S15高效节能系列。

其中S9变压器相关行业的指导原则是“已用不拆，新上禁用”，国家不再支持使用此系列变压器，因为S9空载损耗、负载损耗都比S11型高得多。

而油浸式变压器S13比S11的性能又要高出很多。在主要参数中，除负载损耗参数两者一样，空载损耗和空载电流参数指标，S13都比S11要好很多，如：S13的负载损耗为600（W），空载损耗为65（W）；空载电流为0.63（%），而S11的负载损耗为600（W），空载损耗为100（W），空载电流为2.10（%）。

S（B）H15-M系列产品符合国家标准的要求。非晶合金是一种新型磁导材料，不存在晶体结构，磁化功率小，电阻率高，所以涡流损耗小，是配电网更新换代的理想产品。铁心采用非晶合金带材卷绕而成，空载损耗比现行S11型配电变压器降低75%以上，节能效果十分显著，适用于全国各地农网、城网的建设与改造。

S11、S13、S15系列变压器如图2-1、图2-2所示。

a)

b)

图2-1　S11系列电力变压器

a）S11系列电力变压器　b）SCB11系列干式电力变压器

a)

b)

图2-2　S13和S15系列电力变压器

a）S13系列电力变压器　b）S15系列非晶合金变压器

图2-3所示是S11-M.R三相卷铁心全密封配电变压器，它使用专用卷绕设备，将硅钢带连续绕制成封闭型整体铁心，减少了传统铁心的接缝气隙，使得产品的噪声有明显的下降，

产品经退火处理后，其空载损耗比 S9 型产品平均下降 30%。该产品采用波纹油箱全密封结构，具有外形美观、性能优良、免维护等特点，是新一代节能环保型产品。

2. 干式变压器

SG 系列干式变压器外形如图 2-4 所示，它的铁心和线圈裸露在空气中，利用空气的自然流动进行冷却。SG 系列三相干式变压器是户内装置，为空气自冷或风冷式。它适用于工矿企业、发电厂、机场、高层建筑、地铁等安全防火要求较高的场所，用作电压变换、电气照明、动力电源、整流电源等。

图 2-3　S11-M. R 三相卷铁心全密封配电变压器

图 2-4　SG 系列干式变压器

另一种干式变压器即 SCB9 环氧浇注变压器具有承受热冲击能力强，过负荷能力大，难燃，防火性能高，对湿度、灰尘不敏感等优势，最适宜用于防火要求高、负荷波动大以及污秽潮湿的恶劣环境中，如：机场、地铁、发电厂、医院、高层建筑、购物中心、居民密集区、石化、冶金、核电、核潜艇等重要场所。

二、电力变压器的结构

电力变压器是电力系统中重要的变电设备，相对其他变压器，具有容量大、体积大、结构复杂等特点。常见油浸式电力变压器的基本结构如图 2-5 所示，主要由铁心、二次绕组、绝缘套管、油箱及附件五大部分组成。

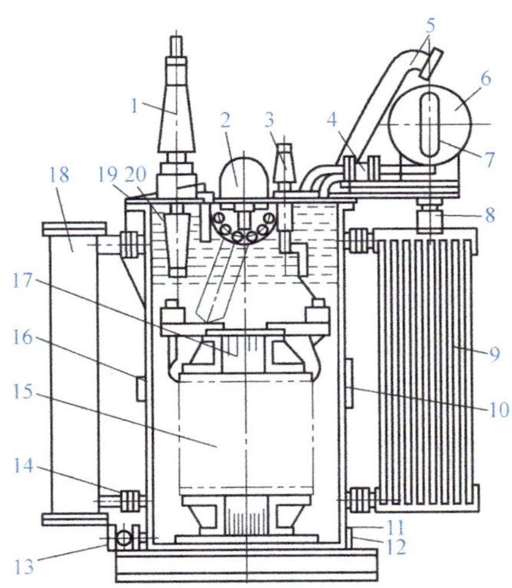

图 2-5　电力变压器的结构示意图

1—高压套管　2—分接开关　3—低压套管　4—气体继电器　5—防爆套管　6—油枕　7—油位指示　8—呼吸器　9—散热器　10—铭牌　11—接地螺栓　12—油样阀门　13—放油阀门　14—阀门　15—线圈　16—信号温度计　17—变压器铁心　18—净油器　19—油箱　20—变压器油

1）铁心　铁心是变压器的磁路部分，是绕组的支撑骨架。铁心由心柱和磁轭两部分组成，用厚度为 0.35mm 表面涂有绝缘漆的热轧硅钢片或冷轧硅钢片叠装而成。

2）绕组　绕组是变压器的电路部分，常用绝缘铜线或铝线绕制而成。工作电压高的绕组称为高压绕组，工作电压低的绕组称为低压绕组。

3）绝缘套管　绝缘套管由外部的瓷套和其中的导电杆组成，其作用是使高、低压绕组的引出线与变压器箱体绝缘。电压≤1kV时采用实心瓷套管；电压在10~35kV时采用充气式或充油式套管；电压≥110kV时采用电容式套管。

4）油箱　油浸式变压器的外壳就是油箱，油箱中盛有变压器油。油箱可保护变压器铁心和绕组不受外力作用和潮湿的侵蚀，并通过油的流动，把铁心和绕组产生的热量传递给箱壁和散热管，再把热量散发到周围的空气中去。一般来说，对30~200kV·A的变压器，采用排管式油箱；对2.5~6.3MV·A的变压器，所需散热面积较大，则在油箱壁上装置若干只散热器，加强冷却。

5）附件　电力变压器的附件有储油柜、分接开关、安全气道、气体继电器、测温装置等，其作用是保证变压器的安全和可靠运行。

三、电力变压器的选用

电力变压器的选择一般从这样几方面考虑，即容量、电压（电压比）、联结组标号、台数和形式等。

1. 变压器容量确定原则

变电所主变压器的容量一般按5~10年规划负荷来选择。根据城市规划、负荷性质、电网结构等综合考虑确定其容量。对重要变电所，应当考虑一台主变压器停运时，其余变压器容量在计及过负荷能力及允许时间内，应满足一级及二级负荷的供电；对一般性变电所，当一台主变压器停运时，其余变压器容量应能满足全部负荷的70%~80%。

2. 电压（电压比）的选择

用户变压器一般都是三相双绕组降压变压器。总降压变电所中变压器高压侧的电压，就是电力网对该用户的供电电压。该电压与电力网供电电源点的电压有关，也与变电所的计算负荷和距电源点的距离有关。

一般情况下，计算负荷为200~2000kW，或供电距离为6~20km，则电压为10kV；计算负荷为1000~10000kW，或供电距离为20~50km，则电压为35kV；计算负荷为10000kW以上的大型企业，则电压为110kV，甚至220kV。

车间变压器高压侧的电压就是总降压变压器低压侧的电压。该电压由车间（或井下）高压负荷的额定电压和车间的总计算负荷确定，有3kV、6kV和10kV三种。车间变压器低压侧的电压由低压用电器的额定电压确定，一般为380V/220V，在某些大型企业内也可能是660V/380V或1140V。若车间内无高电压负荷，总降压变压器也可直接以上述低压向车间供电。

3. 联结组标号确定

变压器的联结组标号可根据电压比和需要确定。若变压器低压侧电压为380V/220V电压级，则变压器的联结组标号为Yyn0（即Y/Y_0-12）；若变压器低压侧电压为6~10kV，则其联结组标号为Yd11（即Y/△-11）。

联结组标号的判定有直流法和交流法两种，在交流法中又有双电压表法和交流相位表法两种，在后面的实验课中将重点介绍用交流相位表法判断电力变压器的联结组标号。

4. 台数确定

变电所主变压器的台数与电压等级、接线形式、传输容量等有密切关系。通常与系统具有强联系的枢纽变电所，在一种电压等级下，主变压器应不少于2台；对弱联系的变电所或与系统联系只是备用性质时，可只装 1 台主变压器；对地区性孤立的一次变电所或大型工业专用变电所，可设 3 台主变压器。

变压器是一种静止电器，运行实践证明它的工作是比较可靠的，一般寿命为 20 年，事故率较低。通常设计时，不必考虑另设专用备用变压器。

5. 变压器形式的确定

一般的电力用户都应选用三相油浸式自冷或风冷的普通变压器。对于人口特别稠密的地方或单位，考虑到防火要求，也可选用干式变压器，或使用不燃冷却介质的变压器。有的工业、交通等电力用户，根据生产特点，要选用电炉变压器、矿用变压器、整流变压器等特殊变压器。

四、电力变压器试验

变压器是电力系统中的关键设备，其性能好坏直接影响系统运行的安全性、可靠性和经济性。因此，必须按我国电力行业标准《电力设备预防性试验规程》（DL/T 596—2021）（以下简称《试验规程》）的规定对变压器进行预防性试验。变压器的电气试验项目主要包括变压器绝缘电阻和吸收比的测量、绕组直流电阻的测量、变压器电压比的测量、变压器联结组标号和绕组极性的测定、变压器的空载试验、变压器短路试验、变压器油击穿强度试验、主绕组连同套管一起的泄漏电流测试、绕组连同套管一起的介质损失角正切值（$\tan\delta$）的测试、交流工频耐压试验等。

1. 绝缘电阻和吸收比的测量

测量变压器绝缘电阻和吸收比的目的：初步判断变压器绝缘性能；检查有无放电、击穿痕迹所形成的贯通性局部缺陷；检查有无瓷套管开裂、引线碰地、器身内有铜线搭桥等现象所造成的半通性或金属性短路的缺陷。不足之处是，测量绝缘电阻和吸收比不能发现未贯通的集中性缺陷、整体老化及游离缺陷。

电力变压器绝缘电阻和吸收比的测量，主要指变压器绕组之间以及绕组对地之间的绝缘电阻和吸收比的测量。此项试验属于非破坏性试验，现场普遍用绝缘电阻表测量绝缘电阻，操作安全、简便。

这里的绝缘电阻测量是指按照《试验规程》规定使用绝缘电阻表依次测量各绕组对地及绕组间的绝缘电阻。吸收比是指用绝缘电阻表对变压器绝缘加压时间为 60s 和 15s 时测量的绝缘电阻的比值。

测得的变压器绕组绝缘电阻可与出厂值进行比较，相同温度下，不应低于出厂值的 70%。若无出厂值，可参考表 2-1 中的值。吸收比在温度为 10~30℃ 时，对 3.5kV 及其以下变压器应不小于 1.2。

表 2-1　油浸式电力变压器绕组绝缘电阻允许的最低值　（单位：MΩ）

电压等级	温度/℃							
	10	20	30	40	50	60	70	80
3~10kV	450	300	200	130	90	60	40	25
20~35kV	600	400	270	180	120	80	50	35
35kV 以上	1200	800	540	360	240	160	100	70
1kV 以下	100	50	25	13	7	4	3	2

2. 线组直流电阻的测量

在变压器施工的交接验收、大修或变更分接头位置时，常需测试绕组的直流电阻；在变压器短路特性试验和温升试验时也需用到直流电阻的数据。

测量绕组的直流电阻主要目的：检查变压器绕组内部导线和引线的焊接质量；判断变压器有无层间短路或内部断线；判断并联支路连接是否正确；确定电压分接开关、引线与套管的接触是否良好等。

三相变压器的各相绕组的直流电阻之间的差别应很小，一般应在三相平均值的±4%以内。

3. 变压器电压比的测量

变压器空载运行时，一次电压 U_1 与二次电压 U_2 之比称为变压器的电压比，用符号 K 表示。

测试电压比的目的：检查变压器的电压比是否与其铭牌标注数据相符合；检验电压分接开关的状况；判断变压器是否存在匝间短路故障；判断电压比的准确度，以确定该变压器能否并联运行等。

电压比的测量结果与变压器的铭牌相比不应有明显的差别，一般规定，电压比的允许偏差为±0.5%。

4. 变压器联结组标号试验

三相变压器的联结组标号用来表示变压器的一次绕组、二次绕组的连接方式以及时钟序数所表示的相位移关系。变压器的联结组标号共有 12 种，国家标准规定三相变压器可以使用的 5 种标准联结组标号分别是 Yyn0、Yd11、YNd11、YNy0、Yy0，其中前 3 种最常用。

例如，变压器联结组标号“Yyn0”中，前边的大写英文字母 Y 表示一次绕组的连接方式为星形联结；后边的小写英文字母 yn 表示带中性线的星形联结，最后的数字 0 表示一次绕组和二次绕组电压相位差为 0°。

值得注意的是，联结组标号完全相同，是变压器并联运行的重要条件之一，否则会产生严重的环流而烧毁变压器。因此，变压器在交接或更换绕组时必须进行联结组标号试验，检查结果应与该变压器的铭牌标志相符合。

5. 空载试验

空载试验的目的：测量变压器的空载电流和空载损耗；发现磁路中的局部或整体缺陷；检查绕组匝间、层间的绝缘是否良好；检查变压器的铁心片间绝缘和装配质量等。

变压器的空载试验是指在变压器的任意一侧通以额定电压，同时将其他绕组开路的情况下，测量变压器的空载损耗和空载电流的试验。空载电流一般用实测空载电流值与额定电流比值的百分数来表示。

额定条件下，电力变压器空载试验时空载电流的允许偏差为+22%；空载损耗的允许偏差为+15%。如超出允许值，应再进行单相全压试验，以找出缺陷的部位。

6. 短路试验

短路试验的目的：求得变压器的负载损耗和短路电压。通过短路试验可以计算变压器的效率；确定变压器的热稳定性能和动稳定性能；计算二次侧的电压变动；确定变压器能否与其他变压器并联运行；及时发现变压器在结构和制造上的缺陷等。

短路试验是将变压器的一侧绕组短路，而从另一侧施加额定频率的交流电压的试验。现场试验时，一般是将低压侧短路，从高压侧施加电压，将电压调整到一次电流的额定值时，记录功率值和电压值，再将此值换算到规定的温度下便是变压器的负载损耗（又称短路损耗）和短路电压。

《试验规程》规定，变压器的允许负载损耗偏差为+10%，短路电压偏差为±10%。当试验结果偏差较大时，应分析原因，查明缺陷。

7. 泄漏电流测试

变压器绕组连同套管一起的泄漏电流是指除被试绕组外其余均短接后与铁心同时接地，然后依次对被试绕组施加直流电压，测量被试绕组对铁心、外壳和其他非被试绕组之间的泄漏电流。

泄漏电流测试是预防性试验的基本方法之一。测量绕组连同套管一起的泄漏电流的试验原理与测量绝缘电阻相似，不同之处在于，本试验电压较高，并可任意调节，测量结果用微安表显示，试验灵敏度、准确度都较高。所以，泄漏电流测试能更加有效地检查出绕组和套管的绝缘缺陷。请读者注意这两方面的比较。

电压为35kV及以上且容量为10000kV·A及以上的电力变压器，必须进行泄漏电流测试，其他变压器不做此规定。泄漏电流测试的不足之处在于它不能发现未贯通的集中性缺陷以及绝缘整体老化、游离缺陷等。

8. 介质损失角正切值（$\tan\delta$）的测试

测试介质损失角正切值（$\tan\delta$）也是预防性试验的基本方法之一。

所谓介质损耗是指在周期性变化的交流电压作用下，在绝缘介质中产生的功率损耗。这种损耗的大小正比于无功电流与总电流的夹角δ的正切$\tan\delta$，δ称为介质损失角，$\tan\delta$称为介质损失角正切值。测试介质损失角正切值一般在测量绝缘电阻和泄漏电流之后进行。

测试变压器绝缘绕组的介质损失角正切值（$\tan\delta$）是判断变压器绝缘性能的有效方法。该检查方法主要用于检查变压器是否受潮、绝缘老化、油质劣化、绝缘上附着油泥及严重的局部缺陷等。因测试结果易受外界电场、空气湿度等因素的干扰，故必须采取有效的措施来消除这种干扰所带来的误差。消除外电场干扰的措施主要有减少干扰电源、加屏蔽罩、倒相取平均值以及移动试验电源的相位等。

新装的电力变压器交接验收时的介质损失角正切值（$\tan\delta$）不应大于出厂试验值的1.3倍。

9. 交流工频耐压试验

交流工频耐压试验是对被试绕组连同套管一起，施加高于额定电压一定倍数的正弦工频试验电压，持续时间为1min。交流工频耐压试验是鉴定变压器绝缘强度最有效的方法，对考核变压器绝缘强度、检查局部缺陷具有决定性作用。

交流工频耐压试验能有效地发现绕组绝缘是否脏污、受潮、开裂，或者在运输过程中是否有振动引起的绕组松动、移位等。

额定电压为110kV以下，且容量为8000kV·A及以下的变压器在绕组大修或更换后应进行交流工频耐压试验。电力变压器交流工频耐压试验电压标准见表2-2。

表 2-2 电力变压器交流工频耐压试验电压标准 （单位：kV）

额定电压	0.4	3	6	10	15	20	35	60	110
出厂试验电压	5	18	25	35	45	55	85	140	200
交接或大修试验电压	2	15	21	30	38	47	72	120	170
非标准试验电压	2	13	19	26	34	41	64	105	—

因为交流工频耐压试验在绝缘试验中属于破坏性试验，也是对绝缘进行的最后检验，所以，该项试验必须在绝缘电阻、吸收比、泄漏电流、介质损失角正切值等非破坏性试验均合格之后才能进行。这一点请读者特别注意！

五、电力变压器的运行

1. 运行冷却方式的选择

运行冷却方式有自然空气冷却（干式）、油循环空气自然冷却（油浸自冷式）、油循环强迫空气冷却（油浸风冷式）、强迫油循环水冷却（油浸水冷式）和强迫油循环风冷却五种。

1）自然空气冷却（干式）。自然空气冷却方式适用于小容量变压器，用这种方式冷却的变压器称为干式变压器，这种变压器运行时，绕组和铁心中发出的热量直接散发到变压器周围的空气中。因此，它的特点是构造简单、无着火的危险，但是线圈和铁心内部的热量难以散发，所以容量不可能做得很大。仅在一些地下厂房和坝内厂房中作厂用变压器使用。

2）油循环空气自然冷却（油浸自冷式）。油循环空气自然冷却方式一般用于容量6300kV · A、电压 110kV 及以下的电力变压器中。这种变压器的构造简单、没有冷却的辅助设备，油在变压器内自然循环，变压器绕组和铁心中所发出的热量散入周围的变压器油中，再通过油经变压器壳体（油箱）和盖散入周围的空气中，壳体附近受到冷却的油密度增大下沉，而变压器身附近的热油则上升，形成了在变压器内部的自然循环。

3）油循环强迫空气冷却（油浸风冷式）。大容量变压器（8000kV · A 及以上）采用油浸自冷方式是困难的，因为在绝缘方面所允许的尽可能小的变压器油箱尺寸之下，箱壁上不能获得必需的冷却表面。因此，大型变压器是用人工冷却的，其中最常见的是强迫空气冷却。在强迫空气冷却的变压器中，辐射器上装着一只或几只电动风扇组，在变压器上层当温度不超过 55℃时，则可不启动风扇，但负荷不应超过变压器的额定容量。

4）强迫油循环水冷却（油浸水冷式）。这种变压器油箱上部连接着离心泵。将热油从油箱上部抽出，使其经过冷却器冷却后再回到油箱下部。冷却器由一排排的管子和管子间空间组成，油经过管子间空间，冷却水流过管子。进入冷却器的水温不应大于 25℃时，在变压器运行时，不管其负荷多少，冷却系统都应工作。这种变压器容量可制造得很大，但投资大，运行费用较高，且运行不便。

5）强迫油循环风冷却。在油循环强迫空气冷却的变压器上加装油泵，连接变压器油箱和辐射器（装有风扇），增加冷却效果，主要用于大容量变压器。

上述几种冷却方法的目的都是降低介质温度，也即降低绕组和铁心的温度，将它们的温升控制在允许值范围内，从而使变压器的绝缘在规定的年限里不至于破坏。任何变压器在现有的冷却方式基础上加以改进或增加其他冷却方式都可以使变压器降低温度和提高负荷能力。

2. 运行允许温升规定

我国国家标准中，对变压器的温升做以下规定：最高空气温度为40℃，年平均温度为15℃，一般情况下，油浸变压器各部分的允许温升：绕组为65℃，铁心为80℃，油顶层为55℃。

3. 并列运行条件

将两台或两台以上的变压器一次绕组并联接到公共电源上，二次绕组也并联接在一起向负载供电，这种运行方式称为变压器的并列运行。

在近代电力系统中，随着系统容量的增大，需要将两台或多台变压器并列运行，以担负系统的全部容量。从保证电力系统安全、可靠和经济运行的角度来看，变压器的并列运行是十分必要的。因为变压器运行中可能会发生故障，若干台变压器并列运行后，故障时正常运行的变压器由于在短时间内允许过负荷运行，从而可保证对重要用户的连续供电。另外，在并列运行中，当系统负荷轻时，可轮流检修变压器而不中断供电。由于电力系统负荷随昼夜和季节的不同而有变化，若多台变压器并列运行，在负荷轻时，还可停用部分变压器，以减少变压器的损耗，达到经济运行的目的。

变压器并列运行时，当带上负荷以后，其负荷的分配是按照各台变压器本身的特性（阻抗电压和变化）自行分配的，而不是按照各台变压器的额定容量成正比分配的，因此易造成各类变压器间负荷分配的不合理，使设备容量不能充分利用。为此，并列运行的变压器必须满足下列条件：

1）各台变压器的一次侧额定电压和二次侧额定电压应分别相等，但可允许差值在±5%以内，即各台变压器的电压比亦相等，但可允许差值在±0.5%以内。

2）各台变压器的阻抗电压（阻抗百分数）U_d%应相等，但可允许相差在±0.5%以内。

3）各台变压器的联结组标号应相同。

上述并列运行条件在本单元实验中会详细介绍。

六、电力变压器的维护

1. 油浸电力变压器故障分析

油浸电力变压器常见故障分析见表2-3。

表2-3　油浸电力变压器故障分析

故障范围	故障性质	故障现象
内部故障	变压器油箱内发生的各种故障	1)各相绕组之间发生的相间短路 2)绕组的线匝之间发生的匝间短路 3)绕组或引出线通过外壳发生的接地故障
外部故障	变压器油箱外部绝缘套管及其引出线上发生的各种故障	1)绝缘套管闪络或破碎而发生的接地（通过外壳）短路 2)引出线之间发生相间故障等而引起变压器内部故障或绕组变形

2. 干式变压器的检查内容

干式变压器的故障检查一般有以下几方面内容：

1）有无异常声音及振动。

2）有无局部过热、有害气体腐蚀等使绝缘表面爬电痕迹和炭化现象等造成的变色。

3）变压器的风冷装置运转是否正常。

4）高、低压接头应无过热，电缆头应无漏电、爬电现象。

5）绕组的温升限值应根据变压器采用的绝缘材料等级来确定，监视温升不得超过规定值。

6）支柱绝缘子应无裂纹和放电痕迹。

7）检查绕组压件是否松动。

8）铁心风道应无灰尘及杂物堵塞，铁心无生锈或腐蚀现象等。

3. 变压器运行异常的处理方法

（1）运行中的不正常现象和处理

值班人员在变压器运行中发现不正常现象时，应设法尽快消除，并报告上级和做好记录。

1）发现变压器声响明显增大，很不正常，内部有爆裂声；严重漏油或喷油，使油面下降到低于油位计的指示限度；套管有严重的破损和放电现象；变压器冒烟着火等现象时，应立即停运，若有运用中的备用变压器，应尽可能先将其投入运行。

2）当发生危及变压器安全的故障，而变压器的有关保护装置拒动时，值班人员应立即将变压器停运。

3）当变压器附近的设备着火、爆炸或发生其他情况，对变压器构成严重威胁时，值班人员应立即将变压器停运。

4）变压器油温升高超过制造厂规定限值时，值班人员应先检查变压器的负载和冷却介质的温度，并与在同一负载和冷却介质温度下正常的温度核对；然后核对温度测量装置；再检查变压器冷却装置或变压器室的通风情况。

若温度升高的原因是由于冷却系统的故障，且在运行中无法修理者，应将变压器停运修理；若不能立即停运修理，则值班人员应按现场规程的规定调整变压器的负载至允许运行温度下的相应容量。

在正常负载和冷却条件下，变压器温度不正常并不断上升，且经检查证明温度指示正确，则认为变压器已发生内部故障，应立即将变压器停运。变压器在各种超额定电流方式下运行，若顶层油温超过 105℃，应立即降低负载。

5）变压器中的油因低温凝滞时，应不投冷却器空载运行，同时监视顶层油温，逐步增加负载，直至投入相应数量冷却器，转入正常运行。

6）当发现变压器的油面较当时油温所应有的油位显著降低时，应查明原因。补油时禁止从变压器下部补油。

7）变压器油位因温度上升有可能高出油位指示极限，经查明不是假油位所致时，则应放油，使油位降至与当时油温相对应的高度，以免溢油。

8）铁心多点接地而接地电流较大时，应安排检修处理。在缺陷消除前，可采取措施将电流限制在 100mA 左右，并加强监视。

9）系统发生单相接地时，应监视消弧线圈和接有消弧线圈的变压器的运行情况。

（2）气体保护装置动作的处理

1）气体保护信号动作时，应立即对变压器进行检查，查明动作的原因，是否因积聚空气、油位降低、二次回路故障或变压器内部故障造成。如气体继电器内有气体，则应记录气量，观察气体的颜色及试验是否可燃，并取气样及油样做色谱分析，可根据有关规程和导则判断变压器的故障性质。

若气体继电器内的气体为无色、无臭且不可燃，色谱分析判断为空气，则变压器可继续运行，并及时消除进气缺陷。若气体是可燃的或油中溶解气体分析结果异常，应综合判断确定变压器是否停运。

2）气体保护动作跳闸时，在查明原因消除故障前不得将变压器投入运行。为查明原因应重点考虑这样几方面的因素：是否呼吸不畅或排气未尽；保护及直流等二次回路是否正常；变压器外观有无明显反映故障性质的异常现象；气体继电器中积聚气体量，是否可燃；气体继电器中的气体和油中溶解气体的色谱分析结果；必要的电气试验结果；变压器其他继电保护装置动作情况。

【实践指导】

训练1 变压器绝缘电阻和吸收比的测试

一、训练目的

正确掌握变压器绝缘电阻和吸收比的测试方法，填写试验报告，并能判断变压器的该项指标是否符合设计或运行要求。

二、训练准备

1）熟悉电气试验规程中有关变压器试验的规定。

2）掌握被试验变压器的规格、有关数据和现状。

3）准备并熟悉变压器绝缘电阻和吸收比测试的原理图和相关的技术资料。

4）准备试验用仪器、仪表和工具。主要有绝缘电阻表（又称兆欧表）、常用电工工具、高压绝缘棒、绝缘垫等。其中绝缘电阻表的选择应视被试变压器的额定电压或容量而定。一般情况下，电压为10kV及以下、容量为630kV · A以下的变压器，应选用2500V绝缘电阻表；电压为35kV、容量为800~6300kV · A的变压器应选用5000V的绝缘电阻表。

三、训练步骤

1）断开变压器电源，拆除一切对外接线，将其接地并充分放电，放电时间不得少于2min。放电时应使用绝缘棒、绝缘手套、绝缘钳等绝缘工具，禁止用手直接接触放电导线。

2）用清洁柔软的布擦高低压套管表面的污垢。

3）测量高压绕组对地绝缘电阻，接线如图2-6所示。

① 连接屏蔽圈。为测量准确，可在所有的瓷套管绝缘子上套屏蔽圈，并将它们都短接起来接到绝缘电阻表的“G”端子上。

② 绝缘电阻表试验。将绝缘电阻表水平放置，使绝缘电阻表的“E”和“L”端子开路，以120r/min的速度摇动绝缘电阻表手柄，指针指向“∞”刻度为正常；接着将绝缘电阻表的“E”和“L”端子短接，轻轻摇动绝缘电阻表手柄，指针迅速指向“0”刻度为正

常。否则，该绝缘电阻表不能使用。

③ 将低压绕组与外壳一起短接后接地，并接到绝缘电阻表的“E”端。

④ 将绝缘电阻表平稳放在绝缘垫上，试验者也站在绝缘垫上。以120r/min匀速摇动绝缘电阻表，待指针稳定后开始读数。

⑤ 读完数值，继续摇动绝缘电阻表，直到将高压绝缘棒所带“L”端与高压绕组分开后方可停止摇动。防止损坏绝缘电阻表。

⑥ 用高压绝缘棒另接一根接地线，碰触高压绕组。时间不少于2min，以使变压器能够充分放电。

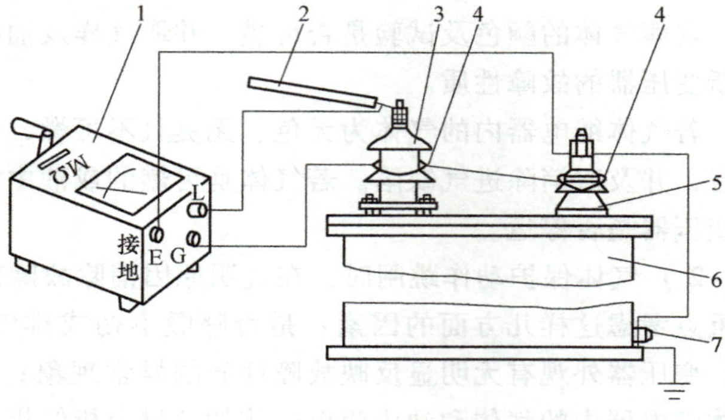

图 2-6　测量高压绕组对地绝缘电阻的接线

1—绝缘电阻表　2—高压绝缘棒　3—高压瓷套管　4—屏蔽圈　5—低压瓷套管　6—被测变压器　7—变压器接地螺栓

⑦ 填写试验记录单。

4）高压绕组对低压绕组绝缘电阻的测量。

① 将图 2-6 中的低压绕组与外壳的连接线拆开，变压器外壳仍接地，绝缘电阻表的“E”端仍接低压绕组的出线端，其他接法不变。

② 高压绕组对低压绕组绝缘电阻的测量过程与测量高压绕组对地绝缘电阻方法相同。

③ 测量完毕需对高、低压绕组充分放电。

④ 填写试验记录单。

5）低压绕组对地绝缘电阻的测量。

① 将图 2-6 中高压绕组的出线端接到变压器的外壳接地螺栓上并可靠接地，再接到绝缘电阻表的“E”端；低压绕组接到绝缘电阻表的“L”端。

② 用上述测量绝缘电阻的方法测量低压绕组对地绝缘电阻。

③ 测量完毕放电。

④ 填写记录单。

⑤ 拆去短接线和屏蔽圈。

6）吸收比的测量。用绝缘电阻表按上述方法测量，分别读取15s时的电阻 R_{15} 和60s时的电阻 R_{60}，则 R_{60}/R_{15} 即为吸收比。试验完毕将测得数据填入记录单。

7）分析试验结果。

四、注意事项

1）试验连接导线必须绝缘良好，线间不交叉，不碰触金属外壳。

2）绝缘电阻表应远离强磁场，水平放置在绝缘垫上。

3）每次测试完毕都必须充分放电，放电时间不能少于2min。

4）测试及绕组对地放电时，绝缘电阻表的“L”端均要用高压绝缘棒操作。

5）测量时，应记录变压器上层油温和气温情况，以便对测试结果进行分析。规定试验测定的变压器绕组连同套管的绝缘电阻不得低于出厂试验值的 70%，通常 20℃时，10kV 绕组连同套管的绝缘电阻应不小于 300MΩ，1kV 以下的绕组其绝缘电阻应不小于 50MΩ。当测量温度与出厂试验时的温度不符合时，应按规定进行换算，换算规则可查阅相关工程手册，这里不再细述。

训练 2　电压比的测量

一、训练目的

熟练掌握三相变压器在不同接线方式下采用单相法测量电压比的方法。

二、训练准备

1）准备三相变压器在不同接线方式下采用单相法测量电压比的接线图，并掌握对应接线方式下的电压比的计算公式。

2）准备试验用仪器、仪表及测试用工具、材料。0.5 级并可用于测量 250V、10V 的电压表各一只。电工常用工具一套。

三、训练步骤

1）扳动分接开关到合适档位。

2）假设待测变压器的接线方式为“Yyn”或“Dd”，按图 2-7 接线。

3）合上 220V 电源开关，读取高低压侧两只电压表的值，分别计为 U_{UV}、U_{uv}（习惯用大写字母表示变压器的一次侧，用小写字母表示变压器的二次侧）。

4）断开电源并放电。

5）将图 2-7 中的电源接入端子和测量端子分别改为 VW 和 WU 端子，并读取相应的测量端子下的电压表值，计为 U_{VW}、U_{vw}和 U_{WU}、U_{wu}。

6）按式（2-1）~式（2-3）计算。

$$K_{UV}=\frac{U_{UV}}{U_{uv}} \tag{2-1}$$

$$K_{VW}=\frac{U_{VW}}{U_{vw}} \tag{2-2}$$

$$K_{WU}=\frac{U_{WU}}{U_{wu}} \tag{2-3}$$

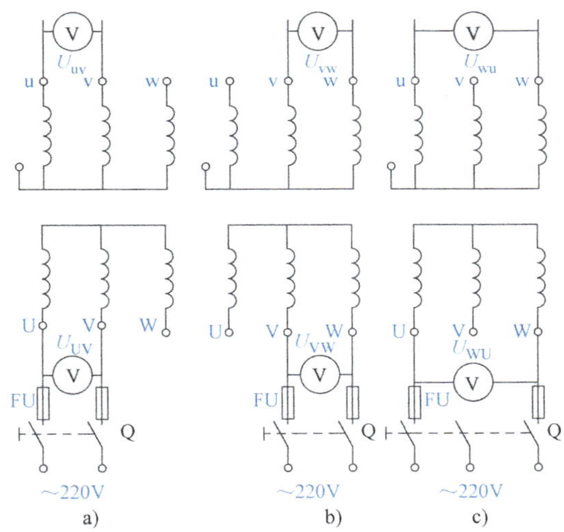

图 2-7　Yyn 接线方式变压器的电压比试验接线图

式中　K_{UV}、K_{VW}、K_{WU}——被测变压器各线间电压比。

7）试验分析：将上述计算结果与变压器的原始资料相比较，应无明显差别，并且符合按分接头位置变化的规律。《试验规程》规定：电压 35kV 以下、电压比小于 3 的变压器，电压比允许偏差为±1%；其他变压器在额定分接头下，变压比允许偏差为±0.5%。电压比不合格的主要原因是变压器的分接头引线焊接错误，或者是分接头的指示位置与内部引线不一致所致，分析时应特别注意。

四、注意事项

1）试验时施加电压不应低于被试变压器额定电压的 1%。

2）变压器不同的接线方式，其电压比计算公式不一样。

训练 3　空载和短路试验

一、训练目的

了解三相变压器空载试验和短路试验的目的，掌握空载试验和短路试验操作要领，并能对试验结果进行分析和判断。

二、训练准备

1）熟悉三相变压器空载试验和短路试验的试验原理，了解试验操作的安全注意事项，准备试验接线图和相关的技术资料。

2）仪器、仪表及工具。主要有三相电源开关、三相调压器、功率表、电压表、电流表及电工工具一套。

三、训练步骤

1. 三相变压器空载试验

1）按图 2-8 接线，功率表接在电流表和电压表之后，高压侧开路。

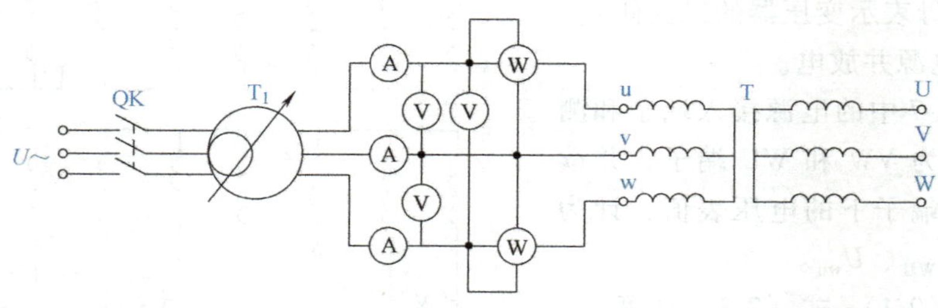

图 2-8　三相变压器空载试验接线图

QK—电源开关　T_1—三相调压器　T—待测变压器

2）通过调压器缓慢升高被试变压器的接入电压至额定值。

3）读取电流和功率值。

4）试验结果计算与分析。三相变压器的空载电流可以按式（2-4）进行计算，即

$$I_0(\%)=\frac{I_{0u}+I_{0v}+I_{0w}}{3I_n}\times100\% \tag{2-4}$$

式中　$I_0(\%)$——空载电流百分数；

I_n——被测绕组额定电流，单位为 A；

I_{0u}、I_{0v}、I_{0w}——u、v、w 三相测得的表计空载电流，单位为 A。

空载损耗应为两功率表读数的代数之和。

规定在额定条件下，电力变压器的空载电流允许偏差为+22%，空载损耗允许偏差为+15%。若超出规定值，必须分析原因并设法找出缺陷部位。导致变压器空载损耗和空载电流大的原因主要有：铁心松动或装配不良；铁心或绕组局部短路；绕组并联支路短路等。

5）图 2-8 的测量仪表也可通过互感器接入，此时的实际测量值应为仪表读数乘以互感器的变比。

2. 三相变压器短路试验

1）将图 2-8 中的电源及测量电路改接到待测变压器的高压侧，低压侧三相用导线短路。

2）改接完毕并检查无误后，合上电源开关，缓慢升高电压至额定值。

3）读取电压表和功率表的数并做好记录。

4）试验结果计算与分析　变压器的三相负载损耗应为两个功率表测量值的代数和。阻抗电压应为三只电压表测量值的平均值。阻抗电压百分数是阻抗电压与额定电压之比。标准规定，变压器的负载损耗允许偏差为+10%，阻抗电压允许偏差为±10%。

四、注意事项

1. 三相变压器空载试验时的注意事项

1）变压器的空载试验通常在额定电压下进行，否则应对测量结果进行换算。

2）空载试验的三相电压应对称且平衡。

3）试验电源应具有足够的容量。

4）若待测变压器的损耗较小，使用指针式仪表时，应考虑减去仪表本身的损耗。

2. 三相变压器短路试验时的注意事项

1）短路试验用导线必须具有足够的截面积，并且连接线路尽可能地短。

2）为避免绕组长时间短路发热，影响测量精度，试验时读表应迅速。

3）试验时必须准确记录测量温度。

4）试验一般应在额定频率、额定电流的条件下进行；否则应按规定对负载损耗和阻抗电压等试验值进行温度、电流的换算。对于容量在 6300kV · A 及以下的中小型电力变压器进行短路试验时，需进行温度换算，试验电压低于额定电压，而电流高于额定电流的 25%时，需进行电流换算。具体换算方法如下：

负载损耗的温度换算公式为

$$P_{k75}=K_{75}P_{kt} \tag{2-5}$$

式中　P_{k75}——换算到 75℃时的负载损耗；

K_{75}——75℃时的温度系数，$K_{75}=(T+75)/(T+t)$，其中 t 为试验时的温度，T 为电阻温度常数，铜为 235，铝为 225；

P_{kt}——试验温度时的负载损耗。

负载损耗的电流换算公式为

$$P_{ke}=P_k\left(\frac{I_e}{I}\right)^2 \tag{2-6}$$

式中　P_{ke}——换算到额定电流下的负载损耗；

P_k——试验电流下实测负载损耗；

I_e——变压器加压绕组的额定电流，单位为A；

I——试验时的实际电流，单位为A。

短路电压的温度换算公式为

$$U_{k75}=\sqrt{U_{kt}^2+\left(\frac{P_{kt}}{10S_e}\right)^2(K_{75}^2-1)} \tag{2-7}$$

式中 U_{k75}——换算到75℃时的阻抗电压百分数；

U_{kt}——试验温度为t时的阻抗电压百分数；

P_{kt}——试验温度为t时的负载损耗；

S_e——待测变压器的额定容量；

K_{75}——75℃时的温度常数。

阻抗电压的电流换算公式为

$$U_{ke}=U_k\frac{I_e}{I} \tag{2-8}$$

式中 U_{ke}——换算到额定电流下的短路电流百分数；

U_k——实际试验电流下的阻抗电压百分数；

I_e——加压绕组的额定电流，单位为A；

I——实际试验电流，单位为A。

【四新技术】

电力变压器等效电路分析

电力变压器的等效分析在电力系统设计、运行中具有重要意义。三相电力变压器一般可等效成图2-9所示的电路。其中，图a为T形等效结构，图b为Γ形等效结构。下面分析相关参数的选择。

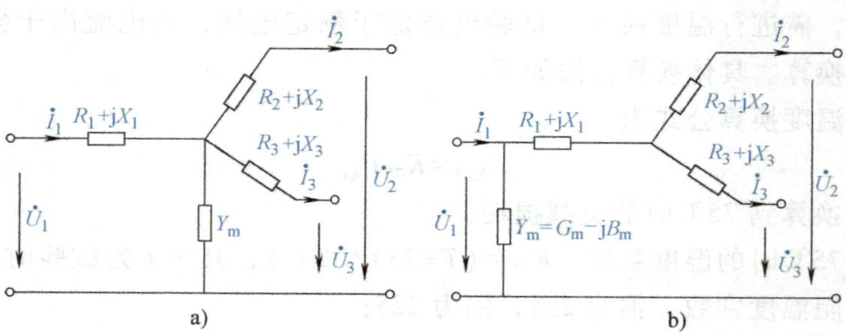

图2-9 电力变压器等效电路

a）T形等效结构 b）Γ形等效结构

1）通过空载试验测定电导和电纳如下：

$$\begin{cases} G_m = \left(\dfrac{P_0}{U_N^2} \times 10^{-3}\right) \\ B_m = \left(\dfrac{I_0\%}{100} \times \dfrac{S_N}{U_N^2}\right) \end{cases} \tag{2-9}$$

2）通过短路试验测定各绕组阻抗。

因为变压器短路试验测得的功率损耗和阻抗电压百分比分别为

$$\begin{cases} P_{s1-2} = P_{s1} + P_{s2} \\ P_{s1-3} = P_{s1} + P_{s3} \\ P_{s2-3} = P_{s2} + P_{s3} \end{cases} \tag{2-10}$$

$$\begin{cases} U_{s1-2}\% = U_{s1}\% + U_{s2}\% \\ U_{s1-3}\% = U_{s1}\% + U_{s3}\% \\ U_{s2-3}\% = U_{s2}\% + U_{s3}\% \end{cases} \tag{2-11}$$

因此各绕组的短路损耗和阻抗电压百分比为

$$\begin{cases} P_{s1} = \dfrac{1}{2}(P_{s1-2} + P_{s1-3} - P_{s2-3}) \\ P_{s2} = \dfrac{1}{2}(P_{s1-2} + P_{s2-3} - P_{s1-3}) \\ P_{s3} = \dfrac{1}{2}(P_{s1-3} + P_{s2-3} - P_{s1-2}) \end{cases} \tag{2-12}$$

$$\begin{cases} U_{s1}\% = \dfrac{1}{2}(U_{s1-2}\% + U_{s1-3}\% - U_{s2-3}\%) \\ U_{s2}\% = \dfrac{1}{2}(U_{s1-2}\% + U_{s2-3}\% - U_{s1-3}\%) \\ U_{s3}\% = \dfrac{1}{2}(U_{s1-3}\% + U_{s2-3}\% - U_{s1-2}\%) \end{cases} \tag{2-13}$$

由此可得三绕组变压器的等效电阻、等效电抗分别为

$$\left.\begin{aligned} R_1 &= \frac{P_{s1}}{1000} \times \frac{U_N^2}{S_N^2} \\ R_2 &= \frac{P_{s2}}{1000} \times \frac{U_N^2}{S_N^2} \\ R_3 &= \frac{P_{s3}}{1000} \times \frac{U_N^2}{S_N^2} \end{aligned}\right\} \tag{2-14}$$

$$\left.\begin{aligned} X_1 &= \frac{U_{s1}\%}{100} \times \frac{U_N^2}{S_N} \\ X_2 &= \frac{U_{s2}\%}{100} \times \frac{U_N^2}{S_N} \\ X_3 &= \frac{U_{s3}\%}{100} \times \frac{U_N^2}{S_N} \end{aligned}\right\} \tag{2-15}$$

任务二　高压隔离开关运行与维护

【知识解读】

一、高压隔离开关分类

高压隔离开关（文字符号为 QS）按安装条件不同，可分为户内型和户外型两种，也可按极数不同分为单极和三极两种。典型的高压隔离开关有 GW1—12 型户外高压隔离开关、GN2—10～35 系列户内高压隔离开关、GN19—12（C）型户内高压隔离开关、GN22—12（C）型户内高压隔离开关等几种，其外形如图 2-10 所示。典型的户内高压隔离开关结构示意图如图 2-11 所示，主要由刀开关、静触头、升降绝缘子、接线端及框架等几部分组成。

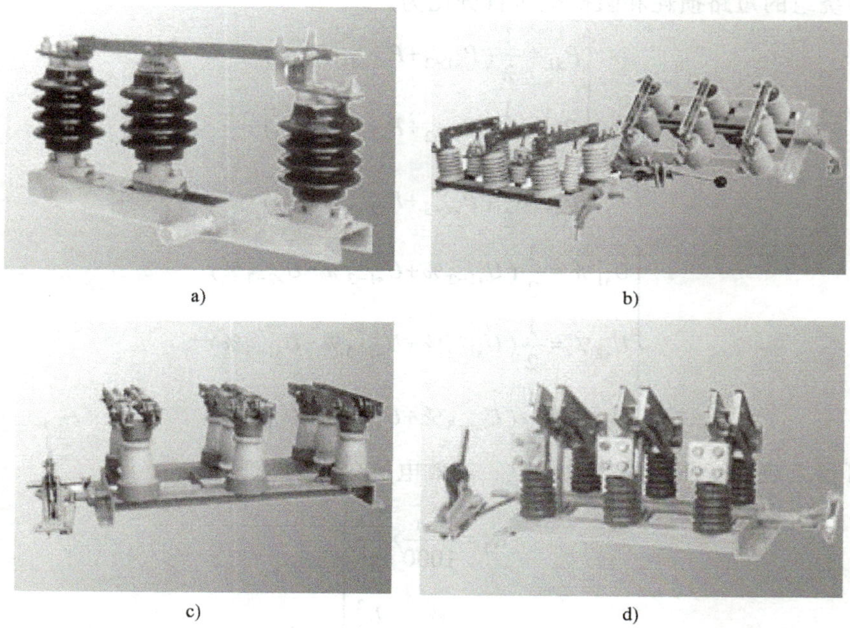

图 2-10　几种典型的高压隔离开关

a）GW1—12 型户外高压隔离开关　b）GN2—10～35 系列户内高压隔离开关

c）GN19—12（C）型户内高压隔离开关　d）GN22—12（C）型户内高压隔离开关

二、高压隔离开关选用

1. 型号含义

高压隔离开关的型号一般由产品型号和规格数字两大部分组成，中间用“/”隔开。其中产品型号必须包括产品字母代号、使用场所、设计序号、额定电压（kV）等内容；规格数字必须包括额定电流、额定短时耐受电流等内容。GN19—12C/400—12.5 型户内交流高压隔离开关型号的具体含义如图 2-12 所示。

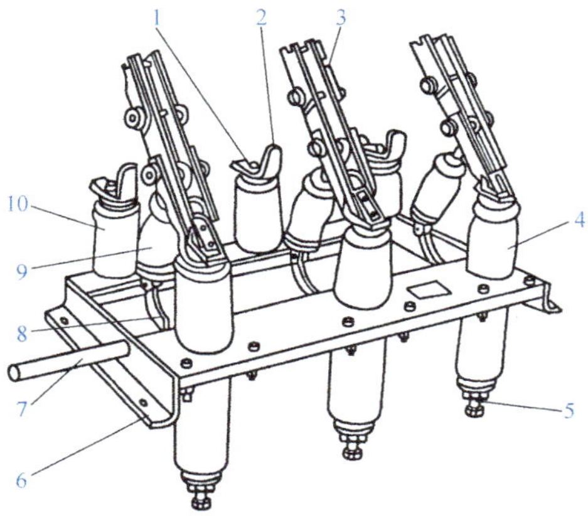

图 2-11　户内高压隔离开关结构示意图

1—上接线端　2—静触头　3—刀开关　4—套管绝缘子　5—下接线端　6—框架　7—转轴　8—拐臂　9—升降绝缘子　10—支柱绝缘子

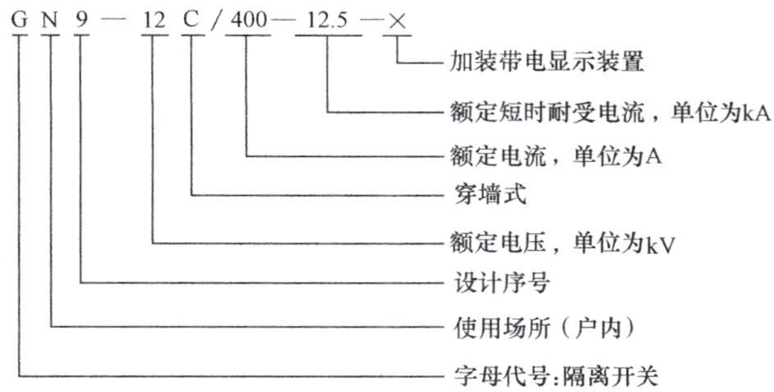

图 2-12　高压隔离开关的型号

2. 功能用途

高压隔离开关由于没有灭弧装置，不能安全地接通或分断负荷电流，因此主要用作安全隔离。具体应用在以下几个方面：

（1）隔离电源

在需要检修或分断的线路、设备和运行带电的线路、设备之间形成一个明显的断开点，确保检修或工作的安全。

（2）切断母线

在有电压而无负荷的情况下，通过隔离开关将设备或线路从一组母线换接到另一组母线上。

（3）接通或断开空载电路

包括母线、电压互感器和避雷器等小容量的空载电路或其他电容电流不超过 5A 的空载线路。

3. 选配说明

高压隔离开关的选择应根据其额定电压、额定电流、安装条件等因素考虑，并做短路时的动、热稳定校验。

GW1—12 型户外高压隔离开关适合装在户外 12kV 线路上，供线路在有电压、无负载时分合电路之用。它分带接地刀和不带接地刀两种形式。带接地刀的开关，配用合适的 CS 系列操动机构，可防止带电挂接地线和带电接地线闭合隔离开关等误操作，操作人员也不必另挂接地线。另外，这一系列的隔离开关有普通型和防污型两种。其中防污型隔离开关能满足较严重污秽地区之要求，可有效地避免隔离开关在运行中出现污染问题。

GN2—10～35 系列户内高压隔离开关用于额定电压为 10～35kV 的电力系统中，作为在有电压、无负载的情况下分、合电路之用。通常，额定电流 2000A 及以下的隔离开关配用 CS6—2T 型手动操动机构，额定电流为 3000A 的隔离开关配用 CS7 型手动操动机构。

GN19—12（C）型户内高压隔离开关用于额定电压 12kV，交流 50Hz 及以下电力系统中。配用 CS6—1 型手动操动机构，作为在有电压而无负载情况下分、合电路之用，也有派生产品防污型、高原型和可加装带电显示装置等。

GN22—12（C）型户内高压隔离开关适用于三相交流 50Hz、额定电压 12kV 的户内装置。供高压设备在有电压而无负载的情况下接通、切断或转换线路用。要求安装场所没有火灾，易燃、易爆物品，严重污秽，化学腐蚀及剧烈振动。

三、高压隔离开关操作

隔离开关的正常操作要求如下：

1）合闸时，在确认与隔离开关连接的断路器等开关设备处于分闸位置时，站好位置，果断迅速地合上隔离开关，而合闸动作用力不宜过大，避免发生冲击，同时保证主刀开关与静触头接触良好。

2）若为单极隔离开关，合闸时应先合两边相，后合中间相；拉闸时应先拉中间相，后拉两边相，必须使用合格绝缘棒来操作。三极隔离开关是用手动操动机构来完成的。

3）分闸时，在确认断路器等开关设备处于分闸位置时，应缓慢操作，待主刀开关离开静触头时迅速拉开。操作完毕后，应保证隔离开关处于断开位置，并保持操动机构锁牢。

4）用隔离开关来切断变压器空载电流、架空线路和电缆的充电电流、环路电流和小负荷电流时，应迅速进行分闸操作，以达到快速有效灭弧。

5）送电时，应先合电源侧的隔离开关，后合负荷侧的隔离开关；断电时，先拉负荷侧的隔离开关，后拉电源侧的隔离开关，必须严格按照操作规程进行操作，以确保安全。

下列情况下允许隔离开关直接操作：

1）开、合电压互感器和避雷器回路。

2）电压为 35kV，长度为 10km 以内无负荷运行的架空线路。

3）电压为 10kV，长度为 5km 以内的无负荷运行的电缆线路。

4）电压为 10kV 以下，无负荷运行的变压器，其容量不超过 320kV · A。

5）电压为 35kV 以下，无负荷运行的变压器，其容量不超过 1000kV · A。

6）直接接在母线上的设备。

7）开、合变压器中性点的接地线，当中性线上接有消弧线圈时，只能在系统未发生短路故障时才允许操作。

8）与断路器并联的旁路隔离开关，若断路器处于合闸位置，才开、合断路器的旁路电流。

9）开、合励磁电流不超过 2A 的空载变压器和电容电流不超过 5A 的无负荷线路，对于电压为 20kV 及以上者，必须使用三相联动隔离开关。

10）用户外三相联动隔离开关，开、合电压为 10kV 及以下，电流为 15A 以下的负荷电流。

11）拉、合 10kV 及以下，电流不超过 70A 环路均衡电流，但严禁使用室内型三联隔离开关拉、合系统环路电流。

特别注意的是：严禁带负荷操作隔离开关。操作隔离开关前，必须先检查与之串联的断路器确实处于断开位置。如隔离开关带的负荷是规定容量范围内的变压器，则必须先停掉变压器的全部低压负荷，令其空载之后再拉开该隔离开关；送电时，先检查变压器低压侧主开关确实在断开位置，方可闭合隔离开关。若已发现带负荷误合闸后，不得再立即拉开；当发现带负荷分闸时，若已拉开，不得再合（若拉开一点，发觉有火花产生时，可立即合上）。

四、高压隔离开关运行

对运行中的隔离开关应进行巡视。在有人值班的配电所中应每班一次；在无人值班的配电所中，每周至少一次。日常巡视的内容主要包括：

1）观察有关电流表，其运行电流应在正常范围内。

2）根据隔离开关的结构，检查其导电部分接触良好，无过热变色，绝缘部分应完好，无闪络放电痕迹。

3）传动部分应无异常（无扭曲变形、销轴脱落等）。

五、高压隔离开关维护

高压隔离开关操作和运行中的常见故障检修见表 2-4。

表 2-4　高压隔离开关操作和运行中的常见故障检修

序号	故障现象	分析检修
1	操作时动、静触头相互撞击或三相触头合闸不一致	1)由于调整不当所致,应拆开静触头固定座的螺栓,调节固定位置,使动触头刀片刚好插入刀口。动触头插入静触头的深度不得小于刀片宽度的 90%,但不能太大,避免刀片冲击绝缘子。动刀片与静触头固定座的底部应有 4~6mm 的间隙 2)调整交叉连杆或拐臂的长度、升降绝缘子的调节螺钉长度,使动、静触头的间距符合要求,防止动、静触头的相互撞击和使开关合闸时的触头基本同期,10kV 及以下的隔离开关允许不同期误差为 5mm
2	运行中隔离开关接触部分过热	1)隔离开关接触部分的过热程度,可根据开关触头部分的变色、示温蜡片变化及刀片本身的颜色来判断。一般温度超过 80℃时,应采取降温措施,如临时用风扇吹风冷却,并加强监视或减小负荷运行,尽量及时停电检修 2)动、静触头接触面过小,电流集中通过后又分散,出现很大斥力,减小了弹簧的压力,使压紧弹簧或螺钉松弛,应紧固松弛螺钉,调整交叉连杆长度,使动刀片插入静触头的深度不得小于刀片宽度的 90%
3	触头表面产生一层黑色附着物	1)在长期运行中,受到外界空气的影响和电晕作用,在镀银触头上将会形成一层黑色的附着物(硫化银),降低触头接触面的导电性能。检修时不能用砂纸抽样打磨,以免损坏银层,可用氨水洗掉表面的硫化银。其方法是:拆下触头洗去油污,修复伤痕,用氨水将触头浸泡 15min 后取出,用尼龙刷子刷掉附着物,用清水洗干净后擦干,涂上一层凡士林即可 2)屋内运行的隔离开关,可用防银变色剂处理镀银表面,这样既不影响接触电阻又可防止银离子与大气中硫化物反应生成黑色附着物
4	隔离开关不能分闸	1)当隔离开关不能分闸时,若操动机构被冰冻结,除掉冰雪后,使冻结冰松动后,才能进行拉闸操作 2)支柱绝缘子及操动机构变形或移位,如果故障点发生在接触部位,不得强行拉闸,避免支柱绝缘子损坏而引起严重事故
5	隔离开关不能合闸	1)轴锁脱落,楔栓退出,铸铁断裂,引起刀杆与操动机构脱节,应停电进行整修或更换损坏零件,如不允许停电,可临时用绝缘棒进行操作,但必须尽快安排检修 2)传动机械松动,使动、静触头不在一条直线上,造成隔离开关不能合闸,应重新调整,使三相触头合闸时同期一致,避免动、静触头相互撞击

【实践指导】

训练　高压隔离开关的安装与调试

一、训练目的

进一步熟悉所选高压隔离开关结构与安装技术规范，并准备施工图样及相关的技术资料。能够对隔离开关做外观检查，掌握安装要领和质量检查、验收的主要内容。实际训练时可以 GN2—10/2000 型户内高压隔离开关为例。

二、训练准备

1）准备安装图样及相关技术资料，熟悉隔离开关的作用、结构及安装技术规范。

2）工具及器材准备。

①工具：手电钻、扳手、细砂纸、锤子及电工常用工具。

②量具：水平尺、线锤、角尺及塞尺等。

③器材：GN2—10/2000 型户内高压隔离开关及安装配件。

三、训练步骤

1. 外观检查

1）检查开关的型号、规格是否与设计选型相符。

2）检查零件有无损坏、刀开关及触头有无变形，如不正常，应按规定进行校正。

3）检查可动刀开关与触头接触情况。触头上如有铜的氧化层，应用细砂纸擦净，然后涂上凡士林。用 0.05mm×10mm 塞尺检查刀片接触情况，对线接触点应塞不进去；对面接触处其塞入深度，在接触表面宽度为 50mm 及其以下时，应不超过 4mm；在接触表面宽度为 60mm 及其以上时，不应超过 6mm。

4）操动机构的零部件应齐全，所有固定连接部分应紧固，转动部分应涂以适合当地气候条件的润滑脂。

2. 机构安装

1）用人力或滑轮吊装。把开关本体放于安装位置，使开关底座上的孔眼套入基础螺栓，稍拧紧螺母，用水平尺和线锤找正、找平位置，然后拧紧基础螺母。

2）安装操动机构。将操动机构固定在事先埋设好的支撑架上，并使其扇形板与隔离开关上的传动转杆在同一垂直平面上。

3）连接操作拉杆。拉杆连接之前应将弯连接头连接在开关的传动转杆（即转轴）上，直连接头连接在扇形板的舌头上，然后把调节元件拧入直连接头。操作拉杆应在开关和操动机构处于合闸位置时装配，先测好操作拉杆的长短，然后下料。拉杆一般用直径为 20mm 的黑铁管，而不用镀锌管，因其力学性能不如黑铁管。拉杆加工好后，将其一端与弯连接头焊接；另一端与调节元件焊接。如用销钉连接，则须在操作拉杆、弯连接头及调节元件上钻孔，然后再组装。

4）隔离开关的底座和操动机构的外壳应安装接地螺栓，安装时应将接地线的一端接在接地螺栓上；另一端与接地网接通，使其妥善接地。

3. 常规检查

1）支柱绝缘子应垂直于底座平面（V型隔离开关除外），且连接牢固；同一绝缘子柱的各绝缘子中心线应在同一垂直线上；同相各绝缘子柱的中心线应在同一垂直平面内；安装时可用金属垫片校正其水平或垂直偏差，使触头相互对准且接触良好。

2）拉杆的内径应与操动机构转轴的直径相配合，两者间的间隙不应大于1mm；连接部分的锥形销子不应松动；当拉杆损坏或折断可能接触带电部分而引起事故时，应加装保护环。

3）延长轴、轴承、联轴器、中间轴轴承及拐臂等传动部件，其安装位置应正确，固定应牢靠；传动齿轮应啮合准确，操作轻便灵活；定位螺钉应调整适当，并加以固定，防止传动装置拐臂超过死点。

4）检查触头弹簧及其压力。可分相从刀口拉出刀片，拉力应符合表2-5所列范围。拉出刀片不应润滑，需要的压力可通过调节固定螺母达到。

表2-5　隔离开关闸刀拉力表

隔离开关的额定电流/A	闸刀拉出时的最小拉力/N	隔离开关的额定电流/A	闸刀拉出时的最小拉力/N
400	100	2000	800
600	200~250	3000	800
1000	400		

注：1. 拉力是指一相的数值。
2. 表中所列拉力为接点压力数值的30%~35%。

5）清扫和润滑隔离开关及传动装置。润滑前接触部分用软钢丝刷或砂纸轻擦，受擦的零件再用浸汽油的抹布或砂布擦净，然后上润滑脂。机械部分摩擦的润滑：当温度为0℃及其以上时用凡士林或润滑脂；而在温度低于0℃时，用特别的防冻油进行润滑。导电体接触部分表面的润滑，使用中性的凡士林。

4. 项目整定

隔离开关、操动机构和连杆安装完毕后，应对隔离开关进行整定。调整项目、要求及方法详见表2-6。

表2-6　隔离开关的整定

序号	项目	要　求	方　法
1	刀片位置	1）无侧向撞击 2）插入深度符合要求：可动刀片进入插口的深度应不小于90%，但也不应过大，以免冲击绝缘子的端部。可动刀片与固定触头的底部应保持3~5mm的间隙	1）缓慢合闸观察可动刀片有无侧向撞击，如有旁击现象，可改变固定触头的位置，使可动刀片刚好进入插口 2）若刀片插入深度不符合要求，可将直连接头拧进或拧出，从而改变操作拉杆的长度和调节开关轴上的制动螺栓，或改变轴的旋转角度
2	刀片同步性	合闸时，三相刀片应同时投入，35kV以下的隔离开关，各相前后相差不得大于3mm	将开关慢慢合闸，当一相开始接触固定触头时，用尺测量其他两相与固定触头的距离，此距离不得超过3mm。当不能达到要求时，可调整升降绝缘子（即操作绝缘子）连接螺栓的长度，或改变动刀片的位置，而使三相刀片同时投入

（续）

序号	项目	要　求	方　法
3	刀片张角	开关分闸时，其刀片的张开角度应符合制造厂的规定。如制造厂无规定时，GN2系列高压隔离开关可参照图2-13和表2-7所示数值进行检验，如不符合要求应进行调整（其他型号的隔离开关读者可查阅相关工程技术手册）	调整操作拉杆的长度和操作杆在扇形板上的位置
4	刀片压力	可动刀开关与触头应接触良好，刀片压力应符合要求	按规定调整触刀两边的弹簧压力
5	辅助触头	若开关带有辅助触头时，应进行调整。合闸信号触头（动合触头）应在开关合闸行程80%～90%时闭合，分闸信号触头（动断触头）应在开关分闸行程75%时闭合	改变耦合盘的角度进行调整

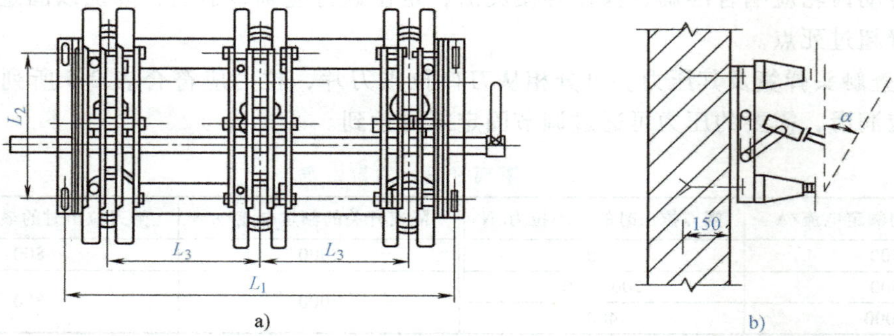

图2-13　隔离开关安装尺寸和刀片张开角度

a）隔离开关安装尺寸　b）隔离开关刀片张开角度

表2-7　隔离开关安装尺寸和刀片张开角度

隔离开关型号	尺寸/mm			α/(°)
	L_1	L_2	L_3	
GN2—6/400～600	580	280	200	41
GN2—10/400～600	680	350	250	37
GN2—10/1000～2000	910	346	350	37

5. 基本试验

1）绝缘电阻试验。整体绝缘电阻不做具体规定，可与出厂试验结果比较判断。

2）接触电阻试验。检查闸刀与静触头的接触电阻，一般地，额定电流600A的高压隔离开关其接触电阻为150～175μΩ，1000A的高压隔离开关其接触电阻为100～120μΩ，2000A的高压隔离开关其接触电阻为40～50μΩ。

3）耐压试验。一般情况下，隔离开关在投入运行前不另做耐压试验，而是与母线一起进行。

四、注意事项

1）隔离开关的闭锁装置应动作灵活、准确可靠；带有接地刀刃的隔离开关，接地刀刃与主触头间的机械闭锁应准确可靠。

2）开关操动机构手柄的位置应正确，合闸时手柄应向上，分闸时手柄应向下。合闸与分闸操作完毕，其弹性机械销应自动地进入手柄末端的定位孔中。

3）开关调整完毕后，应将操动机构的全部螺栓固定好，所有的开口销子必须分开，并进行数次分、合闸操作，以检验开关的各部分是否有变形和失调现象。

【四新技术】

电气“五防”功能

在电力系统运行和维护过程中曾经发生多起误合闸事件，给工农业生产和人民的生命财产带来巨大危害。为此，原水利电力部在 1980 年提出了“五防”的概念，即防止误分、合闸断路器；防止带负荷分、合刀开关；防止带电挂地线或合地刀；防止带地线合闸；防止误入带电间隔。电气“五防”功能的实现成了电力安全生产的重要措施之一。

实现“五防”功能的装置包括常规防误闭锁装置和微机防误闭锁装置两种。

一、常规防误闭锁装置

常规防误闭锁装置主要有三种：机械闭锁、程序锁和电气闭锁。

1. 机械闭锁

机械闭锁是在开关柜或户外闸刀的操作部位之间用互相制约和联动的机械机构来达到先后动作的闭锁要求。

机械闭锁的优点：在操作过程中无需使用钥匙等辅助操作，可以实现随操作顺序的正确进行，自动地步步解锁。在发生误操作时，可以实现自动闭锁，阻止误操作的进行。机械闭锁可以实现正向和反向的闭锁要求，具有闭锁直观、不易损坏、检修工作量小、操作方便等特点。

机械闭锁的缺点：机械闭锁只能在开关柜内部及户外闸刀等机械动作相关部位之间应用，与电器元件动作间的联系用机械闭锁无法实现。对两柜之间或开关柜与柜外配电设备之间及户外闸刀与开关（其他闸刀）之间的闭锁要求也无能为力。所以在开关柜及户外闸刀上，只能以机械闭锁为主，还需辅以其他闭锁方法，方能达到全部五防要求。

2. 程序锁

程序锁是用钥匙随操作程序传递或置换而达到先后开锁操作的要求。

程序锁的优点是：钥匙传递不受距离的限制。程序锁在操作过程中有钥匙的传递和钥匙数量变化的辅助动作，符合操作票中限定开锁条件的操作顺序的要求，与操作票中规定的行走路线完全一致，易为操作人员所接受。

程序锁的缺点如下：

1）某些程序锁功能简单，只能在较简单的接线方式下采用，由于不具备横向闭锁功能，在复杂的接线方式下一般不采用。

2）闭锁方案中必须设置母线倒排锁，使得操作过程十分复杂。

3）在很多变电站中，隔离开关分合闸采用按钮控制电动机正反转，而程序锁对按钮无法进行程序控制。

4）程序锁需要较多的程序钥匙，由于安装不规范、生产工艺及材料差等问题，程序锁易被氧化锈蚀，发生卡涩，致使一定时间内失去闭锁功能。

此外，程序锁在倒闸操作中，分、合两个位置的精度无法保证；使用时，必须从头开始，中间不能间断。所以程序锁目前已基本淘汰。

3. 电气闭锁

电气闭锁是通过电磁线圈的电磁机构动作，来实现解锁操作，在防止误入带电间隔的闭锁环节中是不可缺少的闭锁元件。

电气闭锁的优点：操作方便，没有辅助动作。

电气闭锁的缺点如下：

1）电磁锁单独使用时，只有解锁功能没有反向闭锁功能。需要和电气联锁电路配合使用才能具有正反向闭锁功能。

2）作为闭锁元件的电磁锁结构复杂，电磁线圈在户外易受潮霉坏，绝缘性能降低，增加了直流系统的故障率。

3）需要敷设电缆，增加额外施工量。

4）串入的辅助触点容易产生接触不良而影响动作的可靠性。

二、微机防误闭锁装置

自 20 世纪 90 年代初，微机技术就进入了防误闭锁领域。微机防误闭锁装置是一种采用计算机技术，用于高压开关设备防止电气误操作的装置。经过十多年的发展，微机防误闭锁装置已逐渐成熟，并已在电力系统中广泛推广。

微机防误闭锁系统一般由防误主机、计算机钥匙、遥控闭锁控制单元、机械编码锁、电气编码锁及智能锁具等功能元件组成，完全满足电气设备“五防”功能的要求。

系统建立闭锁逻辑数据库，将现场大量的二次电气闭锁回路变为计算机中的防误闭锁规则库，防误主机使用规则库对模拟预演操作进行闭锁逻辑判断，记录符合防误闭锁规则的模拟预演操作步骤，生成实际操作程序。防误主机按照实际操作程序，根据设备闭锁方式的不同采用以下三种方式进行解锁操作：

1）计算机钥匙解锁。

2）通过遥控闭锁控制单元等直接控制智能锁具解锁。

3）通过通信接口对监控系统执行解锁。

运行人员按照防误主机及计算机钥匙的提示，依次对设备进行操作。对不符合程序的操作，设备拒绝解锁，操作无法进行，从而防止误操作的发生。通过跟踪现场设备的实际状态、接收计算机钥匙的回传信息，防误主机对当前操作进行确认后，进行下一步操作，直到操作任务结束。

任务三　高压负荷开关运行与维护

【知识解读】

一、高压负荷开关型式

高压负荷开关（文字符号为 QL）的外形与隔离开关很相似，也就是隔离开关加上一个简单的灭弧装置，以便能通断负荷电流。由于负荷开关断开时，也有一个明显可见的断开间隙，因此也能起到隔离电源保证安全检修的作用。

按安装地点不同，高压负荷开关可分为户内和户外两类，户内为 FN 型，户外为 FW 型。按灭弧方式可分为自产气式（FNI—10 型）和压气式（FN2—10 型）两种。其中 FN1 自产气式负荷开关是老式产品，已列入淘汰目录。FN2 型压气式负荷开关采用了由开关传动机构带动的压气式装置，分闸时喷出压缩空气将电弧吹灭。它的灭弧性能好，断流容量大，安装调整方便，使用寿命长，现已广泛应用。

二、高压负荷开关结构

FN2—10 型户内压气式负荷开关的外形和结构如图 2-14 所示。负荷开关的底部为框架，传动机构装在框架中，框架上有 6 只绝缘子，上部的 3 只绝缘子固定静触头与气缸、喷嘴；下部的 3 只绝缘子固定连接主闸刀和灭弧闸刀。开关分闸时，操动机构脱扣，在分闸弹簧的作用下，主轴顺时针旋转，一方面通过曲柄滑块机构使活塞向上移动，将气体压缩；另一方面通过两套四连杆机构组成的传动系统，使载流的主闸刀先打开，然后推动灭弧闸刀，使灭弧触头打开，气缸中的压缩空气通过喷口吹灭电弧。合闸时，操动机构通过主轴及传动系统，使主闸刀和灭弧闸刀同时顺时针旋转，灭弧触头和灭弧闸刀先闭合，主轴继续转动，使主触头和主闸刀随后闭合。

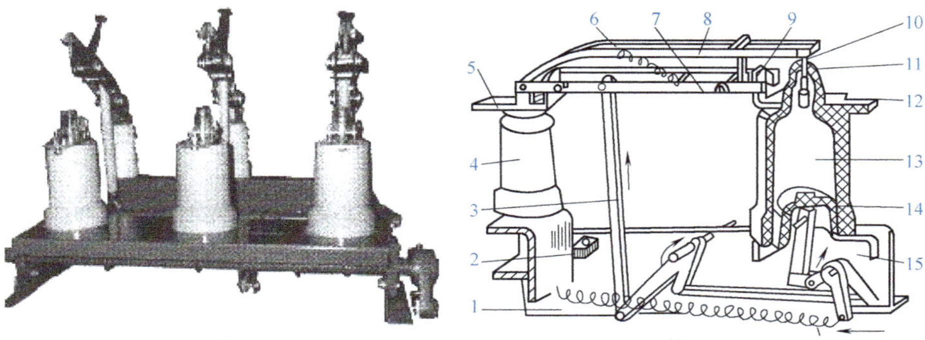

a) b)

图 2-14 FN2—10 型户内压气式高压负荷开关

a）外形 b）结构示意

1—框架 2—缓冲器 3—绝缘拉杆 4—绝缘子 5、12—接线板 6—弹簧 7—主闸刀 8—灭弧闸刀 9—主触头 10—灭弧触头 11—喷口 13—气缸 14—活塞 15—主轴

目前常用的户内高压负荷开关还有 FN3、FN5、FN7、FN12 型，其外形、特点和用途见表 2-8。

表 2-8 常用高压负荷开关的外形、特点和用途

型号	外　　形	特点和用途
FN3	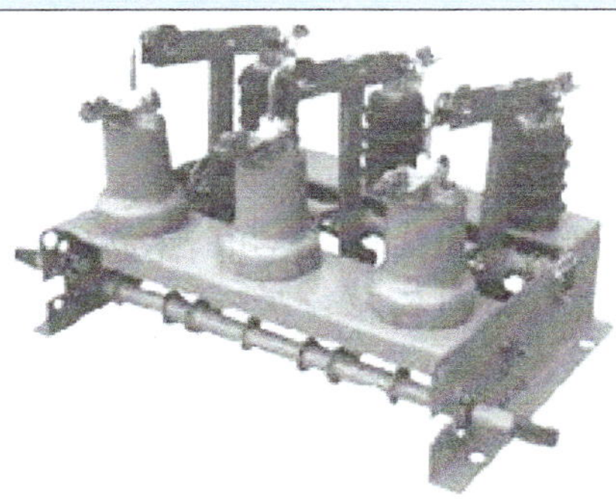	适用于交流 50Hz、6kV 或 10kV 的网络中，作为开断和闭合负荷及过负荷电流用，亦可用作开断和闭合空载长线、空载变压器及电容器的开关。带 RN3 型熔断器的负荷开关，可切断短路，作为保护开关使用

（续）

型号	外 形	特点和用途
FN5		FN5-12R(L)型户内高压交流负荷开关-熔断器组合电器性能符合 IEC 60420《高压交流负荷开关-熔断器组合电器》和 GB 3804—2004《3.6～40.5kV 高压交流负荷开关》要求，具有体积小，重量轻，可实现开关、隔离和接地三工位特点。可用于环网柜和箱式变电站，广泛应用于 10kV 线路电能的分配，并可有效地避免设备的断相运行
FN7		FN7 型高压交流负荷开关是一种新型产气式户内高压负荷开关，适用于交流 50Hz、额定电压 10kV 的三相交流电力系统中，作为开断负荷电流及关合短路电流用
FN12		适用于三相交流 50Hz、额定电压 12kV 的电力系统中，作为工矿企业、发电厂、变电站以及铁路系统中的电气设备的控制与保护之用，可以投切各种不同性质的负荷，且开断小电感电流时截流值较低。具有开断能力强、可靠性高、结构简单、电寿命及机械寿命长、维护简便、维修量少、不污染环境等优点

三、高压负荷开关操作使用

1. 操作使用

负荷开关使用时应注意以下几点：

1）由于负荷开关出厂前经过认真装配、严格的调整和试验，使用时不必拆开调整。

2）使用时应进行几次空载分、合闸操作，确认操动机构和触点系统无误后，才能投入运行。

3）在使用中检查负荷电流是否在额定值的范围内，各部分有无过热现象及放电痕迹。

4）负荷开关不允许短路情况下操作。

5）负荷开关能起隔离电源的作用，并能带负载操作。

6）当负荷开关与高压熔断器配合使用时，继电保护应进行相应整定以确保：当故障电流大于负荷开关的分断能力时，必须保证熔断器先熔断，然后负荷开关才能分断；当故障电流小于负荷开关的分断能力时，则负荷开关断开，熔断器不动作。

2. 组合使用

近年来，在 10kV 配电变压器的保护和控制开关的选用中，由于负荷开关-熔断器组合电器与断路器相比具有结构简单、操作维护方便、造价低、运行可靠等优点，从而使组合电器获得广泛的应用。组合使用时应全面考虑以下几个指标：

1）转移电流。负荷开关通常分为一般型和频繁型两种，以空气为绝缘介质的产气式和压气式负荷开关为一般型，真空和 SF_6 负荷开关为频繁型。不同的负荷开关，转移电流的指标各不相同，一般型负荷开关的转移电流在 800~1000A 左右，频繁型可达 1500~3150A。配电变压器的容量不同，相应的转移电流也不相同，实际的转移电流可由变压器容量进行估算。一般 S9-800/10 型配变的转移电流为 978A。按照转移电流的定义及结合负荷开关的开断时间和特性，负荷开关转移电流要避开最大短路电流，控制在最大短路电流的 70%以内，即实际转移电流约为 978A×70% = 685A。一般情况下，容量在 800kV · A 以内的变压器，可选用以空气绝缘的一般型负荷开关；容量在 800~1250kV · A 范围内的变压器，可以选用真空或 SF_6 绝缘的频繁型负荷开关；容量大于 1250kV · A 的变压器则要求选用断路器进行保护及控制。

2）交接电流。某些负荷开关配备有分励脱扣器供过载等保护跳闸用，即过载时通过继电保护的方式使负荷开关跳闸而无须烧毁熔断器，熔断器只作短路保护。由分励脱扣器动作的继电保护的动作特性与熔断器的时间-电流特性相交点称为交接电流。交接电流是一种过电流值，低于交接电流的过电流，由分励脱扣器动作使负荷开关断开，高于交接电流时，由熔断器保护动作。为此选配交接电流参数较高的负荷开关，可有效地减少熔断器的动作次数，从而大大减少了更换熔断件的数量。对于真空和 SF_6 负荷开关，相对具有较高的交接电流值，可以提高交接电流接近转移电流，以充分发挥此类频繁型负荷开关所具有的开断能力强的优势。

3）限流熔断器。在负荷开关-熔断器组合电器中，负荷开关负责正常电流或转移电流的开断，熔断器承担过载电流及短路电流的开断，两种电器的开断能力相互配合，才能顺利完成开断任务，因此限流熔断器的选配至关重要。选用的限流熔断器应具备分断能力高、最小开断电流小、运行温度低、时间-电流特性曲线陡峭、特性曲线误差小等特性。同时应满足耐老化、安装形式多样、外形尺寸合适等要求。而且应注意在环境温度 40℃时，熔断器的功率损失不得超过 75W。选用熔断器时，熔断器的额定电流要与变压器的容量相匹配。某些人认为选用额定电流大的熔断器会更安全是错误的，这样不但造成经济浪费，而且使熔断器的交接电流的时间-电流特性变差，保护速度降低，影响熔断器的正确开断保护。

四、高压负荷开关运行维护

1. 运行调整的主要内容

1）当开关在断开、闭合位置时，拐臂都能支高在缓冲器上。旋转操动机构手柄的角度，要与主轴的旋转角度互相配合（主轴旋转角度约在 105°），并使开关在断开、闭合位置时，拐臂都能支高在缓冲器上。如果达不到要求，应调整扇形板上的不同连接孔或改变拐臂的长度来达到要求。

2）负荷开关的刀开关与主轴触点间要有合适开断的空间距离。若超出范围，可调整操动机构中的拉杆长度或负荷开关的橡胶缓冲器上的垫片来达到要求。

3）合闸位置时，调节刀开关的下边缘，与主静触头的红线标志上边缘相对齐，如不能达到要求，可将刀开关与绝缘子拉杆间的轴销取下，调整内部的六角偏心零件来达到要求。

4）负荷开关在分闸过程中，灭弧触头与灭弧喷嘴不应有较大的摩擦，否则应对灭弧动触头与刀开关间隙进行调整，并检查灭弧静触头装置是否符合要求。

5）在开关合闸时，开关三相灭弧触头的不同期接触偏差，不应大于2mm，否则可调整刀开关与绝缘子拉杆处的六角偏心接头来达到要求。

6）检查负荷开关断开、闭合速度。负荷开关安装或检修完毕后，应进行速度试验，要求测分闸速度达到（3.6±0.2）m/s，最大分闸速度为（6.2±0.2）m/s，测合闸速度为（4±0.4）m/s。如果分闸速度达不到要求，可调整开断弹簧来解决。合闸速度可调整管内的垫片来达到。

2. 巡视检查的主要内容

1）瓷绝缘完好，无裂纹及闪络放电痕迹，表面清洁。

2）无异常声响及异常气味。

3）动、静触头接触良好，无过热现象。

4）操动机构完整、可靠。

5）消弧装置完整。

6）环网中的真空负荷开关灭弧室正常，六氟化硫负荷开关气压正常。

【实践指导】

训练　10kV负荷开关试验

一、训练目的

掌握10kV负荷开关绝缘电阻测试、交流耐压测试、导电回路电阻测试和红外测温等技术参数测量并完成试验报告。

二、训练准备

1）熟悉10kV负荷开关的结构及相关的安装、测试技术规范。

2）准备试验用电工常用工具、仪表、10kV负荷开关、回路电阻测试仪、绝缘电阻测试仪、试验变压器、红外测温仪等。

三、训练步骤

在老师指导下，对照10kV负荷开关综合试验报告有关项目要求分步完成试验内容。

1. 各相绝缘电阻测试

测试工作内容和操作工艺见表2-9。

表 2-9 各相绝缘电阻测试

序号	工作内容	操作及工艺	风险和质量控制点	控制措施
1	摆放绝缘电阻表，绝缘电阻表检查	选择合适位置，将绝缘电阻表水平放稳。试验前对绝缘电阻表本身进行检查	1）绝缘电阻表摆放位置应安全，摆放应水平、稳固 2）绝缘电阻表检查	1）绝缘电阻表摆放位置应安全、应水平放稳 2）试验前对绝缘电阻表进行“短路”“开路”测试检查
2	连接测试线和接地线	参考试验接线示意图，将绝缘电阻表的接地端与被试品的接地端连接，将带屏蔽的连接线接到被试品的高压端（必要时接上屏蔽环）	1）连接应牢固、可靠 2）防止测试线绝缘不良 3）绝缘电阻表的输出端不能接错	1）检查被试品状态 2）试验用的导线应使用绝缘护套线或屏蔽线 3）认真检查测试线和接地线的连接，检查绝缘电阻表的输出端接线
3	开始测量，读取并记录测量结果	启动绝缘电阻表开始测量，记录 60s 时的测量值	1）保持直流输出电压稳定 2）注意读数时间正确	1）防止绝缘电阻低，导致端电压降低 2）注意仪表指示测量时间应正确
4	停止测量，短路放电并接地	停止测量，放电并接地（对带保护的整流电源型绝缘电阻表按此操作，否则应先断开接至被试品高压端的连接线，然后停止测量）	确保已彻底放电，防止充电电荷放电损坏绝缘电阻表、造成人身伤害	注意仪表显示已放电完毕，才将被试品短路接地

2. 各相交流耐压测试

测试工作内容和操作工艺见表 2-10。

表 2-10 各相交流耐压测试

序号	工作内容	操作及工艺	风险和质量控制点	控制措施
1	摆放仪器、接地	选择合适位置将工频耐压装置平稳放置，将接地端可靠接地	1）注意预留高压引线的走向以及被试品连接的角度满足要求 2）注意试验变压器和高压引线与接地体保持足够的安全距离	1）仪器放置应安全、平稳，保证预留高压引线的走向以及与被试品连接的角度满足要求 2）试验变压器和高压引线与接地体的安全距离足够
2	连接高压线、测试线和接地线	参考试验接线示意图，正确连接高压引线和接地线	1）连接应牢固、可靠 2）防止接线错误 3）注意高压引线与周围带电体、接地部位距离	1）检查被试品状态 2）认真对照接线示意图检查 3）高压引线长度合适，布局合理，保持与邻近物体有足够的绝缘距离
3	施加试验电压	1）试验过程中应观察仪表变化情况，如试品出现闪络、冒烟、击穿等异常情况，应立即降压，做好安全措施并进行检查，根据检查情况确定重新试验或终止试验 2）读取并记录测量数据及试验电压、加压时间	1）防止加压时精神不集中 2）注意选择正确的试验电压，避免破坏被试设备	1）加强全过程监护 2）按要求选择正确的试验电压

（续）

序号	工作内容	操作及工艺	风险和质量控制点	控制措施
4	停止测量，断开电源，将试验回路的高压端短路放电并接地	停止测量，断开电源，短路放电并接地	确保已彻底放电，防止设备、人身伤害	使用专用放电棒，将试验回路高压端放电，并短路接地，方可进行后续工作

3. 导电回路电阻测试

测试工作内容和操作工艺见表 2-11。

表 2-11　导电回路电阻测试

序号	工作内容	操作及工艺	风险和质量控制点	控制措施
1	摆放回路电阻测试仪，连接测试线	将回路电阻测试仪接地端可靠接地，参考试验接线示意图，通过专用引线和被试负荷开关连接，电压测量线应在电流输出线内侧	1）接线应正确，连接应牢固、可靠，保证接触良好 2）防止感应电伤人，损坏试验设备 3）保证数据准确	1）将被试负荷开关一端接地，减小感应电的影响 2）检查被试负荷开关应在合闸状态 3）使用专用测试线，认真检查测试线的连接 4）必要时用砂纸打磨 5）电压测试线应靠近开关触头
2	开始测量，读取并记录测量结果	启动测试仪开始测量，待测量值稳定，仪器指示无变化时，记录测量电阻值	1）注意测试电流输出值的大小 2）测量值是否稳定	1）测试电流输出值不小于100A 2）保证足够的稳定时间
3	停止测量	停止测量	注意测量回路未放电，或放电不彻底会危及人身安全、损坏测试设备	必须等待测试仪显示已完全放电才能断开测试回路，进行后续工作

4. 红外测温

测试工作内容和操作工艺见表 2-12。

表 2-12　红外测温

序号	工作内容	操作及工艺	风险和质量控制点	控制措施
1	摆好测试仪	测试仪内部温度校准	1）注意测量数值是否稳定 2）注意环境温度的变化	1）内部温度校准时，待温度读数稳定后方可开始工作 2）环境温度发生较大变化时，应对仪器重新进行内部温度校准
2	开始测量，读取并记录测量数据	待测量值稳定，仪器指示无变化时，记录测量温度值	1）注意检测位置 2）注意测量数值是否稳定 3）注意现场记录数据对测量结果判断的影响	1）为了准确测温，应设定几个不同的部位，以确定最佳检测位置，并做好记录 2）读取数值前注意示值变化的情况，稳定后方可记录 3）记录被检设备的实际负荷电流、额定电流、运行电压，被检物体温度及环境的温度值

（续）

序号	工作内容	操作及工艺	风险和质量控制点	控制措施
3	针对性准确检测	发现有异常时，应有针对性地近距离对异常部位和重点被测设备进行准确检测	1）注意检测位置 2）注意读数确定，记录的准确性	1）在安全距离允许的条件下，红外检测仪器宜尽量靠近被测设备 2）根据相应部位的温差进行比较分析，读取准确的数据
4	停止测量	停止测量，做好现场记录的清晰整理	1）注意记录是否完整 2）离开现场时注意安全	1）记录单上要有完整的现场数据、温度等，检查清楚方可离开 2）与带电体保持足够的安全距离，不要误碰带电设备

5. 完成试验报告

10kV 负荷开关综合试验报告见表 2-13。

表 2-13　10kV 负荷开关综合试验报告

天气：　　气温：　　℃　　湿度：　　%

单　　位________　运行编号________　试验性质________

试验日期________　出厂编号________　出厂日期________

制造厂名________　型　　号________　额定电压________kV

绝缘电阻/MΩ				
测量位置	耐压前		耐压后	
	断口	相对地	断口	相对地
A 相				
B 相				
C 相				

测量位置	交流耐压（分、合闸）			导电回路电阻/μΩ
	电压/kV	时间/s	结果	
A 相				
B 相				
C 相				

测试项目＼测试位置	合闸线圈	分闸线圈	合闸接触器线圈
绝缘电阻/MΩ			
直流电阻/Ω			
红外测温/℃	测试点 1	测试点 2	测试点 3

仪表型号				
仪表编号				
备注				
结论				

【四新技术】

高压电器中的电弧产生与灭弧原理

电弧是一种极强烈的电游离现象，具有强光和高温的特点，因而对高压电器的安全运行存在极大的威胁。如果电弧是短路电流产生的，电弧的存在就意味着短路电流还存在，从而使短路电流危害的时间延长。其次，电弧的高温可能烧损开关触头，烧毁电气设备及导线、电缆，甚至引起火灾和爆炸事故。此外，强烈的弧光可能损伤人的视力。因此，电气设备在结构设计上要力求避免产生电弧，或在产生电弧后能迅速地熄灭。

电气设备的触头在分断电流时之所以会产生电弧，根本的原因（内因）在于触头本身及周围介质中含有大量可被游离的电子。这样，当触头间存在着足够大的电场强度时（外因），就可能使粒子强烈游离而形成电弧。

因此，要使电弧熄灭，必须使触头间电弧中粒子的去游离率大于游离率，即其中离子消失的速率大于离子产生的速率（游离率）。熄灭电弧的去游离方式有“复合”和“扩散”两种。

复合就是带电粒子重新结合为中性质点。电弧中的电场强度越弱，电弧温度越低，电弧截面积越小，则带电质点的复合越强。此外，复合还与电弧接触的介质性质有关。如电弧接触固体介质表面，则由于较活泼的电子先使表面带一负电位，负电位的表面就吸引正离子而造成强烈的复合。

带电粒子从电弧内部逸出而进入周围介质的现象称为扩散。扩散的原因：一是温度差；二是离子浓度差；也可以是由于外力的作用。扩散也与电弧的周长与截面积之比有关，当电弧被拉长时，离子的扩散也会加强。电气设备中常用下列灭弧方法：

1. 速拉灭弧法

迅速拉长电弧，可使弧隙的电场强度骤降，导致带电质点的复合迅速增强，从而加速电弧的熄灭。这是开关电器中普遍采用的最基本的一种灭弧方法。

2. 冷却灭弧法

降低电弧的温度，可使电弧中的热游离减弱，导致带电质点的复合增强，有助于电弧迅速熄灭。这种灭弧方法在开关电器中应用也较普遍。

3. 吹弧灭弧法

利用外力（如气流、油流或电磁力）来吹动电弧，使电弧加速冷却，同时拉长电弧，降低电弧中的电场强度，使带电质点的复合和扩散增强，从而加速电弧的熄灭。按吹弧的方向来分，有横吹和纵吹之分。按外力的性质来分，有气吹、油吹、电动力吹和磁力吹等方式。图 2-15 所示是吹弧灭弧法的示意图。迅速拉开低压刀开关时，不仅迅速拉长了电弧，而且其本身回路电流产生的电动力作用于电弧，也吹动电弧使之拉长。有的开关还采用专门的磁吹线圈来吹动电弧，有的开关也利用钢片来吸动电弧。

4. 长弧切短灭弧法

电弧的电压降主要降落在阴极和阳极上（阴极压降又比阳极压降大得多）。如果利用金属片（如钢栅片）将长弧切为若干短弧，则电弧上的压降将近似地增大若干倍。当外施电压小于电弧上的压降时，电弧就不能维持而迅速熄灭。图 2-16 所示为钢灭弧栅将长弧切成若干短弧的情形。这种钢栅片具有上述电动力吹弧和铁磁吹弧的作用，同时还可冷却电弧。

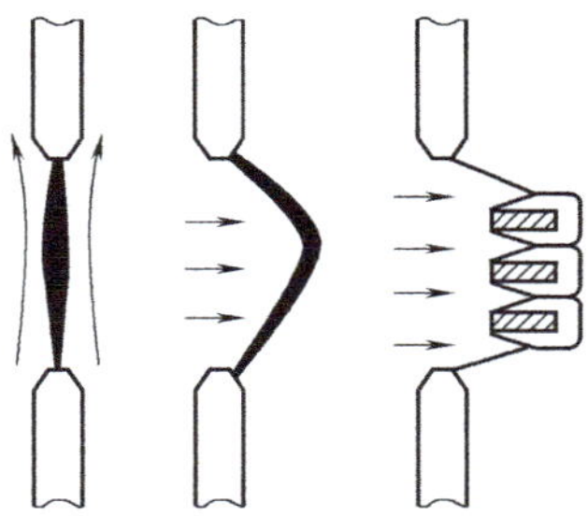

图 2-15　吹弧灭弧法
a）纵吹　b）横吹

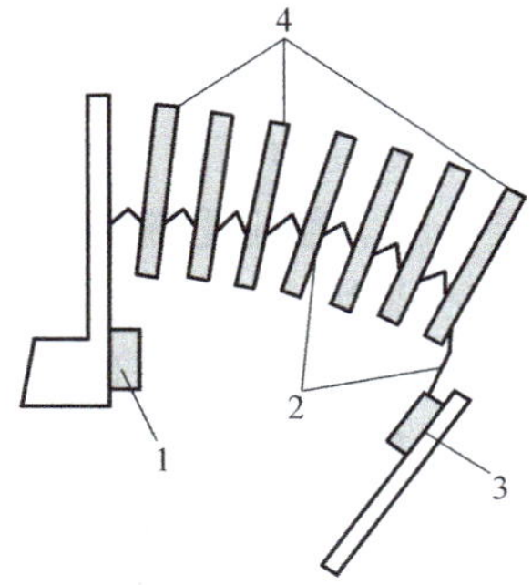

图 2-16　长弧切短灭弧法

5. 粗弧分细灭弧法

将粗大的电弧分为若干平行的细小电弧，使电弧与周围介质的接触面增大，从而改善电弧的散热条件，降低电弧的温度，使电弧中带电质点的复合和扩散均得到增强，使电弧迅速熄灭。多断口灭弧也就是利用了这种原理。

6. 狭沟灭弧法

使电弧在固体介质所形成的狭沟中燃烧。由于电弧的冷却条件改善，从而使电弧的去游离增强；同时介质表面带电质点的复合比较强烈，也使电弧加速熄灭。有些熔断器在熔管中填充石英砂，就是狭沟灭弧原理。

7. 真空灭弧法

真空具有较高的绝缘强度。处于真空中的触头间只有由触头在开断初瞬间产生的所谓“真空电弧”，这种电弧在电流过零时就能立即熄灭而不致复燃。真空断路器就是利用这种原理制成的。

8. 六氟化硫（SF_6）灭弧法

SF_6 气体具有优良的绝缘性能和灭弧性能。其绝缘强度约为空气的 3 倍，其介质强度恢复速度约为空气的 100 倍。六氟化硫断路器就是利用 SF_6 气体作绝缘介质和灭弧介质，获得了极高的断开容量。

任务四　高压断路器运行与维护

【知识解读】

一、高压断路器用途分类

高压断路器（文字符号为 QF）不仅能通断正常负荷电流，而且能接通和承受一定时间的短路电流，并能在保护装置作用下自动跳闸，切除短路故障。高压断路器按其采用的灭弧介质可分为油断路器、空气断路器、六氟化硫断路器、真空断路器等。

二、高压断路器技术参数

1）额定电压。额定电压是表征断路器绝缘强度的参数。它是断路器长期正常工作的线电压，它的标准值就是系统的额定电压值。在 220kV 及以下的电压级中，断路器和其他开关电器可以在比额定电压高 15%的电压下长期工作（称为最高工作电压）。

2）额定电流。额定电流是表征断路器通过长期电流能力的参数，即断路器允许长期连续通过而各部分温度不会超过规定值的最大电流。

3）额定开断电流周期分量有效值。它是表征断路器的开断能力的参数，即在额定电压下，断路器能可靠开断的最大电流，通常也简称为额定开断电流。

4）额定动稳定电流和额定关合电流。额定动稳定电流是表征断路器通过短时电流能力的参数，即断路器承受最大非对称短路电流时，能承受其产生的电动力效应的能力。额定关合电流则是表征断路器关合电流能力的参数，即当断路器关合于短路电路时，其触头不会因最大非对称短路电流产生的电动力使之分开、引起跳动而被电弧熔焊的能力。这两个参数的数值相等，并为该断路器额定开断电流周期分量有效值的 2.5 倍。

5）额定热稳定电流和额定热稳定时间。额定热稳定电流也是表征断路器通过短时电流能力的参数，但它反映断路器承受短路电流热效应的能力。其值和额定开断电流相等，相应的额定热稳定时间为 2s，也可以采用 4s 和相应的热稳定电流值。

6）开断时间和合闸时间。从操动机构跳闸线圈接通跳闸脉冲起，到三相电弧完全熄灭时止的一段时间称为断路器的开断时间。它等于断路器的固有分闸时间和熄弧时间之和，现代快速断路器的开断时间一般为 0.1s 左右。合闸时间则是指从断路器合闸线圈加上电压起，到断路器接通时为止的一段时间。

在断路器的技术参数中，还有断流容量、操作循环、合闸与分闸装置的额定操作电压等。

三、油断路器结构调整

在 3~10kV 配电系统中目前常使用 SN10—10 型户内少油断路器，其外形和结构如图 2-17 所示。这种断路器由框架、传动部分和油箱三个主要部分组成。其中油箱是核心部分，油箱下部是高强度铸铁基座，操作动触头的转轴和拐臂等传动机构均装在基座内，油箱中部装有灭弧室，灭弧室外面有高强度绝缘油筒，油箱上部是铝帽，铝帽的下部、灭弧室的上部装有插座式静触头，铝帽的上部设有油气分离器。

图 2-17　SN10—10 型户内少油断路器的外形和结构
1—帽盖　2—上接线端子　3—油标　4—框架　5—绝缘筒
6—绝缘子　7—下接线端子　8—主轴　9—基座

少油断路器操作试验方法。在经过断路器本体调整和操动机构调整以后需进行操作试验。操作试验有慢速和快速（正常速度）分、合闸操作的测试调整。

慢速分、合闸操作，通常用人力控制操作手柄或操作杆等，使断路器缓慢地分闸和合闸。在慢速试验中，要检查油断路器和操动机构的动作是否灵活、准确，部件之间有无卡涩、摩擦等不正常现象，并在分、合闸位置或运动中的相应位置分别进行下列测试调整：

1）检查导电杆和静触头的接触是否良好。在操作分、合闸几次以后，拆开灭弧室，检查隔弧片、绝缘筒等部件有无摩擦痕迹，导电杆与静触头有无挤压痕迹。

2）检查缓冲器的压缩行程是否符合规定，三相缓冲器是否同时工作，最后位置是否一致，缓冲作用是否均衡，运动机构不应有显著的冲击。

3）检查合闸限位装置。通常少油断路器合闸后，合闸限位螺钉与拐臂之间的间隙为1.5~2mm。

4）测量导电杆总行程、压缩行程，测量导电杆和静触头的开断距离，测量转轴或拐臂从分闸到合闸的回转角度及在合闸或分闸位置时与水平线的夹角。

SN10-10Ⅰ、Ⅱ型户内高压少油断路器可配用CD10Ⅰ、Ⅱ型电磁式操动机构、CS15型手力操动机构及弹簧操动机构。

四、真空断路器结构调整

1. 真空断路器灭弧原理

利用真空作绝缘与灭弧介质的断路器称为真空断路器。在真空中由于气体分子的平均自由行程很大，气体不易游离，真空的绝缘强度比大气的绝缘强度要高得多。当开关分闸时，触头间产生拉弧；由于触头设计为特殊形状，在电流通过时产生一磁场，电弧在此磁场力的作用下沿触头表面切线方向延伸拉长，使电弧在自然过零时很快熄灭，触头间的介质强度又迅速恢复起来。由于真空灭弧室内介质绝缘强度恢复得很快，工频电流很可能在过零前，触头之间的距离还很小时就被熄灭。因此开断相的熄弧时间一般不会超过11ms。真空断路器灭弧室通常工作于10^{-2}Pa以下。真空断路器灭弧室由真空容器（外壳）、动触头、静触头、波纹管、屏蔽罩（保护罩）、法兰、支持件等构成，如图2-18所示。

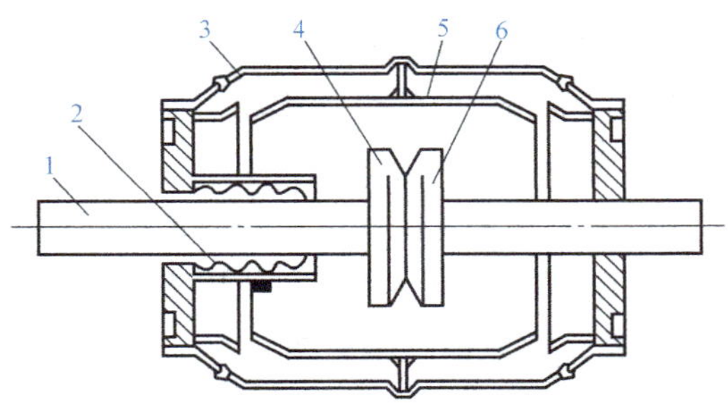

图2-18　真空灭弧室的原理结构图

1—动触杆　2—波纹管　3—外壳
4—动触头　5—屏蔽罩　6—静触头

动触头和静触头等都密封在抽为真空的外壳内，触头要求用难以蒸发的铜铋或铜钨合金良导体作为材料，而外壳由玻璃或陶瓷做成。不锈钢波纹管的一端与外壳端面焊接；另一端与动触杆焊接，在动触头运动时利用波纹管的弹性保持灭弧室内的真空。包围触头的屏蔽罩由铜板制成，其作用是防止触头间产生电弧时的金属蒸气等附着并沉积在外壳的内表面而破坏外壳两端间的绝缘。

2. 真空断路器结构

真空断路器一般都由真空灭弧室、操动机构和支撑部件三大部分组成。常用的真空断路器有VD4型、ZN12—10型、ZN28—10型等几种。下面以ZN12—10型真空断路器为例介绍其结构及动作过程。

图 2-19 是 ZN12—10 型真空断路器的结构图。图中操动机构的箱体用钢板焊接而成，箱体上装有 6 只环氧树脂绝缘子。3 只真空灭弧室通过上、下出线排固定在绝缘子上。下出线端上装有软连接，软连接与真空灭弧室动导电杆上的导电夹相连。在动导电杆的底部装有万向杆端轴承。操动机构将合、分闸的动力传给机构箱内的开关主轴，开关主轴通过 3 根绝缘拉杆把力传给动导电杆使开关完成合、分闸动作。

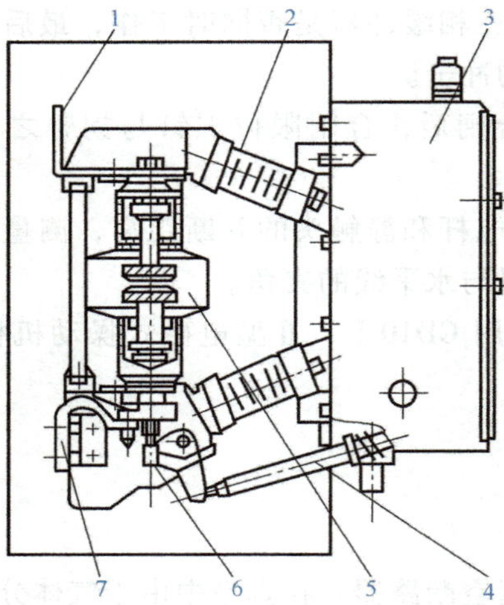

a)

b)

图 2-19 ZN12—10 真空断路器的结构图

1—上接线端 2—绝缘子 3—机构箱 4—绝缘拉杆 5—真空灭弧室 6—动导电杆 7—下接线端

3. 真空断路器特点

1）真空介质的绝缘强度高，灭弧能力强。

2）真空介质不会老化。

3）不需要采取冷却电弧的技术措施，也不需要控制灭弧介质流动的强制措施。

4）电弧能量小，断路器使用寿命长。

4. 真空断路器技术参数

典型真空断路器主要技术参数见表 2-14。

表 2-14 典型真空断路器主要技术参数

型号	VD4	ZN12—10	ZN28—10
额定电压/kV	10	10	10
额定电流/A	1250~3150	1250~3150	630~2500
冲击绝缘水平/kV	75	75	75
工频耐压/(kV/min)	42	42	42
短路开断电流/kA	31.5~50	20~31.5	16~50
短路闭合电流/kA	80~125	50~100	40~125
机械寿命/万次	1	1	3

5. 真空断路器开箱检查

1）产品铭牌、合格证是否与订货单相符。

2）检查真空灭弧室有无破裂、漏气。

3）灭弧室内部零件有无氧化现象。

4）上述检查合格无误后再清理表面的灰尘、污垢。

5）在断路器分闸状态用工频耐压法检查真空灭弧室的真空度是否符合要求。

6. 真空断路器安装

1）将操动机构转轴上的拐臂按要求装好。

2）固定断路器，安装连杆。

3）手动缓慢合闸，观察接触行程（注意不能超过规定数据）应符合要求。

4）断路器的导电部分用钢刷刷出金属光泽，用干布擦净涂上导电胶。

5）断路器的接地孔锉出金属光泽并涂以导电胶再装接地线。

6）手动开关分、合闸，检查“合闸”“分闸”指示是否正确。

7）将断路器各转动部分涂以润滑油，绝缘件表面擦拭干净。

8）给断路器送入控制电源和操作电源进行试操作。

7. 真空断路器调试

1）手动操作检查：对真空断路器进行手动合、分闸3~5次，不误动作且不拒动，机械联锁动作可靠无误。对于手车式要检查一次动、静触头插入后是否符合技术要求，同时检查手车插入和抽出及挑帘机构应灵活可靠、动作无误。

2）二次控制回路通电试验：根据二次原理图进行试验，在规定操作条件下，连续分合5次，无误动现象。检查电气联锁及机械联锁，动作应可靠无误。

3）测量回路电阻和接地电阻：测量回路电阻的目的是检查一次主回路各个连接处搭接是否完好，运输及安装过程中螺钉是否松动。真空断路器本身的回路电阻值按产品合格标准进行测量。手车式开关柜要检查手车从试验到工作位置的任一位置及有可能带电的部位（如绝缘损坏），均应与开关柜接地装置接触良好，接触电阻值不大于0.001Ω。

4）真空度测试：通常采用工频耐压法和磁控放电法完成测试工作。具体是：①工频耐压法。分闸状态时在断口间加工频试验电压能耐受10s以上，则真空度良好；若电压升高过程中，电流增大超过5A为不合格；击穿也不合格。②磁控放电法。采用专门测试仪器，在触头之间加一次或数次高压脉冲，脉冲宽度为数十至数百毫秒，磁场线圈中通以同步脉冲电流，产生与高压相同的脉冲磁场来测量真空度。规定真空度达到0.066Pa为合格，接近或低于0.6时为不合格。

5）绝缘耐压试验：断路器主回路相间、相对地间施加工频试验电压，断口间施加工频耐压，操动机构控制回路线路间及对地施加工频耐压（耐压值按国家安装验收规范执行）。

6）试送电操作：送电操作必须按操作规程和电力系统调度指令，在别人的监护下按步骤完成。

五、高压断路器运行与维护

这里以油断路器为例重点介绍其操作运行和维护知识。

1. 操作使用

合闸送电前的检查：

1）在合闸送电前要收回发出的所有工作票，拆除临时接地线，并全面检查断路器。

2）检查断路器两侧隔离开关是否都处于断开位置。

3）使用1000~2000V绝缘电阻表测量断路器的绝缘电阻，电阻应符合规程规定值。

4）断路器的三相均在断开位置，油位、油包都应正常，并无渗漏油现象。

5）分、合闸指示器处在“分”的位置。

6）操动机构要优质清洁、完整，搬运跳闸脱扣机构应动作灵活。

7）检查断路器的继电保护及自动装置是否在投入状态，以便发生情况时切除故障。

8）仔细检查，确认无误后，应对断路器进行一次分、合闸试验，如动作准确灵活，方可投入运行。

送电操作步骤：

1）根据分、合闸指示器的指示，确认断路器的断开状态。

2）装上合闸熔断器和操作熔断器。

3）在未装操作熔断器的情况下，先合上电源侧隔离开关，再合上负荷侧隔离开关。

4）核对断路器名称和编号无误后，将操作手柄顺时针方向旋转90°至“预备合闸”位置。

5）待绿色指示灯闪光时，将操作手柄顺时针方向旋转45°至“合闸”位置，在手脱离操作手柄后，使手柄自动逆时针返回45°，这时绿灯熄灭，红灯亮，表明断路器已合闸送电。

停电操作步骤：

1）核对断路器的名称和编号无误后，将操作手柄逆时针方向旋转90°至“预备分闸”位置。

2）待红灯闪光时，将操作手柄顺时针方向旋转45°至“分闸”位置，在手脱离操作手柄后，使手柄自动顺时针返回45°，这时红灯熄灭，绿灯亮，表明断路器已断开。

3）取下合闸熔断器和操作熔断器。

4）根据分、合指示器，确认断路器已处于断开位置。

5）先拉负荷侧隔离开关，后拉电源侧隔离开关。

操作时注意事项：

1）拉、合操作时，动作要果断、迅速，把操作手柄扳至终点位置，使手柄从上到下连续运动，确定断路器断开后方可拉动相应的隔离开关。

2）合闸时，要注意观察有关指示仪表，若故障还没有排除，应切断线路。

3）分断容量能否满足系统的要求，在分断容量允许范围内应正常工作。若系统的最大短路容量超过分断容量时，一旦发生短路，断路器可能爆炸，则在分、合闸操作前应考虑分断容量能否满足系统要求，如果不能满足时应降低短路容量。

4）操作隔离开关时，必须确认断路器已经断开，并在断路器的操作手柄上悬挂“有人工作，严禁合闸”的警告牌。

5）遇有下列情况操作电源必须断开：①断路器停电检修或在有关二次回路及供电保护

自动装置回路上工作。②当断路器的操作不在主控制室和配电室内，在断开操作电源的同时，必须在断路器的操作手柄上悬挂“有人工作，严禁合闸”的警告牌。③当系统接线从一组母线倒到另一组母线时。

6）电动操作时的注意事项：操作手柄必须拧到终点位置，同时监视合闸电流表的起动电流值是否在正常范围内。当合闸指示灯亮时，可使手柄返回中间位置不得过早返回，否则合不上闸。当已合闸后，手柄返回，而合闸电流表应返回零位，否则因合闸接触器打不开而烧坏合闸线圈。合闸完毕后，应认真检查机械分、合闸指示装置传动连杆和支柱瓷绝缘子等是否完好，此时，应无异常声响。要随时检查直流操作电源，当电源电压过低时，会造成合闸功率不足，将使合闸速度降低，可能引起爆炸和不能同期的重大事故。

2. 运行检查

1）要经常检查监视断路器的油面是否正常，并定期做油的耐压试验，若低于允许值应及时更换，如有渗、漏水现象应及时处理。

2）经常注意有无过热、冒气、异常响声、放电现象，如发现异常现象，要及时处理避免事故发生。

3）若液压操动机构在运行中失电压，应有防止缓慢分闸的措施方可加压，并检查压力是否在允许的范围内。

4）具有明显的分、合闸标记。

5）各相引线良好，并设有防水弯。

6）瓷套管保持清洁，无裂纹、破损、渗漏现象。

7）安装断路器的电杆要稳固，支架可靠。

8）拉、合断路器应使用绝缘拉杆或绝缘绳，操作老师离断路器带电部分要保持足够的安全距离。

9）外壳接地良好，对经常开路的断路器两侧应装有避雷器。

3. 巡视内容

1）油断路器油色有无变化、测量是否适当 ，有无漏渗油现象。

2）各部分瓷件有无裂纹、破损，表面有无脏污和放电现象。

3）各连接处的导体有无过热现象。

4）操动机构连杆有无裂纹，少油断路器的软连片有无断裂现象。

5）操动机构的分、合闸指示与操作手柄的位置，指示灯显示，是否与实际相符。

6）有无异常气味、响声。

7）金属外皮的拉地线是否完好。

8）室外断路器的操作箱有无进水，冬季保温设施是否正常。

9）负荷电流是否在额定值范围之内。

10）分、合闸电路是否完好，电源电压是否在允许的范围之内。

11）利用气动、液压机构合闸的断路器、压力指示是否在允许范围内。

12）直流系统有无接地现象。

13）多油断路器的钢绳提升机构是否完好。

4. 故障检修

以油断路器为例，介绍其常见故障现象和分析解决办法，见表 2-15。

表 2-15　油断路器故障分析与排除

序号	故障现象	故障分析与排除
1	油断路器不能合闸	1)操动机构控制回路由于熔断器熔体熔断无直流电源,使操动机构合不上闸,应检查并排除故障后更换同规格熔体 2)合闸线圈由于操作频繁,温度过高,甚至烧坏,应减少操作次数,当合闸线圈温度超过65℃时,应停止操作,待线圈降低到65℃以下时再进行操作 3)合闸线圈铁心顶杆太短,定位螺钉松动,使铁心顶杆松动变位引起操动机构合不上闸,可调整滚轮与支架间的间隙,并坚固螺钉 4)辅助开关触头接触不良,使操动机构合不上闸,应调整辅助开关拐臂与连杆的角度及拉杆与拉杆的长度或更换触头 5)操动机构安装不当,使机构卡住不能复位,应检查各轴及连杆有无卡住并进行相应处理
2	油断路器不能分闸	1)分闸线圈无直流电压或电压过低,应检查调整直流电源电压,达到分闸线圈的使用电压 2)分闸铁心被剩磁吸住,可将铁杆换成黄铜杆,必须与铁心用销子坚固 3)分闸线圈烧坏,应找出原因更换线圈 4)连板轴磨损,销孔太大使转动机构变位,应检查连板孔的公差是否符合要求,超过时必须更换 5)轴销窜出,连杆断裂或开焊,可用手动打回冲击电磁铁使开关分闸。再检查连杆、轴销的衔接部分,进行更换或焊接 6)定位螺钉松动变位,使转动机构卡住,应将受双连杆击打螺钉调换方向或加设销紧螺母,以免螺钉松动变位
3	油断路器渗漏油	1)基座转轴油封漏油主要原因有:油封垫未压紧,应紧固压紧油封垫;油封变形、磨损或骨架橡胶油封有气孔、裂纹、破损,更换油封垫;断路器断开短路电流时,断路器本身油压增高,使油沿轴冲出,造成漏油,可选用双口油封增加油封的压力 2)放油阀漏油主要原因有:放油阀的螺钉孔平面有残漆及表面凹凸不平、可用锉刀将螺孔平面修整,并将纤维板垫片换成橡皮圈,使螺钉旋紧时槽片保证可靠密封。放油阀失灵,应将放油阀的尼龙堵头换成金属堵头或更换新放油阀。基座缓冲器油封漏油,橡皮圈与油封配合太紧,橡皮圈压缩后出现永久变形导致密封不严,或橡皮圈与油封配合太松,油封压缩量小而使橡皮圈压不紧造成漏油,可更换油封圈,使橡皮圈压缩到原来尺寸的2/5~1/2为宜,并在油封圈表面涂上少量的油封膏来防止加工表面有微小孔引起漏油 3)上下端油封漏油的主要原因是橡皮密封断裂或移位,应更换密封圈或移动位置 4)油位计渗漏油主要原因:油位计安装位置不当,使橡皮圈的切孔位置不合适或未压紧,可将油位计重新安装,适当压紧橡皮圈。油位计破碎及附件玻璃管端口不平或破裂,应更换油位计及附件 5)油箱焊缝渗漏油解决办法是:对油箱焊缝应采用补焊方法,补焊时应将油箱内部的油放干净,避免残油燃烧引起事故
4	油断路器的动作不灵活,动静触头超行程太大或三相合闸不一致	1)动作不灵活可拆下绝缘拉杆,用手转动底盘上的拐臂使其灵活 2)超行程太大,可调节拉杆的长度与油缓冲器塞杆的高度来达到要求 3)三相合闸不一致,可调节绝缘拉杆长度来满足同期性,合闸时三相动、静触头不一致程度不得超过3mm
5	油断路器的导电部分接地	1)多油断路器引出,引入导电杆绝缘不良或少油断路器支柱绝缘子污秽及拉式绝缘子绝缘不良,均会造成导电部分接地。应定期预防试验,清扫或清洗瓷套或绝缘子,必要时涂上防污涂料或采用爬电距离大的绝缘子或瓷套,防止接地故障发生 2)多油断路器拉杆螺钉松脱,导电触点碰到油箱,或软连片折断触及箱壁都会造成导电部分接地,应紧固拉杆螺钉或顶丝,开关分、合闸时不要将软铜片受压或打折,过于拉紧 3)检修后接地线忘记拆除,造成送电线接地。应严格按操作规程进行操作,送电前必须有专人检查并拆除接地线

【实践指导】

训练　少油高压断路器安装与调整

一、训练目的

掌握 SN10-10 型少油高压断路器的安装、断路器的调整，熟悉断路器接触误差测定方法。

二、训练准备

1）熟悉断路器的结构及相关的安装、测试技术规范。

2）准备电工常用工具、仪表、SN10-10 型少油高压断路器组件、电磁振荡器等。

三、训练步骤

1. 安装前的检查

检查少油断路器型号、电压等级，容量和产品合格证及操动机构等附件配套是否符合设计要求；进行外观检查，少油断路器及操动机构的所有部件与备件应齐全，无锈蚀或机械损伤，套管绝缘表面应无裂纹、破损等缺陷；绝缘部件不应有变形、受潮现象；油箱焊缝应良好，外部油漆完整；少油断路器和操动机构的所有固定连接部分应紧固，转动部分应灵活，并涂以润滑油脂；绝缘电阻应符合要求。

2. 断路器的安装

（1）基础找平

要求安装的基础构架应水平垂直、不歪斜，连接部分牢固。

（2）吊装

先在地面上进行单相组装，然后分相吊到基础上，并用螺栓紧固。

（3）检查

安装完毕应检查断路器各相中心距尺寸是否符合要求：固定式应为（250±2）mm；小车式应为（190±2）mm；带电部分与金属接地之间最小间隙不小于 100mm。

3. 断路器的拆装

断路器出厂时已由制造厂严格装配、调整和试验，一般情况下可不对其内部结构进行拆装。下面介绍在检修维护情况下，断路器的拆装与调整操作要领。

1）拆卸时，先拆上、下连接引线，拧开放油阀，放油；拆下传动轴拐臂与绝缘连杆连接。

2）拧开顶罩螺栓，拆下顶罩帽子。

3）取出静触头和绝缘套筒，检查触头烧损情况。

4）用专用工具拧开螺纹压圈，逐次取出灭弧片。注意先后次序，每片灭弧片开口方向及底部衬圈的定位方向，做好记号。

5）拧开绝缘筒内的螺栓，取下铝压圈、套筒和下引线座。

6）取出滚动触头后，向上拉起导电杆，拔除导电杆尾部与连杆连接的销子，取出导电杆。若需拆卸油缓冲器，可从底部拧下固定螺栓。

7）组装。在检查清洗擦净各部件（必要时更换）和各处密封圈齐全完好后，方可进行断路器的本体组装，检查油位指示器和放油阀等处的密封情况后，按拆卸的相反顺序进行组装。

4. 断路器的调整

断路器的调整工作包括断路器本体的调整、操动机构的调控和操作试验三项内容。这里只要求掌握断路器本体的调整内容和工艺要求。少油断路器本体的具体调整方法如下：

（1）触头接触的调整

拔出绝缘连杆一端的开口销钉，卸下断路器顶罩的帽子和静触头，用手转动拐臂，检查导电杆的运动是否灵活和准确。用移动支柱绝缘子或增减支柱绝缘子与油箱之间的垫片都可以改变油箱在支座上的安装位置和垂直度，从而消除导电杆运动时的摩擦现象。变动油箱在支座上的位置时，要保持相邻两油箱中心线之间的距离为（250±2）mm。

（2）调整灭弧片上端面至上引线座上端面的距离

对 SN10—10/630—1000 Ⅰ型断路器，隔弧片上端面至绝缘筒上端面的距离应为（63±0.5）mm；对 SN10—10/1000 Ⅱ型断路器，隔弧片上端面至上引线座上端面的距离为（135±0.5）mm；对 SN10—10/1250—3000 Ⅲ型断路器，隔弧片上端面至上引线座上端面的距离为（153±0.5）mm。如达不到要求，可以调整隔弧片之间的垫片数目。

（3）调整导电杆合闸位置的高度

用电动操作使断路器合闸，对 SN10—10/630—1000 Ⅰ型断路器，测量导电杆上端面至上引出线上端面的距离应为（130±1.5）mm；对 SN10—10/1000 Ⅱ型断路器，测量导电杆上端面至触头架上端面的距离应为（120±1.5）mm；对 SN10-10/1250—3000 Ⅲ型断路器，主油筒导电杆上端面至触头架上端面的距离应为 136mm。达不到上述要求时，可以调整绝缘连杆 9 的长短，如图 2-20 所示。也可以调整主轴到操动机构的传动连杆 1 的长短。把连杆调短就能使上述尺寸减小，超行程增大，把连杆调长，则使上述尺寸增加，超行程减小。

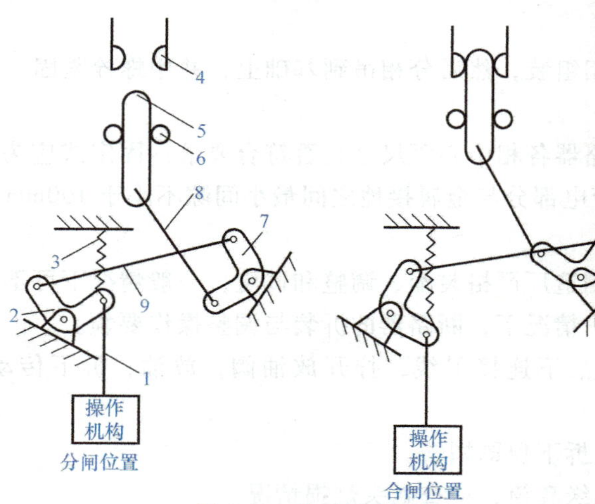

图 2-20 传动机构简图

1—传动连杆 2、7—拐臂 3—分闸弹簧 4—静触头 5—导电杆 6—滑动触头 8、9—连杆

（4）调整导电杆的总行程

对 SN10—10/630—1000 Ⅰ型断路器，总行程为（145±3）mm，对 SN10—10/1000 Ⅱ型断路

器，总行程为（155±3）mm；对 SN10—10/1250—3000 Ⅲ型断路器，主筒导电杆行程为（157±3）mm，副筒导电杆行程为 66mm。可以增减分闸限位器的铁片和橡皮垫片数，但要注意调整后应不影响导电杆的总行程。当断路器处于分闸状态时，紧靠分闸限位器的滚子不能自由转动。

（5）调整不同极性

要求三相分闸不同极性不大于 2mm。如不符合要求，可以调整各相绝缘连杆的长度。调整绝缘连杆时，不能影响导电杆的合闸位置高度。一般来说，在保证导电杆合闸位置高度不超过±2mm 的误差时，可以不做三相分闸不同极性测量。

（6）调整合闸弹簧缓冲器

当断路器处于合闸位置时，拐臂的终端滚子打在缓冲器上，使终端滚子距缓冲器的极限位置为 2～4mm。

（7）调整导电杆、静触头的同心度

将静触头的固定螺栓松开，手动合闸几次，用导电杆向上插入静触头的力，使静触头稍做移动，达到自动调节同心度的目的。最后拧紧静触头的固定螺栓。

（8）测量刚合、刚分速度

即刚合前和刚分后 0.01s 内的平均速度。对 SN10—10/630—1000 Ⅰ型断路器，刚合、刚分点为离合闸位置 25mm 处，刚合速度不小于 3.5m/s；对 SN10—10/1000 Ⅱ型断路器，刚合、刚分点为离合闸位置 27mm 处，刚合速度不小于 4m/s；对 SN10—10/1250—3000 Ⅲ型断路器，刚合、刚分点为离合闸位置 42mm 处，刚合速度（主筒）不小于 4m/s；刚分速度为（3±0.3）m/s。测量可用电磁振荡器或示波器、数字显示器。如达不到要求，可改变分闸弹簧的松紧程度。

四、注意事项

1）组装时应注意隔弧片的组合顺序和方向，灭弧室内横吹要畅通，横吹口的方向为引出线的反方向。装静触头前先检查触头架上的密封圈与触头座内的逆止阀。装顶罩时，V 相顶罩排气孔的方向与引出线方向相反，U、W 两相顶罩的排气孔向两侧分开，与 V 相的排气孔方向相差 45°。

2）注入合格变压器油，检查油箱有无渗漏油现象。断路器油箱无油时，不允许进行少油断路器的分、合闸。因为无油时油缓冲器不起作用，会损坏机件。进行断路器分、合闸操作所必需的注油量不得少于 1kg，一组少油断路器的注油量为 5～8kg。

【四新技术】

认识高压真空接触器

高压真空接触器适用于 3～10kV 三相交流 50Hz 的电力系统，供通断线路、频繁起动控制高压交流电动机、电炉变压器等高压设备之用。它与高压限流式熔断器等构成组合单元配用于高压开关柜中。

图 2-21 所示为 ZJZ—10 型高压真空接触器的外形和结构。该装置主要由灭弧室、绝缘子、电磁机构及控制回路四部分组成。合闸时，电源经整流后通电加到合闸线圈，衔铁动作，推动绝缘子使导电杆上行，接触器闭合；合闸线圈断电，在分闸弹簧作用下，接触器断开。

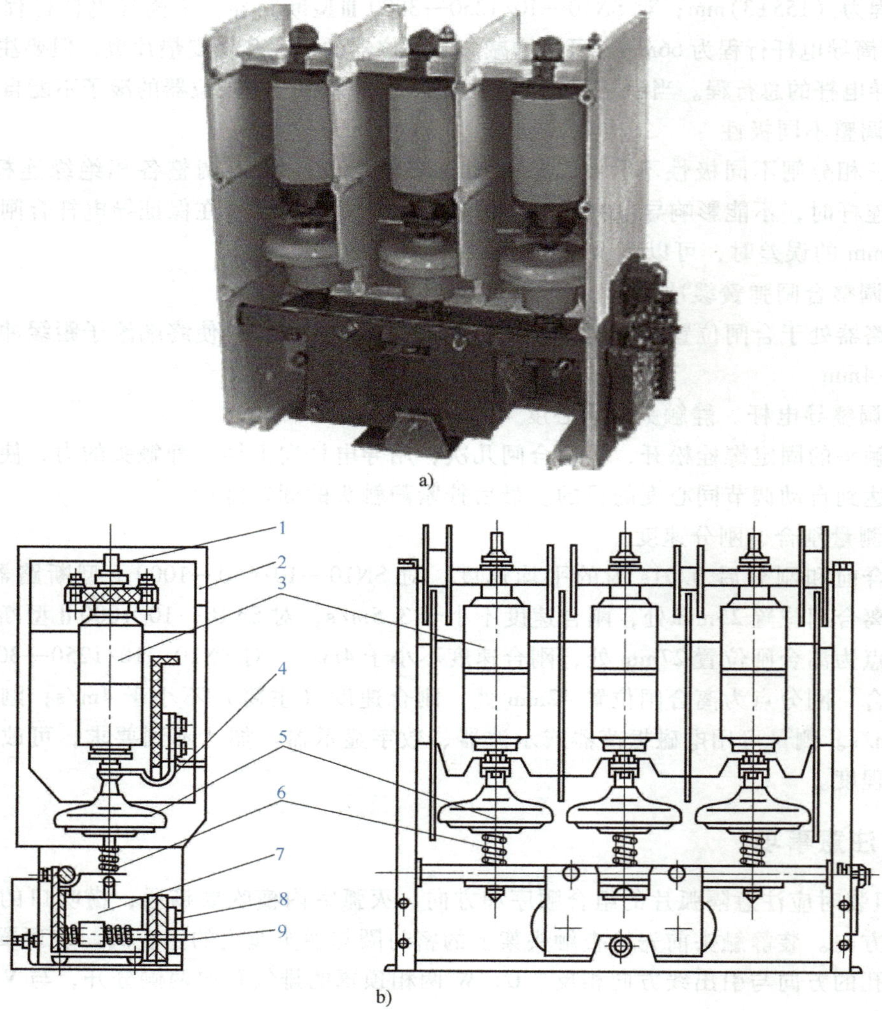

图 2-21　ZJZ—10 型高压真空接触器的外形和结构

1—螺母　2—框架　3—灭弧室　4—软连接　5—绝缘子　6—触头弹簧　7—线圈　8—分闸弹簧　9—铁心

任务五　高压熔断器运行与维护

【知识解读】

一、高压熔断器分类结构

高压熔断器（文字符号为 FU）是一种当所在电路的电流超过规定值并经一定时间后，使其熔体熔化而分断电流、断开电路的保护电器。按其使用场所的不同，可分为户内式和户外式两大类。

1. 户内式高压熔断器

常用的户内式高压熔断器有 RN1 型和 RN2 型，其外形和结构说明如图 2-22 所示。其中 RN1 型户内高压限流熔断器用于电力线路的过载和短路保护，RN2 型户内高压限流熔断器用于电压互感器的短路保护。户内式高压熔断器主要由瓷熔管、弹性触片、瓷绝缘子等组成。瓷熔管内有工作熔体、锡球和石英砂填料等。当短路电流或过负荷电流通过熔体时，首先，工作熔体上的小锡球熔体引起工作熔体熔断。接着指示熔体熔断，红色熔断指示器弹出。

2. 户外跌落式熔断器

户外（这里常用）跌落式高压熔断器常用 RW4 型，如图 2-23 所示。它由瓷绝缘子、跌落机构、锁紧机构及熔体组成。正常运行时，跌落式熔断器串联在线路上。熔管上部动触头借熔体张力拉紧后，推入上静触头内锁紧，同时下动触头与下静触头也相互压紧。当线路上发生故障时，故障电流使熔体迅速熔断，形成电弧。消弧管因电弧的烧灼而分解出大量气体，使管内形成很大的压力，并沿管道形成强烈的纵向吹弧，使电弧迅速拉长而熄灭。熔体熔断后，熔管上动触头因失去张力而下翻，使锁紧机构释放熔管，在触头弹力及熔管自重作用下回转跌落，断开电路。

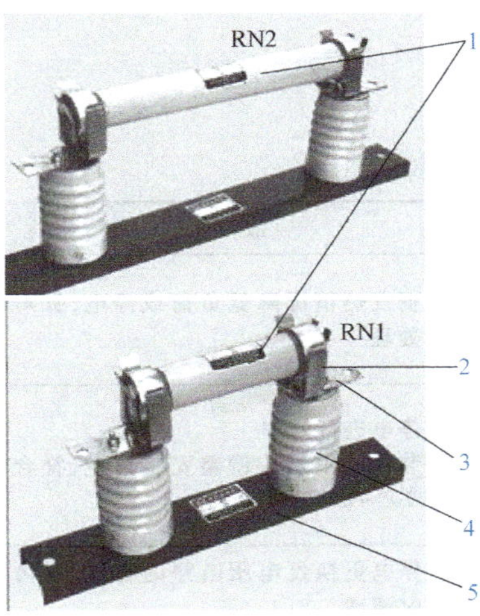

图 2-22　户内式高压熔断器

1—瓷熔管　2—弹性触片　3—接线端子
4—绝缘子　5—底座

图 2-23　户外跌落式熔断器

1—上接线端子　2—上静触头　3—下静触头　4—操作环
5—固定板　6—熔管　7—绝缘子　8—下触头　9—下接线端子

二、跌落式熔断器选用

10kV 跌落式熔断器适用于空气中无导电粉尘、无腐蚀性气体及易燃、易爆等危险品的环境，年度温差变化在±40℃以内的户外场所。其选择按照额定电压和额定电流两项参数进行，也就是熔断器的额定电压必须与被保护设备（线路）的额定电压相匹配。熔断器的额定电流应大于或等于熔体的额定电流。而熔体的额定电流可选为额定负荷电流的 1.5~2 倍。此外，应按被保护系统三相短路容量，对所选定的熔断器进行校核。保证被保护系统三相短路容量小于熔断器额定断开容量的上限，但必须大于额定断开容量的下限。若熔断器的额定断开容量（一般是指其上限）过大，很可能使被保护系统三相短路容量小于熔断器额定断开容量的下限，造成在熔体熔断时难以灭弧，最终引起熔管烧毁、爆炸等事故。

三、高压熔断器运行与维护

为使熔断器能更可靠、安全地运行，除按规程要求严格地选择正规厂家生产的合格产品及配件（包括熔件等）外，在运行维护管理中应特别注意以下事项：

1）熔断器的额定电流与熔体及负荷电流值是否匹配合适，若配合不当必须进行调整。

2）熔断器的每次操作须仔细认真，不可粗心大意，特别是合闸操作，必须使动、静触头接触良好。

3）熔管内必须使用标准熔体，禁止用铜丝、铝丝代替熔体，更不准用铜丝、铝丝及铁丝将触头绑扎使用。

4）对新安装或更换的熔断器，要严格验收工序，必须满足规程质量要求，熔管安装达到25°左右的倾斜角。

5）熔体熔断后应更换新的同规格熔体，不可将熔断后的熔体连接起来再装入熔管继续使用。

6）应定期对熔断器进行巡视，每月不少于一次夜间巡视，查看有无放电火花和接触不良现象，有放电或伴有“嘶嘶”的响声，要尽早安排处理。

四、故障检修

高压熔断器故障分析与处理见表2-16。

表2-16　高压熔断器故障分析与处理

序号	故障现象	故障分析	故障处理
1	接触部分发热	1)压紧弹簧或螺母松弛 2)接触表面氧化造成接触不良 3)熔体管长度不当	根据发热情况降低负荷或停电，针对缺陷进行处理
2	瓷件损伤或断裂	1)外力破坏 2)制造质量不良 3)合闸时用力过猛 4)安装角度不当，在拉合闸时断裂	应停电进行处理 安装角度不当应调整安装角度，符合倾斜角为20°~25°
3	瓷件闪络	1)遭雷击或操作过电压 2)环境污染 3)爬距不够	应停电更换过电压击穿的瓷件；有污秽时应及时清理 污秽严重的地区应装设防污型瓷件 缩短清扫周期
4	上鸭嘴和下部接触处喷火，熔体未断便跌落	1)熔体管长度不当 2)合闸时未合到底 3)弹簧已失去弹性	应停电调整熔体长度或更换簧片或者应重新合闸
5	变压器低压侧正常运行时，熔体熔断	1)熔体选择过小 2)熔体安装时受损	应停电更换恰当的熔体 安装熔体时应注意不使其受损

【实践指导】

训练　高压跌落式熔断器操作与检查

一、训练目的

掌握高压跌落式熔断器停、送电操作要领，并完成检查试验报告。

二、训练准备

1）熟悉高压跌落式熔断器的结构及相关的安装、操作测试技术规范。

2）准备试验用电工常用工具、绝缘电阻表、高压跌落式熔断器、高压绝缘操作杆及绝缘手套、绝缘靴、护目镜等安全防护用品等。

三、训练步骤

1. 操作跌落式熔断器

操作跌落式熔断器时一般情况下不允许带负荷，只允许其操作空载设备（线路）。但在农网 10kV 配电线路分支线和额定容量小于 200kV·A 的配电变压器上允许按规定执行操作，带负荷操作具体要求如下：

1）操作时由两人进行（一人监护，一人操作），但必须戴试验合格的绝缘手套，穿绝缘靴，戴护目眼镜，使用电压等级相匹配的合格绝缘棒操作，在雷电或者大雨的气候下禁止操作。

2）在拉闸操作时，一般规定为先拉断中间相，再拉背风的边相，最后拉断迎风的边相。这是因为配电变压器由三相运行改为两相运行，拉断中间相时所产生的电弧火花最小，不致造成相间短路。其次是拉断背风边相，因为中间相已被拉开，背风边相与迎风边相的距离增加了一倍，即使有过电压产生，造成相间短路的可能性也很小。最后拉断迎风边相时，仅有对地的电容电流，产生的电火花则已很轻微。

3）合闸的时候操作顺序与拉闸时相反，先合迎风边相，再合背风的边相，最后合上中间相。

特别值得注意的是：拉、合闸时要用力适度，合好后，要仔细检查鸭嘴舌头能紧紧扣住舌头长度 2/3 以上，可用拉闸杆钩住上鸭嘴向下压几下，再轻轻试拉，检查是否合好。合闸时未能到位或未合牢靠，熔断器上静触头压力不足，极易造成触头烧伤或者熔管自行跌落。

2. 检查跌落式熔断器

检查跌落式熔断器应做好停电检修的前期准备工作，实践训练时也可用备用设备代替完成检验所有项目和评估。停电检修时应对熔断器做如下内容的检查：

1）静、动触头接触是否吻合，紧密完好，有无烧伤痕迹。

2）熔断器转动部位是否灵活，有无锈蚀、转动不灵等异常，零部件是否损坏，弹簧有无锈蚀。

3）熔体本身有无受到损伤，经长期通电后是否因发热伸长过多变得松弛无力。

4）熔管经多次动作管内产气用消弧管是否烧伤及日晒雨淋后是否损伤变形、长度是否缩短。

5）清扫绝缘子并检查有无损伤、裂纹或放电痕迹，拆开上、下引线后，用 2500V 绝缘电阻表测试绝缘电阻应大于 300MΩ。

6）检查熔断器上、下连接引线有无松动、放电、过热现象。对上述项目检查出的缺陷一定要认真检修处理。

四、注意事项

操作高压跌落式熔断器应严格遵守停、送电操作规程，注意做好人身安全和设备安全的保障工作。

【四新技术】

高压开关柜操作与维护

高压开关柜是按一定的接线方案将有关一、二次设备（如开关设备、监察测量仪表、保护电器及操作辅助设备）组装而成的一种高压配电装置，在变配电所中用于控制和保护电力变压器和电力线。按元器件固定的特点，分为固定式和手车式。固定式高压开关柜的全部电气设备均固定在柜内。手车式高压开关柜的断路器及其操动机构装在可以从柜内拉出的小车上，便于检修和更换，有时可以另准备一个备用小车，当小车上的电器出故障时，把备用小车换上不影响正常供电。断路器在柜内经插入式触头与固定在柜内的电路连接，并取代了隔离开关。

GG-1A（F）—07S 型固定式高压开关柜的外形和基本结构，如图 2-24 所示。该配电柜分为三个部分，上部是主母线和母线隔离开关，中部为少油断路器，下部为出线隔离开关，正面左上方为断电器室，下方为端子室，左侧端子板上装有油断路器、隔离开关的操动机构及其机械的电气联锁装置。

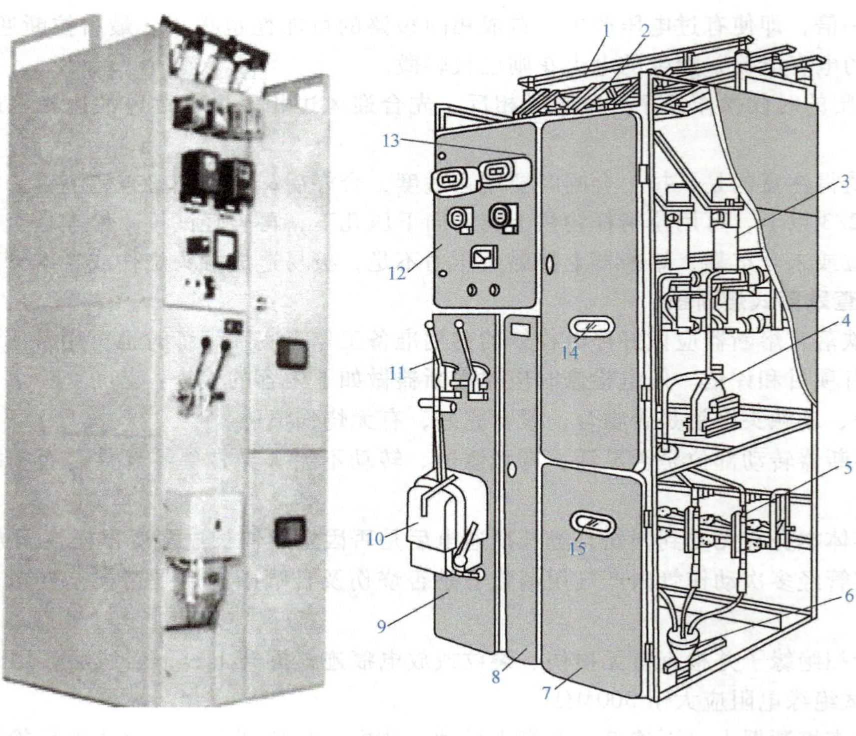

图 2-24　GG-1A（F）—07S 型固定式高压开关柜的外形和基本结构

1—母线　2—母线侧隔离开关　3—少油断路器　4—电流互感器　5—线路侧隔离开关
6—电缆头　7—检修门　8—端子箱门　9—操作板　10—断路器的手动操动机构　11—隔离开关操动手柄
12—仪表盘　13—上检修门　14、15—观察窗

以 GG-1A（F）Ⅱ型高压开关柜为例，介绍其运行与维护知识，以进一步拓展学习者的知识面和综合实践应用能力。

该高压开关柜 10kV 系统采用 SN10—10Ⅱ型少油断路器；3kV 系统进线和分段采用 SN10—10Ⅲ型少油断路器，出线采用 SN10—10Ⅱ型少油断路器和 ZN28A—10 型真空断路器。进线开关柜装有母刀和线刀，出线开关柜装设母线闸刀，10kV 系统采用 GN19—10C 型隔离开关；3kV 系统进线、分段采用 GN22—10 型隔离开关，其他开关采用 GN19—10C 型隔离开关。计量表计、指示操作元件、继电器及户内监视装置的发光显示器，安装于柜前的仪表门上。柜前面左中部的操作板上，安装操动机构和隔离开关的程序锁。柜前左下部小门内，安装电磁操动机构的合闸接触器、熔断器。操作板右侧有扇门，门内装有二次端子和照明灯。主柜分为上、下两部分，上部为断路器室，下部为电缆室。上、下两部分之间的中层隔板上安装电流互感器。主母线为矩形母线，水平安装在开关柜顶部的支柱绝缘子上。开关柜配置电磁操动机构。

1. 操作使用

操作使用时应注意以下几个方面：

1）操作开关后若发现红、绿灯均不亮，应立即切断操作电源，查明原因。

2）开关操作发生拒分或拒合现象时，可先判断是机械部分还是电气部分故障并排除，开关拒合不能将开关硬行投入，开关拒分可进行手动分闸，在拒分未消除前不得将开关再投入运行。

3）开关经检修恢复运行，操作前应检查检修中为保证人身安全所设置的措施（如接地线）是否全部拆除，防误闭锁装置是否正常。

4）油断路器在未注入充足的油时，不准对其进行分、合操作。

5）开关柜的带电显示器不能作为是否有电的依据，但当带电显示器上的指示灯亮时，表示设备有电。

6）断路器合闸后，隔离开关不能分、合闸，只有当断路器分闸后，隔离开关才可分、合闸。

2. 运行检查

1）正常巡视内容：红、绿灯及机械指示应正确，并与当时的实际运行工况相符；内部有无不正常的放电声；各接点有无发热现象；少油断路器油色、油位正常，本体无渗漏油现象；真空断路器应无真空破坏咝咝声；真空断路器储能指示应正确；带电显示器、各种表计等正常。

2）高温季节、高峰负荷时的检查：高峰负荷时，如负载电流接近或超过断路器的额定电流时，应检查断路器导电回路各发热部分应无过热变色；如负载电流比断路器额定电流小得多，重点检查断路器引线接头与连接部位应无发热。

3）在系统或线路发生事故使断路器跳闸后，应对断路器进行检查：检查断路器各部件有无松动、损坏，瓷绝缘子是否断裂等；检查各引线接点有无发热、熔化等。

3. 故障检修

1）开关柜的异常情况及事故处理：当真空断路器出现真空损坏的咝咝声、套管有严重破损和放电现象、少油断路器灭弧室冒烟或内部有异常声响、少油断路器严重漏油以致看不见油位等异常情况，应及时申请停电处理。

2）少油断路器严重缺油的判断与处理：当发现少油断路器油位计看不到油面，同时有严重的漏油现象时，可判断为严重缺油。断路器已不能保证可靠灭弧，不能安全地开断电路时，应采取必要措施：立即断开缺油断路器的操作电源，断路器改为非自动状态；在操作手柄上挂“不许拉闸”标示牌；设法尽快隔离该开关。

任务六　低压电器应用与维护

【知识解读】

一、低压电器概述

低压电器通常指适用于工作在交流 1000V 或直流 1500V 以下电路中的电器设备，广泛应用于低压配电和电气传动控制设备中，起转换、控制、保护与调节作用。

低压电器通常可分为配电电器和控制电器两类。常用的配电电器有断路器、刀开关、转换开关和熔断器等；控制电器主要包括接触器、继电器、起动器、控制器、主令电器等。常用低压电器用途和典型产品见表 2-17。这里重点学习低压断路器、刀开关、转换开关、接触器和热继电器等的应用与维护。

表 2-17　常用低压电器用途和典型产品

种　类	用　　途	典型产品
低压断路器	用于线路过载、短路或欠电压保护、不频繁通断操作电路等	万能框架断路器、塑壳断路器、剩余电流断路器等
熔断器	用于线路和设备的短路保护	有填料管式熔断器、无填料管式熔断器、半导体熔断器、自恢复熔断器等
刀开关	用作电路隔离或小电流分断回路	熔断器式刀开关、开启式开关熔断器组、封闭式开关熔断器组等
转换开关	电源接线或负载的转换	组合开关、换向开关等
接触器	远距离频繁控制电动机或机电设备	交流接触器、直流接触器、真空接触器、半导体接触器等
继电器	在控制系统中用于控制或保护其他电器	电流继电器、电压继电器、时间继电器、热继电器、温度继电器等
起动器	用作电动机的起动或正反转控制	电磁起动器、手动起动器、自耦减压起动器、Y-△起动器等
控制器	用于电气控制设备中转换回路或励磁回路的接法，以实现电动机起动、换向和调速	凸轮控制器、平面控制器等
主令电器	用于接通或分断控制电路	按钮、限位开关、微动开关等

二、低压断路器

低压断路器是低压配电网络和电力拖动系统中常用的一种配电电器。它不但能用于正常工作时不频繁地接通和断开电路，而且当电路中发生短路、过载和失电压等故障时，能自动切断故障电路，保护线路和电气设备。

1. 塑壳断路器

（1）基本结构

塑壳断路器结构紧凑、重量轻，适合独立安装，多用作支路保护开关。在电力拖动控制系统中，常用的低压断路器是DZ系列塑壳断路器，如DZ5系列和DZ10系列。其中，DZ5为小电流系列，额定电流为10~50A；DZ10为大电流系列，额定电流有100A、250A、600A等规格。

塑壳断路器如图2-25所示。低压断路器主要由触头系统、各种脱扣器和操作机构等部分组成。外壳上有“分”和“合”两个位置。扳向“合”的位置时，搭钩钩住锁扣，使三对触头闭合，接通电源；扳向“分”的位置时，搭钩松脱，触头分断，电源断开。大容量的塑壳断路器也可增加欠电压脱扣器、分励脱扣器和电动传动操作机构等。

低压断路器保护原理是：当电路发生短路或严重过载时，电磁脱扣器会吸引衔铁，使触头分断。当发生一般过载时，电磁脱扣器不动作，但发热元件会使双金属片受热弯曲变大，推动杠杆使触头断开。欠电压脱扣器与电磁脱扣器恰恰相反，当电路正常工作时，衔铁吸合；当电源电压降到某一值时，欠电压脱扣器的衔铁释放，杠杆被撞击而导致触头分断。

（2）技术参数

低压断路器的主要参数有额定电压、额定电流、极数、脱扣器类型及其额定电流、整定范围、电磁脱扣器整定范围、主触头分断能力等。这里只介绍额定电压和额定电流。

1）额定工作电压。断路器的额定工作电压是指与分断能力及使用类别相关的电压值。对多相电路是指相间的电压值。

2）额定绝缘电压。断路器的额定绝缘电压是指设计断路器的电压值，电气间隙和爬电距离应参照这些值而定。除非型号产品技术文件另有规定，额定绝缘电压是断路器的最大额定工作电压。在任何情况下，最大额定工作电压都不应超过额定绝缘电压。

3）壳架额定电流。断路器的壳架额定电流通常用尺寸和结构相同的框架或塑料外壳中能装入的最大脱扣器额定电流表示。

4）断路器额定电流。断路器额定电流就是额定持续电流，也就是脱扣器能长期通过的电流。对带可调式脱扣器的断路器是可长期通过的最大电流。

（3）选用原则

在选择低压断路器的时候，应遵从以下原则：

1）断路器的额定工作电压大于或等于线路额定电压。

2）断路器的额定电流大于或等于线路计算负载电流。

3）断路器的额定短路通断能力大于或等于线路中可能出现的最大短路电流。

4）线路末端单相对地短路电流大于或等于1.25倍断路器瞬时（或短延时）脱扣器整定电流。

5）欠电压脱扣器的额定电压应等于线路的额定电压。

2. 万能框架断路器

万能框架断路器主要用于交流配电网络中，用来分配电能、保护线路及电源设备免受过载、欠电压和短路等故障的危害。壳架额定电流630A及以下的规格可用来保护电动机的过载、欠电压和短路。其特点是具有一个钢制框架（小容量的也有用塑料底板加金属支架构成框架的），所有部件都装于框架内，导电部分加以绝缘。部件大都是设计成可拆卸式的，便于安装和制造。由于这部分产品现在基本淘汰，这里不再细述。

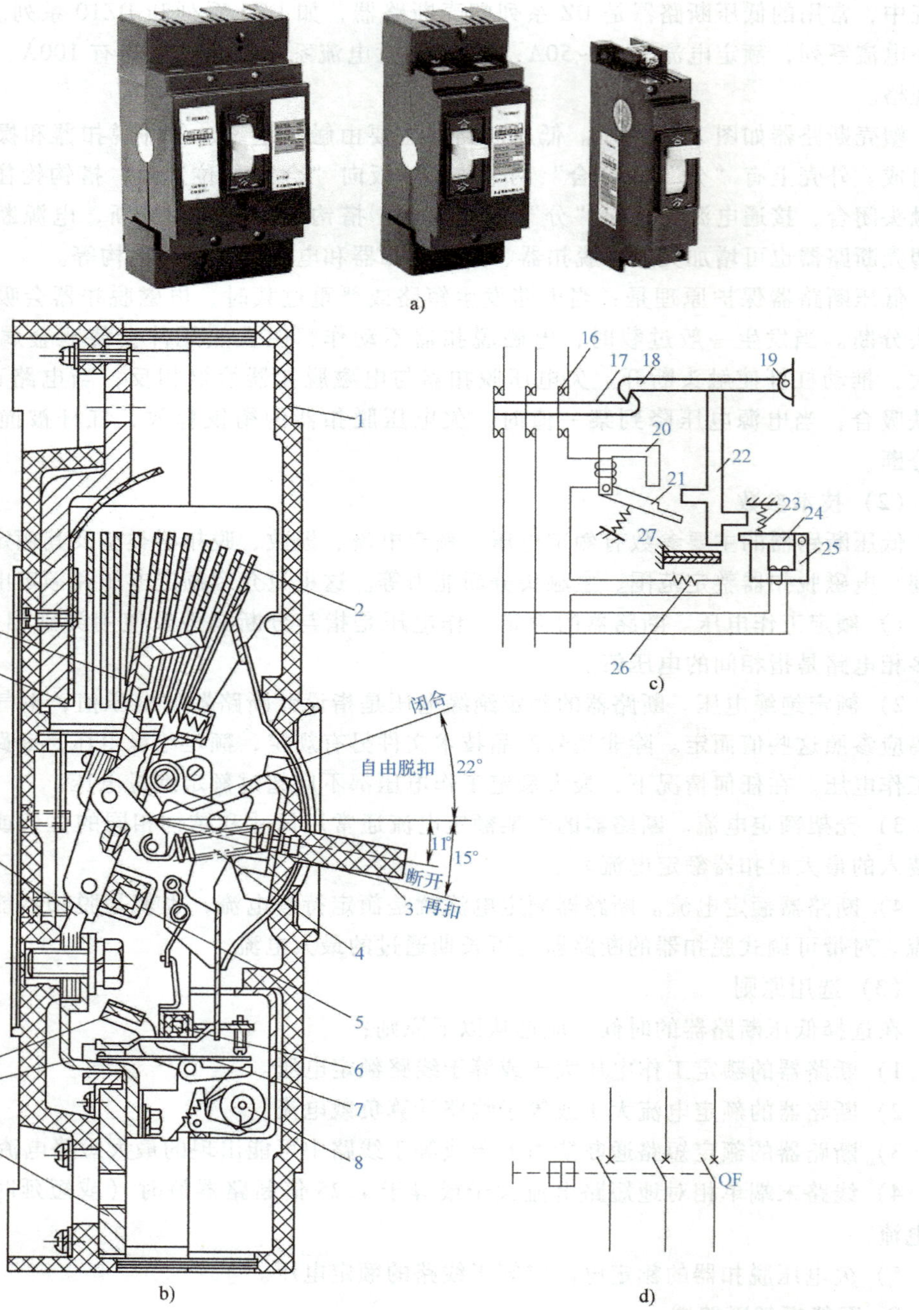

图 2-25　塑壳断路器

a）外形　b）结构　c）原理　d）符号

1—盖　2—灭弧室　3—手柄　4—自由脱扣机构　5—主轴　6—脱扣轴　7—热双金属片　8—瞬时调节装置　9—下母线　10—热组件　11—电磁脱扣器　12—软连接　13—静触头　14—动触头　15—上母线　16—主触头　17—锁键　18—搭钩　19—转轴　20—电流脱扣器　21、24—衔铁　22—杠杆　23—弹簧　25—欠电压脱扣器　26—热脱扣器发热元件　27—热脱扣器双金属片

3. 剩余电流断路器

剩余电流断路器，又称漏电断路器，有电磁式电流动作型、电压动作型和晶体管（集成电路）电流动作型等，常用剩余电流断路器外形如图 2-26 所示。

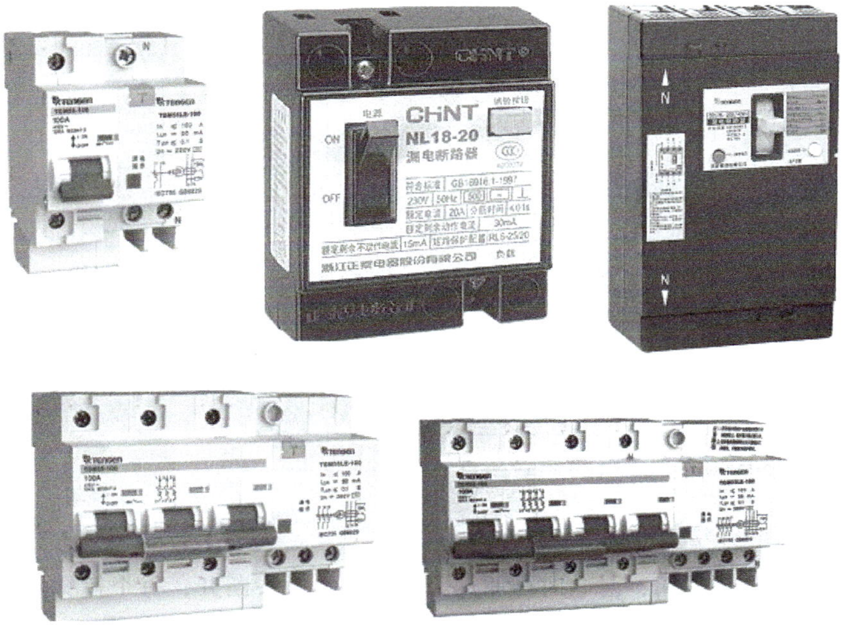

图 2-26　常用剩余电流断路器外形

（1）电磁式剩余电流断路器工作原理

三相电磁式剩余电流断路器工作原理如图 2-27 所示。其结构是在一般的塑壳断路器中增加一个能检测剩余电流的感受组件（检测电流互感器）和剩余电流脱扣器。在正常运行时，各相电流的相量和为零，检测电流互感器二次侧无输出。当出现漏电（剩余电流）或人身触电时，则在检测电流互感器二次绕组感应出电流。剩余电流断路器受此电流激励，使断路器脱扣而断开电路。

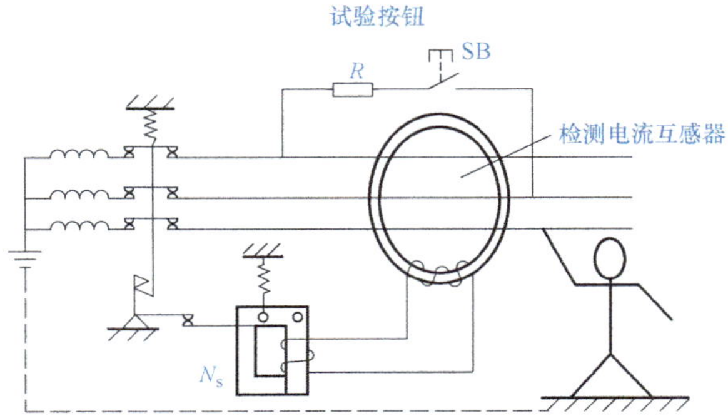

图 2-27　电磁式剩余电流断路器工作原理

(2) 电子式剩余电流断路器工作原理

电子式(DZ15CE 型)剩余电流断路器工作原理如图 2-28 所示。

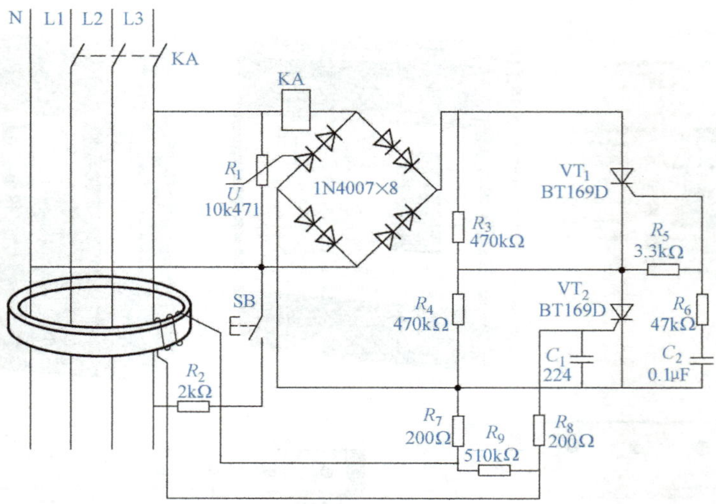

图 2-28 电子式剩余电流断路器工作原理

图中 KA 为电磁铁线圈,漏电时可驱动刀开关 KA 触头断开,每个桥臂用两只 1N4007 串联以提高耐压。R_3、R_4 阻值很大,所以 KA 触头合上时,流经 KA 线圈的电流很小,不足以造成 KA 触头断开。R_3、R_4 为晶闸管 VT_1、VT_2 的分压电阻,以降低对晶闸管的耐压要求。SB 为试验按钮,起模拟漏电的作用。按压试验按钮 SB,SB 接通,相当于相线对地有漏电,这样,穿过磁环的三相电源线和中性线的电流的矢量和不为零,磁环上的检测线圈的两端就有感应电压输出,此电压立即触发 VT_2 导通。由于 C_2 预先有一定电压,VT_2 导通后,C_2 便经 R_6、R_5、VT_2 放电,使 R_5 上产生电压触发 VT_1 导通。VT_1、VT_2 导通后,流经 KA 线圈的电流增大,使电磁铁动作,驱动开关触头 KA 断开。用电设备漏电引起电磁铁动作的原理与此相同。R_1 为压敏电阻,起过电压保护作用。

由于剩余电流断路器实际上是在塑壳断路器上加一个漏电保护脱扣器构成的,所以选择剩余电流断路器时,其断路器部分的选用条件和一般交流断路器相同,而漏电保护脱扣器部分,则应选择合适的漏电动作电流。如果重点是进行人身保护,那么选用漏电动作电流 30mA 以下的断路器较为安全。如果重点是保安防火,则可考虑选用 50~100mA 的断路器。

此外还应注意剩余电流断路器的触头有两种类型:一类触头有足够的短路分断能力,可以担负过载和短路保护的职责;另一类触头不能分断短路电流,只能分断额定电流和漏电电流。选择这一类剩余电流断路器时,则应另行考虑和熔断器配合使用作短路保护。

三、刀开关

刀开关主要用于成套配电设备中隔离电源用,亦可作为不频繁地接通和分断电路用。刀开关按极数分,有单极、双极和三极;按结构分,有平板式和条架式;按操作方式分,有直接手柄操作、正面旋转手柄操作、杠杆操作和电动机操作;按转换方式分,有单投、双投,双投的即为转换开关。这里重点介绍开启式负荷开关和封闭式负荷开关。

1. 开启式负荷开关

开启式负荷开关简称刀开关，其外形、内部结构和电路符号如图 2-29 所示，它主要由刀开关和熔断器组合而成。它的瓷质底座上装有静插座、接熔体的端子、带瓷质手柄的闸刀等，并有上、下胶盖用来遮盖电弧，以防止电弧灼伤人手和意外接触到带电部分。操作者在拉闸和合闸时，要求动作迅速，使电弧较快熄灭，以减轻电弧对刀片和触头的灼伤。因刀开关内部装设了熔体，当它所控制的电路发生短路故障时，可通过熔丝的熔断迅速切断故障电路，从而保护电路中的其他电气设备。

a)

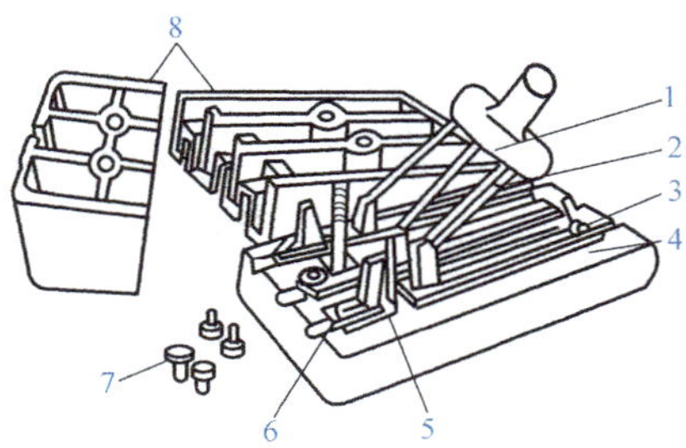

b)

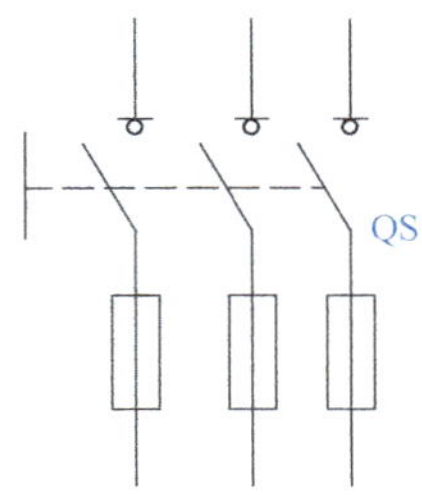

c)

图 2-29 HK 系列开启式负荷开关

a) 外形 b) 结构 c) 符号

1—瓷质手柄 2—动触头 3—出线座 4—瓷底座 5—静触头 6—进线座 7—胶盖紧固螺钉 8—胶盖

(1) 选用原则

开启式负荷开关用于一般的照明电路和功率小于 5.5kW 的电动机控制线路中。但这种开关没有专门的灭弧装置，因此不宜用于操作频繁的电路。

1) 用于照明和电热负载时，选用额定电压 220V 或 250V，额定电流不小于电路所有负载额定电流之和的两极开关。

2) 用于控制三相电动机的直接起动和停止时，选用额定电压 380V 或 500V，额定电流不小于电动机额定电流 3 倍的三极开关。

(2) 安装要领

1) 开启式负荷开关必须垂直安装在控制屏或开关板上且合闸状态时手柄应朝上。不允许倒装或平装，以防发生误合闸事故。

2) 开启式负荷开关控制照明和电热负载使用时，要装接熔断器作短路保护。接线时应把电源进线接在静触头一边的进线座，负载接在动触头一边的出线座。

(3) 操作维护

开启式负荷开关在分闸和合闸操作时，应动作迅速，使电弧尽快熄灭。更换熔体时，必须在闸刀断开的情况下按原规格更换。

开启式负荷开关最常见的故障是触头接触不良，造成电路开路或触头发热，可根据情况整修或更换触头。

2. 封闭式负荷开关

封闭式负荷开关简称封闭式开关熔断器组，其外形和结构如图 2-30 所示。

a)

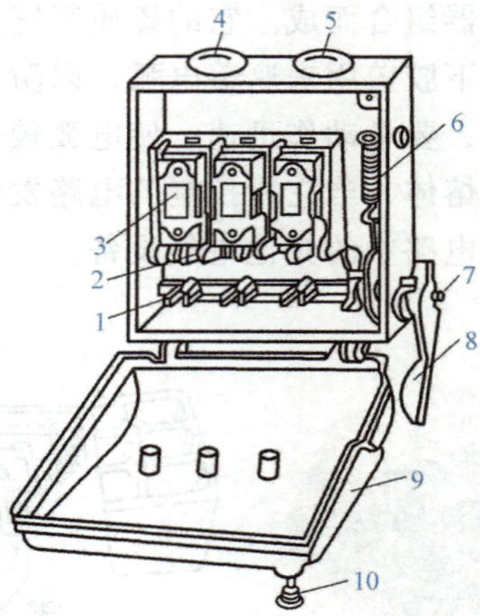

b)

图 2-30 封闭式负荷开关

a）外形 b）结构

1—动触刀 2—静夹座 3—熔断器 4—进线孔 5—出线孔 6—速断弹簧 7—转轴 8—手柄 9—罩盖 10—罩盖锁紧螺栓

（1）选用原则

封闭式负荷开关适用于交流频率 50Hz、额定工作电压 380V、额定工作电流至 400A 的电路中，用于手动不频繁地接通和分断带负载的电路及电路末端的短路保护，也可用于控制 15kW 以下小容量交流电动机的不频繁直接起动和停止。用于控制电动机工作时，考虑到电动机的起动电流较大，应使开关的额定电流不小于电动机额定电流的 3 倍。现常用型号为 HH3 系列。HH1 系列、HH2 系列、HH5 系列已列入行业第一～十八批淘汰产品目录。

（2）安装要领

封闭式负荷开关必须垂直安装于无强烈振动和冲击的场合，安装高度一般离地不低于 1.3m，外壳必须可靠接地。

（3）操作维护

进行分合闸操作时，要站在开关手柄外侧，不准面对开关，以免因意外故障电流使开关爆炸，铁壳飞出伤人。操作手柄带电的原因是外壳未接地或电源进出线绝缘损坏碰壳。

四、转换开关

万能转换开关（以下简称转换开关），主要作为控制电路的转换、电气测量仪表的转换以及配电设备（高压油断路器、低压空气断路器等）的远距离控制，亦可作控制伺服电动机的换向、变速。

1. 结构分类

转换开关按手柄形式可分为旋钮、普通手柄、带定位可取出钥匙的和带信号灯指示的等；也可按定位形式分为自复式和定位式，定位角分30°、45°、60°、90°等数种。常用转换开关外形如图2-31所示。LW5系列转换开关由接触系统、操作机构、转轴、手柄、定位机构等主要部件组成，用螺栓组装成整体。接触系统由许多接触组件组成，每一接触组件均有一胶木触头座，中间装有2~3对双断点触头，分别由凸轮通过支架操作，每一断点设置隔弧罩以限制电弧，从而能控制各自的回路。

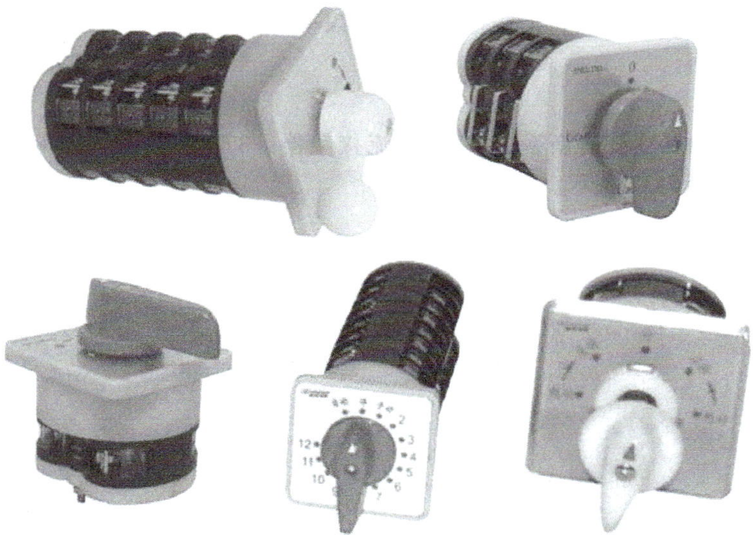

图2-31　LW5系列万能转换开关外形

2. 选用说明

转换开关选用时通常需考虑的因素：按额定电压和工作电流等选用合适的系列；按操作需要选定手柄形式和定位特征；按控制要求参照转换开关样本确定触头数量和接线图编号；选择面板形式及标志。

已公布的淘汰产品有LW1和LW4系列。

3. 安装维护

（1）安装前必须用清洁柔软的抹布仔细擦去开关触头盒和触头外露表面的尘埃。

（2）转换开关一般应水平安装在屏板上，但也可倾斜或垂直安装。

（3）转换开关的面板从屏板正面插入，并旋紧面板双头螺栓上的螺母，使面板紧固于屏板上，安装转换开关要先拆下手柄，安装好后再装上手柄。

（4）有些型号（如LW2-Y等）的转换开关固定在屏板上时，必须预先从开关上拆下面板和固定垫板，为此旋出3个固定法兰盘与触头盒圆形凸缘连接的螺栓，然后必须松开3个压紧螺栓和转动固定垫板，使得在面板圆柱部分的4个凸楔旋出对应冲口，此后固定垫板就很容易脱离面板了。将已拆开的面板从屏板的正面插入已开好的孔内。从屏板的后面在面板的圆柱体部分先套上木头垫圈，然后旋在法兰盘上。同时将螺栓按水平方向并紧，装牢开关。

（5）在更换或修理损坏的零件时，必须将拆开的零件除去尘埃和污垢，并在转动部分的表面涂上一层薄工业用凡士林，经过装配和调试后即可投入使用。

(6) 当开关有故障时必须立即切断电路，然后检验是否有妨碍可动部分正常转动的故障，检验弹簧有无变形或失效，触头工作状态和触头状况是否正常等。

五、交流接触器

交流接触器是一种自动的电磁开关，适用于远距离频繁地接通或断开主电路。它的主要控制对象是电动机，也可用于控制其他负载。它不仅能实现远距离自动操作和欠电压释放保护功能，而且具有控制容量大、工作可靠、操作频率高、使用寿命长等优点，因而在电力系统中得到了广泛应用。

1. 结构原理

常用的交流接触器主要有新系列 CJ20 交流接触器、3TB 系列交流接触器和 B 系列交流接触器，其外形如图 2-32 所示。

图 2-32　常用交流接触器外形

a）新系列 CJ20 交流接触器　b）3TB 系列交流接触器　c）B 系列交流接触器

交流接触器主要由电磁系统、触头系统、灭弧装置三大部分组成，另外还有反作用力弹簧、缓冲弹簧、触头压力弹簧和传动机构等部分。CJ20 型交流接触器的结构示意如图 2-33a 所示。

电磁系统主要由线圈、铁心（静铁心）和衔铁（动铁心）三部分组成，其作用是利用电磁线圈的通电或断电，使衔铁和铁心吸合或释放，从而带动动触头与静触头闭合或分断，实现接通或断开电路的目的。

交流接触器的触头系统一般分为主触头和辅助触头。主触头用以通断电流较大的主电路，一般由 3 对接触面较大的常开触头组成。辅助触头用以通断电流较小的控制电路，一般由两对常开和两对常闭触头组成。

交流接触器的工作原理如图 2-33b 所示。当接触器的线圈通电后，线圈中流过的电流产生磁场，使铁心产生足够大的吸力，克服反作用力弹簧的反作用力，将衔铁吸合，通过传动机构带动主触头和辅助常开触头闭合，辅助常闭触头断开。当接触器线圈断电或电压显著下降时，由于电磁吸力消失或过小，衔铁在反作用力弹簧的作用下复位，带动各触头恢复到原来状态。

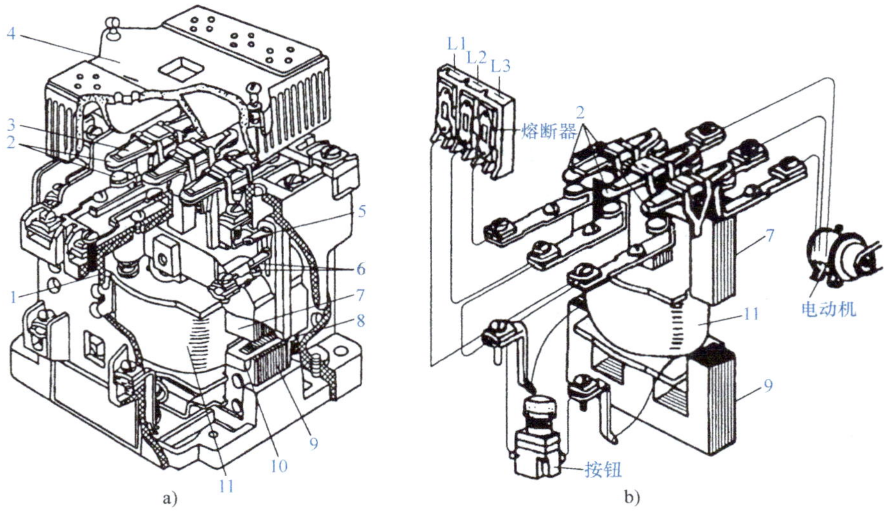

图 2-33 交流接触器的结构和工作原理示意图

a）结构 b）工作原理

1—反作用力弹簧 2—主触头 3—触头压力弹簧 4—灭弧罩 5—辅助常闭触头 6—辅助常开触头 7—动铁心 8—缓冲弹簧 9—静铁心 10—短路环 11—线圈

交流接触器的电路符号如图 2-34 所示。

2. 选用说明

在选用交流接触器时要注意以下几点：

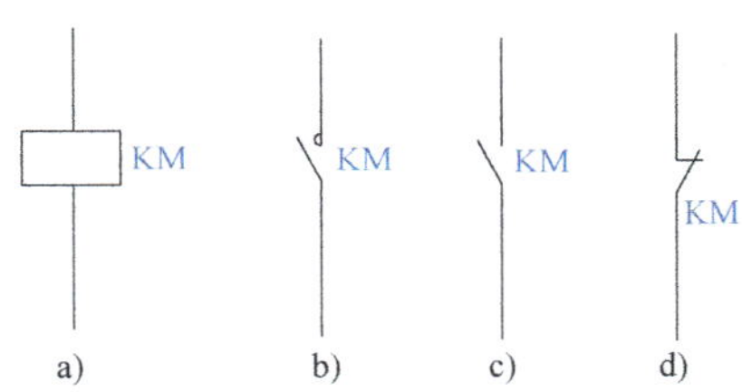

图 2-34 交流接触器的电路符号

a）线圈 b）主触头 c）辅助常开触头 d）辅助常闭触头

1）选择接触器主触头的额定电压。接触器的主触头的额定电压应大于或等于控制线路的额定电压。

2）选择主触头的额定电流。接触器控制电阻性负载时，主触头的额定电流应大于或等于负载的额定电流。接触器控制电动机负载时，主触头的额定电流应大于或稍大于电动机的额定电流。

3）选择接触器吸引线圈的电压。当控制线路简单，使用电器较少时，为节省变压器，可直接选用 380V 或 220V 的电压。当线路复杂，使用电器超过 5 个时，从人身和设备安全角度考虑，吸引线圈电压要选低一些，可用 36V 或 110V 电压的线圈。

4）选择接触器的触头数量及类型。接触器的触头数量、类型应满足线路的要求。

3. 安装维护

(1) 安装前检查内容

1) 应检查接触器铭牌与线圈的技术数据（如额定电压、电流、操作频率和通电持续率等）是否符合实际使用要求。

2) 检查接触器外观，应无机械损伤，用手推动接触器活动部分时，要求产品动作灵活，无卡住现象，并应检查有无杂物落入接触器内部。

3) 对新买来的或已搁置很久的接触器，最好做解体检查，产品内部应无缺损零件，并用汽油擦净铁心极面上的防锈油脂或清除粘结在极面上的锈垢。

4) 测量线圈电阻，检查与调整触头的开距、超程、初压力与终压力，并使各极触头动作同步。

5) 检查产品的绝缘电阻。

(2) 安装时注意内容

1) 按规定留有适当的飞弧空间，以免飞弧烧坏相邻器件。

2) 注意安装位置应正确，除特殊订货外，一般安装在垂直面上，即使是直动式的接触器也不得随意安装，而应符合使用说明书上规定的位置，安装时其倾斜角不得超过5°，否则会影响接触器的动作特性。

3) 安装与接线时，注意勿使零件失落掉入电器内部。安装孔的螺钉应装有弹簧垫圈与平垫圈，并拧紧螺钉以防松脱。

(3) 安装后检查内容

1) 灭弧罩必须完整无缺且固定牢靠，绝不允许不带灭弧罩或带破损灭弧罩运行。

2) 检查接线正确无误后，应在主触头不带电的情况下操作几次，然后测量产品的动作值，且须符合产品规定要求。

3) 对于新调换的真空接触器，应测量其真空度，其真空度必须符合规定要求。

六、热继电器

热继电器是一种利用流过继电器的电流所产生的热效应来切换电路的保护电器。它主要用于电动机的过载保护、断相保护、电流不平衡运行的保护及其他电气设备发热状态的控制。

热继电器的外形和结构如图2-35a、b所示，它主要由热元件、动作机构、触头系统、电流整定装置、复位机构和温度补偿元件等部分组成。热继电器的电路符号如图2-35c所示。

热继电器的工作原理示意如图2-36所示，当电动机绕组因过载引起过载电流时，热元件所产生的热量足以使主双金属片弯曲，推动导板向右移动，又推动了温度补偿双金属片，使推杆绕轴转动，推动动触头连杆，使动触头与静触头分开，从而使电动机控制电路中的接触器线圈断电释放，将电源切断，起到了保护作用。

热继电器动作后的复位有手动复位和自动复位两种，手动复位的功能由复位按钮来完成。

选择热继电器主要根据所保护电动机的额定电流来确定热继电器的规格和热元件的电流等级。

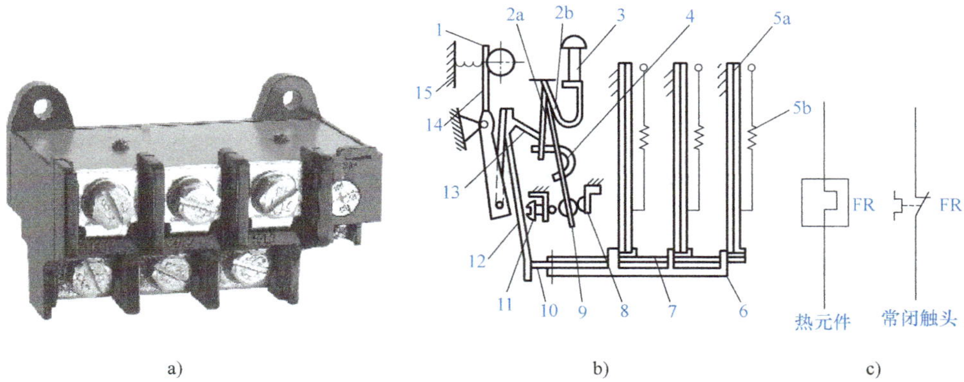

图 2-35　JR16 系列热继电器

a）外形　b）结构　c）符号

1—电流调节凸轮　2—片簧　3—手动复位按钮　4—弓簧　5a—主双金属片　5b—热元件　6—外导板

7—内导板　8—静触头　9—动触头　10—杠杆　11—复位调节螺钉

12—补偿双金属片　13—推杆　14—连杆　15—压簧

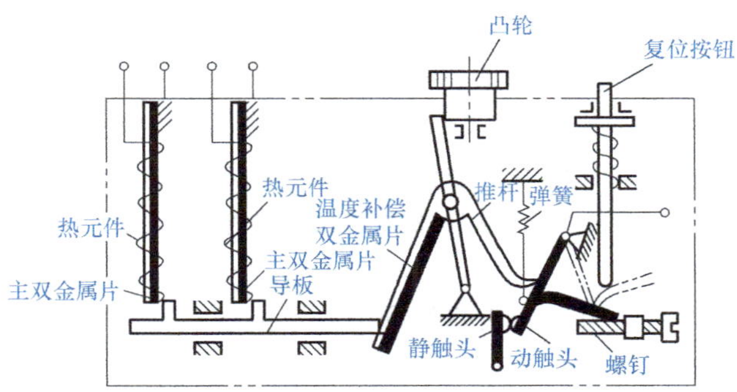

图 2-36　热继电器的工作原理示意图

1）根据电动机的额定电流选择热继电器的规格。一般应使热继电器的额定电流略大于电动机的额定电流。

2）根据需要的整定电流值选择热元件的电流等级。一般情况下，热元件的整定电流为电动机额定电流的 0.95~1.05 倍。

3）根据电动机定子绕组的连接方式选择热继电器的结构形式，即定子绕组作星形联结的电动机选用普通三相结构的热继电器，而作三角形联结的电动机应选用三相结构带断相保护装置的热继电器。

安装与使用热继电器时还应注意以下几点：

1）热继电器与其他电器安装在一起时，应注意将热继电器安装在其他电器的下方，以免其动作特性受到其他电器发热的影响。整定电流装置的位置一般应安装在右边，并保证在进行调整和复位时的安全和方便。

2）热继电器在出厂时均调整为手动复位方式，如果需要自动复位，只要将复位螺钉沿顺时针方向旋转 3~4 圈，并稍微拧紧即可。

3）接线时应使接点紧密可靠，出线端的导线不应过粗或过细，以防止轴向导热过快或过慢，使热继电器动作不准确。

【实践指导】

训练1　交流接触器调整与校验

一、训练目的

1）通过拆卸交流接触器，加深了解交流接触器构造和零部件的作用。

2）掌握交流接触器触头调整方法以及校验技术要求。

二、训练准备

1）交流接触器说明书及相关技术参数手册、实验报告书等。

2）符合实验条件的交流接触器、弹簧秤、可调交流电源、电工常用工具及万用表等。

三、训练内容

1. 交流接触器的触头调整

（1）接触器触头初压力、终压力的测定及调整

触头的初压力是指动、静触头刚接触时触头承受的压力。初压力来源于触头弹簧的预压缩量，它可使触头减小振动，避免触头熔焊及减轻烧蚀程度。触头的终压力是指触头完全闭合后作用于触头上的压力。终压力由触头弹簧的最终压缩量决定，它可使触头处于闭合状态时的接触电阻保持较低值。

接触器经长期使用以后，由于触头弹簧弹力减小或触头磨损等原因，会引起触头压力减小，接触电阻增大，此时应调整触头弹簧的压力，使初压力和终压力达到规定值。

触头的结构参数可通过专业技术手册或产品说明书查找。

用弹簧秤可准确地测定触头的初压力和终压力，其方法如图2-37所示。将纸条或单纱线放在触头间或触头与支架间，一手拉弹簧秤，另一手轻轻拉纸条或单纱线，纸条或单纱线刚可以拉出时弹簧秤上的力即为所测的力。如果所测的值超出产品目录上所规定的范围，可调整触头弹簧。若触头弹簧损坏，可更换新弹簧。

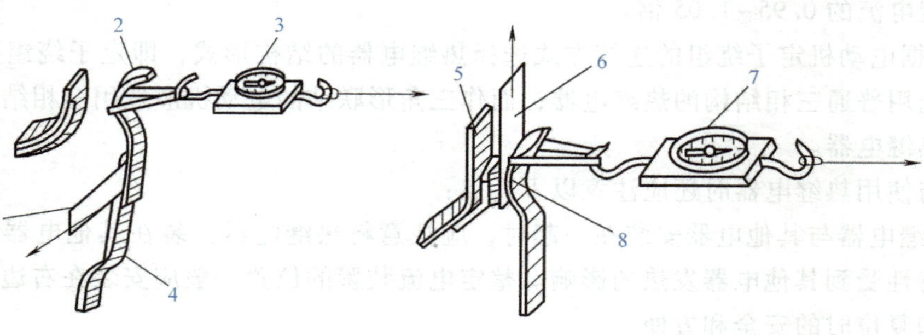

图2-37　触头初压力和终压力的测定

1、6—纸条　2、8—动触头　3、7—弹簧秤　4—支架　5—静触头

在调整时如果没有弹簧秤，对于触头压力的测试可用纸条凭经验来测定。将一条比触头略宽的纸条夹在动、静触头之间，并使触头处于闭合状态，然后用手拉纸条，一般小容量接触器稍用力即可拉出，对于较大容量的接触器，纸条拉出后有撕裂现象。出现这种现象时，一般认为触头压力较合适。若纸条很容易被拉出，说明触头压力不够。若纸条被拉断，则说明触头压力太大。

（2）接触器触头开距和超程的调整

触头开距 e 是指触头处于完全断开位置时，动、静触头间的最短距离，如图 2-38a 所示，其作用是保证触头断开之后有必要的安全绝缘间隔。超程 c 是指接触器完全闭合后，假设将静（或动）触头移开时，动（或静）触头能继续移动的距离，如图 2-38c 所示，其作用是保证触头磨损后仍能可靠地接触，即保证触头压力的最小值。当超程不符合规定时，应更换新触头。

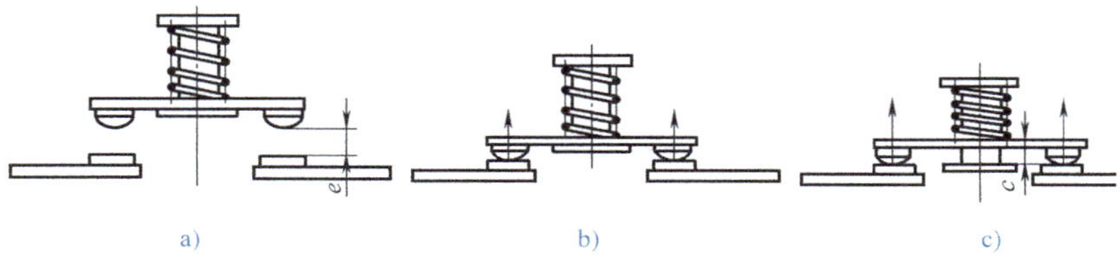

图 2-38　触头的结构参数

a）断开位置　b）刚接触位置　c）闭合状态

接触器经拆卸或更换零部件后，应对触头的开距和超程等进行调整，使其符合要求。如果选用的是直动式交流接触器，其触头的开距 e 与超程 c 之和等于铁心的行程 s。对这种接触器，只需卸下底板，增减铁心底端的衬垫即可改变铁心的行程，从而改变触头的超程。

2. 交流接触器的校验

1）吸合电压和释放电压的测量。交流接触器在冷态下的吸合电压值为额定电压的 85%，释放电压为额定电压的 30%～40%。

2）电源电压在接触器额定值的 85%～115%（交流）范围内时，应可靠地工作。

3）接触器的主触头接通时，三相应同时接触，其先后误差不得超过 0.5mm。

训练 2　热继电器调整与校验

一、训练目的

1）通过拆卸热继电器，加深了解热继电器构造和零部件的作用。

2）掌握热继电器调整方法以及校验技术要求。

二、训练准备

1）热继电器说明书及相关技术参数手册、实验报告书等。

2）符合实验条件的热继电器、可调交流电源、变压器、信号源、指示灯、电流表、电工常用工具及万用表等。

三、训练内容

1. 热继电器的调整

1）整定电流的调整。热继电器中凸轮上方是整定旋钮，刻有整定电流值的标尺；旋转旋钮时，凸轮压迫支撑杆绕交点左右移动，支撑杆向左移动时，推杆与连杆的杠杆间隙加大，热继电器的热元件动作电流增大，反之动作电流减小。当过载电流超过整定电流的1.2倍时，热继电器便要动作。过载电流越大，热继电器开始动作所需时间越短。过载电流的大小与动作时间关系见表2-18。

表2-18 过载电流与热继电器开始动作的时间关系

整定电流倍数	动作时间	起始状态
1.0	长期不动作	从冷态开始
1.2	小于20min	从热态开始
1.5	小于2min	从热态开始
6	大于5s	从冷态开始

2）热继电器动作机构的调整。热继电器的动作机构应正常可靠，可用手扳动4~5次进行观察。要求复位按钮灵活、调整部件无松动，检查调整部件应用螺钉旋具轻轻触动，不得用力拧或推拉。对于可调整的热继电器应检查其刻度是否对准需要的刻度值。

3）热继电器热元件的检查与调整。检查热元件是否良好时，只可打开盖子从旁观察，不得将热元件卸下。若必须卸下，装好后应进行通电试验调整。如遇热元件烧断或损坏，必须进行更换或修理，并重新进行整定值的调整。

4）热继电器双金属片的检查与调整。检查双金属片是否良好，如若已产生明显的变形，需要通电试验调整。调整时，绝对不能弯折双金属片。在使用中，要保持双金属片光泽，如有灰尘或污垢，可用布擦净，如有锈迹可用布蘸汽油轻轻擦除，但不能用砂纸磨光。

2. 热继电器的校验

（1）校验前的准备工作

校验前，应将继电器上所有零部件灰尘、污垢及锈迹清理干净，双金属片表面应保持原有光泽，用手拨动脱扣机构两三次，以观察其是否灵活，但不得转动任何紧固件，不得扳动不可调式热继电器的调整部件。对于更换热元件或准备重新调整的热继电器，必须拧紧紧固件。

校验时的环境温度尽量接近工作环境温度。校验用的连接线长度一般不应小于0.6m，连接线的截面要和使用时的实际情况相同，接头应用螺钉拧紧。热继电器的校验线路如图2-39所示，一般采用小型负荷变压器供给电流，要求校验电流稳定。

对于可调整式的热继电器，应将热继电器的刻度盘对准所需要的电流值，然后进行调整试验。

（2）预热

先通以2~3倍或更高倍数电流，使其脱扣2~3次，使校验设备预热，再冷却至室温，然后才能进行正式校验。

（3）校验

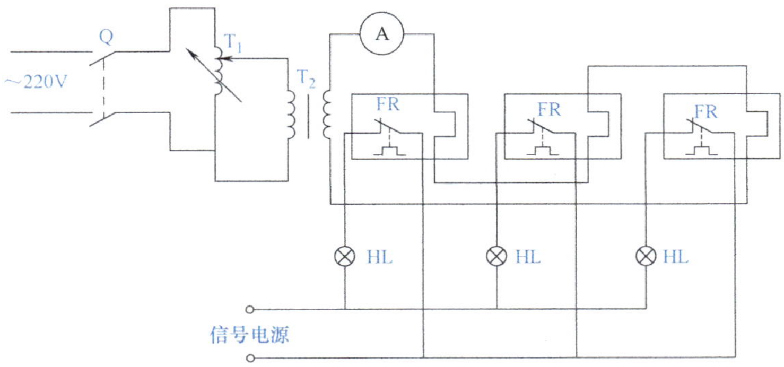

图 2-39 热继电器的校验线路

先将热继电器通入整定电流，热继电器应长期不动作。接着通入最低倍数的动作电流，热继电器应在规定的时间内动作，动作后冷却至室温。如此反复校验 3 次，各次均符合要求者为合格。如条件许可，再对高倍电流（例如 6 倍整定电流）进行校验。

【四新技术】

低压电器的新技术与智能化

低压电器是一种能根据外界的信号和要求，手动或自动地接通、断开电路，以实现对电路或非电对象的切换、控制、保护、检测、变换和调节的元件或设备。

我国低压电器行业从简单装配、模仿制造到自行开发设计，现发展到近千个品种，年产值数百亿元人民币。但国内低压电器生产企业规模偏小、数量过多，90%以上企业处于中、低档次产品的重复生产且产品三代共存。根据国家政策走向，在今后一段时间内低压电器产品的结构需要进一步的调整，工艺落后、体积大、能耗高又污染环境的产品将被淘汰。

低压电器的发展，取决于国民经济的发展和现代工业自动化发展的需要，以及新技术、新工艺、新材料的研究与应用。目前国际上低压电器制造领域正朝着高性能、高可靠性、小型化、数模化、模块化、组合化和零部件通用化的方向发展。特别是新一代产品能与现场总线系统连接，实现系统网络化，使低压电器产品功能发生了质的飞跃。

以断路器的发展为例。以配电保护功能为主的塑壳断路器的发展大致分为两种“风格”，以 ABB 公司、美国西屋电气公司为代表的所谓欧美派，以日本三菱公司、富士公司为代表的日本派。日本产品如三菱公司的 PSS 系列和富士公司的 S、E、H 系列主要特点是分断能力高、体积小。欧美产品如 ABB 公司的 S 系列和美国西屋电气公司的 C 系列产品不过分追求小型化，而是强调综合性能。西门子公司 20 世纪 90 年代相继推出的 3VU 系列代替原来的 3VE 系列。3VU 采用系列化、模块化和模数化设计，具有各种附件，如分励脱扣、欠电压脱扣、短路故障显示、远距离操作机构、外置式辅助触头、门联锁操作机构、隔离模块、各种防护外壳及附加接线端子。

我国自行研究开发的第三代万能式断路器 DW45 系列中，常熟开关制造有限公司生产的 CW1 系列万能式断路器以智能控制为核心，具有三段保护功能，并可通过 RS485 接口进行通信，实现了遥测、遥控、遥调及通信功能。

总之，低压电器的新技术特征可以概括为优化性能、运行可靠、管理智能、模块组合且绿色环保 5 个方面。

1. 优化性能

额定短路分断能力与额定短时耐受电流进一步提高，并实现 $I_{cu}=I_{cs}$，如施耐德公司的 MT 系列产品，其运行短路分断和极限短路分断能力最高达到 150kA。

2. 运行可靠

产品除要求较高的性能指标外，又可做到不降容使用，可以满容量长期使用而不会发生过热现象，从而实现安全运行。

3. 管理智能

随着专用集成电路和高性能的微处理器的出现，断路器实现了脱扣器的智能化，使断路器的保护功能大大加强，可实现过载长延时、短路短延时、短路瞬时、接地、欠电压保护等功能，还可以在断路器上显示电压、电流、频率、有功功率、无功功率、功率因数等系统运行参数，并可以避免在谐波的影响下发生误动作。

此外，低压电器新一代产品还实现了可通信、网络化，能与多种开放式的现场总线连接，进行双向通信，实现“四通”功能。现场总线技术的应用，不仅能对配电质量进行监控，减少损耗，而且对同一区域电网中多台断路器实现区域联锁，实现配电保护的自动化，进一步提高配电系统的可靠性。

4. 模块组合

将不同功能的模块按照不同的需求组合成模块化的产品，是新一代产品的发展方向。如 ABB 公司推出的 Tmax 系列，热磁式、电子式、电子可通信式脱扣器都可以互换。附件全部采用模块化结构，不需要打开盖子就可以安装。

5. 绿色环保

产品材料的选用、制造过程及使用过程不污染环境，符合欧盟 RoHS 环保要求。

“1+X”证书测评

应知部分

一、选择题

1. 下面部件属于变压器的磁路部分的是（　　）。

A. 绕组　　B. 铁心　　C. 油箱　　D. 绝缘套管

2. 变电所主变压器的容量一般按（　　）年规划负荷来选择。

A. 5~10　　B. 3~4　　C. 6~8　　D. 10~15

3. 对一般性变电所，当一台主变压器停运时，其余变压器容量应能满足全部负荷的（　　）。

A. 30%~40%　　B. 40%~50%　　C. 60%~70%　　D. 70%~80%

4. 变压器 10kV 高压绕组工频交流耐压试验电压选（　　）。

A. 1kV　　B. 10kV　　C. 30kV　　D. 50kV

5. 油浸变压器注油后，应静置（　　）才能做交流耐电压试验。

A. 45min　　B. 1h 左右　　C. 10h 以上　　D. 24h 以上

6. 进行电压比试验时，试验施加电压不应低于被试变压器额定电压的（　　）。

A. 1%　　B. 10%　　C. 80%　　D. 100%

7. 高压隔离开关主要用作（　　）。

A. 隔离电源，在需要检修或分断的线路、设备和运行带电的线路、设备之间形成一个明显的断开点，确保检修或工作的安全

B. 切断母线，在有电压而无负荷的情况下，通过隔离开关将设备或线路从一组母线换接到另一组母线上

C. 接通或断开空载电路，包括母线、电压互感器和避雷器等小容量的空载电路或其他电容电流不超过 5A 的空载线路

D. 分断高压负载，如频繁分断高压电动机回路

8. 电气“五防”通常指（　　）。

A. 防止误分、合闸断路器　　B. 防止带负荷分、合刀开关

C. 防止带电挂地线或合地刀　　D. 防止带地线合闸，防止误入带电间隔

9. 真空断路器灭弧室通常工作在（　　）。

A. 0.1Mpa 以下　　B. 10^{-2}Pa 以下

C. 0.1Mpa 以上　　D. 10^{-2}Pa 以上

10. 真空断路器主要由（　　）三大部分组成。

A. 真空灭弧室　　B. 操动机构　　C. 支撑部件　　D. 隔离开关

11. 隔爆型真空馈电开关由（　　）等部分组成。

A. 隔爆外壳　　B. 真空断路器　　C. 隔离开关　　D. 控制单元

12. 高压熔断器上鸭嘴和下部接触处喷火，熔体未断便跌落的主要原因是（　　）。

A. 熔体管长度不当　　B. 合闸时未合到底

C. 弹簧已失去弹性　　D. 合闸时用力过猛

13. 低压电器通常指适用工作在交流 1000V 或直流（　　）以下电路中的电器设备。

A. 1500V　　B. 800V　　C. 1000V　　D. 2000V

14.（　　）是一种自动的电磁开关，适用于远距离频繁地接通或断开主电路。

A. 熔断器　　B. 热继电器　　C. 交流接触器　　D. 低压刀开关

15. 文字符号 FR 指的是（　　）。

A. 熔断器　　B. 热继电器　　C. 交流接触器　　D. 转换开关

二、判断题

1. 电力变压器按发电厂和变电所的用途不同，可分为升压变压器和降压变压器。（　　）

2. 开启式负荷开关接线时应把电源进线接在动触头一边的进线座，负载接在静触头一边的出线座。（　　）

3. 绕组是变压器的电路部分，常用绝缘铜线或铝线绕制而成。（　　）

4. 三相变压器的各相绕组的直流电阻之间的差别应很小，一般应在三相平均值的 10% 以下。（　　）

5. 变压器空载运行时，二次电压 U_2 与一次电压 U_1 之比称为变压器的电压比 K。(   )

6. 电压为35kV及以上且容量为10000kV·A及以上的电力变压器，必须进行泄漏电流的测量，其他变压器不做此规定。(   )

7. 当变压器附近的设备着火、爆炸或发生其他情况，对变压器构成严重威胁时，值班人员应立即将变压器停运。(   )

8. 对运行中的隔离开关应进行巡视。在有人值班的配电所中应每周一次；在无人值班的配电所中，每月至少一次。(   )

9. 按安装地点不同，高压负荷开关可分为户内和户外两类，户内为FW型，户外为FN型。(   )

10. 真空断路器一般都由真空灭弧室、操动机构和支撑部件三大部分组成。(   )

三、简答题

1. 比较S13和S11两个系列电力变压器的结构特点和技术性能。
2. 油浸式电力变压器一般由哪几部分组成？各有何作用？
3. 变压器并列运行的条件是什么？
4. 三相变压器常用的5种标准联结组标号是什么？分别表示什么含义？
5. 变压器选择时通常考虑哪些因素？怎样确定？
6. 简述油浸电力变压器常见故障范围、故障性质和故障排除方法。
7. 简述高压断路器、熔断器、隔离开关和负荷开关的结构特点和选用原则。
8. 高压开关电器中的电弧是如何产生的？常用的灭弧方法有哪几种？
9. 完成隔离开关、断路器的安装、调试实验报告。
10. 电气“五防”指的是什么？比较常规防误装置各自的优缺点。
11. 通过网络或图书查询方式自学微机防误闭锁系统的控制原理。
12. 在相同电压等级和额定电流的条件下，交流接触器和开启式负荷开关或封闭式负荷开关能否互相代用？为什么？
13. 电磁式剩余电流断路器和电子式剩余电流断路器在结构上有何区别？画图分别简述其工作原理。
14. 热继电器能否用作短路保护？简述其控制原理。
15. 熔断器有哪几种？能否代替热继电器？

应会部分

技能试题1　变压器试验

1. 考核图样

见本模块技能训练图示内容。

2. 考核内容

(1) 考核要求

1) 测定变压器绝缘电阻和吸收比。

2) 交流耐电压试验（建议考点用0~450V三相自耦变压器代替高压试验变压器，进行模拟试验，同时修改电压表的刻度）。

(2) 时间定额

180min。

(3) 安全文明生产

1) 正确执行安全技术操作规程，考核时应有专人负责安全工作。

2) 按企业有关文明生产的规定，做到工作场地整洁，工件、工具摆放整齐。

3. 考核配分及评分标准

考核配分及评分标准见表 2-19。

表 2-19 评分表

序号	作业项目	考核内容	配分	评分标准	考核记录	扣分	得分
1	变压器绝缘电阻和吸收比的测试	1) 做好试验前的准备工作 2) 测量高压绕组对地绝缘电阻 3) 测量高压绕组对低压绕组绝缘电阻 4) 测量低压绕组对地绝缘电阻 5) 测量吸收比 6) 整理并分析试验结果	50	1) 未做好试验前的断电、断线、放电、清洁等准备工作扣 10 分 2) 分项试验接线错误、操作违规，1 处扣 20 分，扣完本项配分为止 3) 结果分析处理出现原则性错误扣 10 分			
2	工频交流耐电压试验	1) 做好试验前的准备工作 2) 高压绕组试验 3) 低压绕组试验 4) 整理并分析试验结果	50	1) 未做好试验前的断电、断线、放电、清洁等准备工作扣 10 分 2) 分项试验接线错误、操作违规，1 处扣 20 分，扣完本项配分为止 3) 结果分析处理出现原则性错误扣 10 分			
3	安全文明生产	遵守安全操作规程，正确使用施工器具，操作场地整洁		按达到规定的标准程度评定，1 项不符合要求从总得分中扣 5 分			
		安全操作，无人身、设备事故		因违规操作，发生重大人身或设备事故，此题按 0 分计			
4	分数合计		100				

技能试题 2 二次设备的调试与线路测绘

1. 考核图样（略）

2. 考核内容

(1) 考核要求

1) 根据考场条件要求，对主变压器控制屏进行查线，并绘制其展开图。

2) 校验电流表，并计算其基本误差。

3) 调试 DL 型电流继电器，并计算其返回系数。

(2) 时间定额

180min。

(3) 安全文明生产

1) 正确执行安全技术操作规程。

2) 按企业有关文明生产的规定，做到工作场地整洁，工件、工具摆放整齐。

3. 考核配分及评分标准

考核配分及评分标准见表 2-20。

表 2-20 评分表

序号	作业项目	考核内容	配分	评分标准	考核记录	扣分	得分
1	线路测绘	对主变压器控制屏进行查线，并绘制其展开图	40	1）线路测绘每漏、错 1 处扣 5 分，扣完为止 2）展开图不规范，酌情扣 5~10 分			
2	调试二次设备	1）校验电流表，并计算其基本误差 2）调试 DL 型电流继电器，并计算其返回系数	60	1）校验电流表接线错误扣 20 分；测点不正确扣 5 分；超过标称基本误差而未调整扣 5 分；基本误差计算错误扣 10 分 2）校验电流继电器接线错误扣 20 分 3）电流继电器动作电流、返回电流不符合调整要求酌情扣 5~10 分 4）电流继电器返回系数不合格扣 10 分			
3	安全文明生产	遵守安全操作规程，正确使用施工器具，操作场地整洁		按达到规定的标准程度评定，1 项不符合要求从总得分中扣 5 分			
		安全操作，无人身、设备事故		因违规操作，发生重大人身或设备事故，此题按 0 分计			
4	分数合计		100				

模块三

电力线路安装、运行与维护

【教学目标】

【职业认知】

1. 熟悉低压架空线路的组成和特点。
2. 能够根据用途和负荷大小、性质选择导线型号、规格。
3. 掌握电缆储运、敷设的基本要求。

【职业能力】

1. 能够在电工技师的指导下协助完成低压线路的架空施工，并独立完成基本环节制作工艺。
2. 能够在电工技师的指导下协助完成电缆的桥架施工。

任务一　电缆架空、运行与维护

【知识解读】

低压架空线路通常采用多股裸绞线来架设。低压架空线路的电压等级规定为380V/220V三相四线制供电。低压架空线路的范围为自配电变压器二次侧（或低压侧）端至每个用户的接户点。

一、低压架空线路特点

1）裸导线的散热条件好，所以导线的载流量要比相同截面积的绝缘导线高出30%~40%。

2）架空线路结构简单、成本低、安装与维修方便。

3）架空线路易受洪水、飓风、大雪等自然灾害的影响；若维护管理不善，还易发生人畜触电事故。

二、低压架空线路组成

低压架空线路的构成主要有电杆、金具、绝缘子、导线、拉线、基础及接地装置等，如图3-1所示。

1. 导线

(1) 导线分类

导线是线路的主体，担负着输送电能的功能。有绝缘导线与裸导线之分，一般采用裸导线。在低压供电系统中一般采用多股绞线。绞线又有铜绞线、铝绞线和钢芯铝绞线之分。电工常用电线电缆见表 3-1。

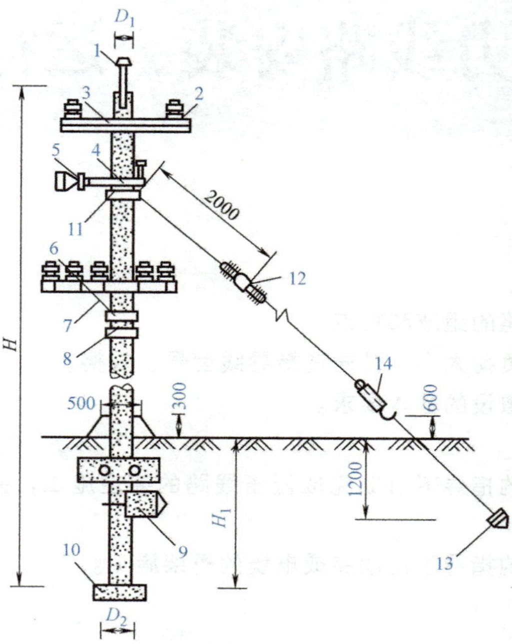

图 3-1 低压架空线路组成

1—杆顶支座 2—高压针式绝缘子 3—高压横担 4—螺栓 5—高压悬式绝缘子 6—低压针式绝缘子 7—横担支持铁拉板 8—低压蝶式绝缘子 9—卡盘 10—底盘 11—拉线抱箍 12—拉紧绝缘子 13—拉线盘 14—花篮螺栓

表 3-1 常用电线电缆

序号	种类	外形	常用型号/名称	用途
1	裸导线	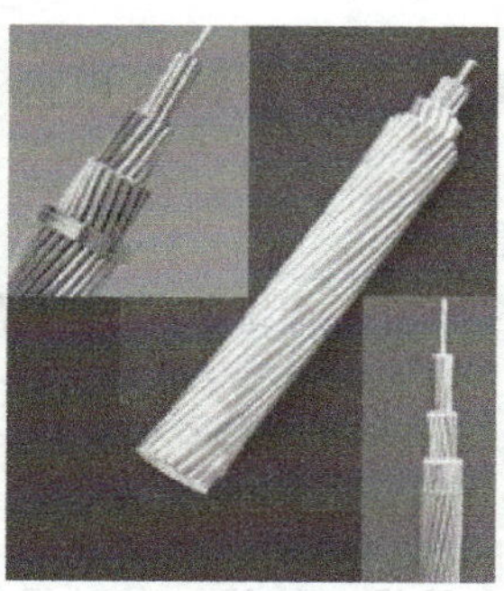	常用的裸单线有 TY（铜硬）、TR（铜软）、LY（铝硬）、LR（铝软）等几种型号	裸单线一般用作电线、电缆的线芯及电动机、电器及变压器的绕组
			国产的架空电力线有 LJ 型硬铝绞线、LGJ 钢芯铝绞线、TRJ 型软铜绞线等几种	裸绞线是将多根圆单线绞合在一起的绞合线，这种线软且有足够的强度，主要用作架空电力线、电缆线芯

（续）

序号	种类	外形	常用型号/名称	用途
2	橡皮绝缘电线		BX 铜芯橡皮线	供干燥和潮湿场所固定敷设用；用于交流额定电压 250V 和 500V 的电路中
			BXR 铜芯橡皮软线	供安装在干燥和潮湿场所；连接电气设备的移动部分用；交流额定电压 500V
			BXS 双芯橡皮线	供干燥场所敷设在绝缘子上用；用于交流额定电压 250V 的电路中
			BXH 铜芯橡皮花线	供干燥场所移动式用电设备接线用；线芯间额定电压 250V
			BLX 铝芯橡皮线	与 BX 型电线相同
			BXG 铜芯穿管橡皮线	供交流电压 500V 或直流电流 1000V 电路中配电和连接仪表用；适于管内敷设
			BLXG 铝芯穿管橡皮线	与 BXG 型电线相同
3	聚氯乙烯绝缘导线	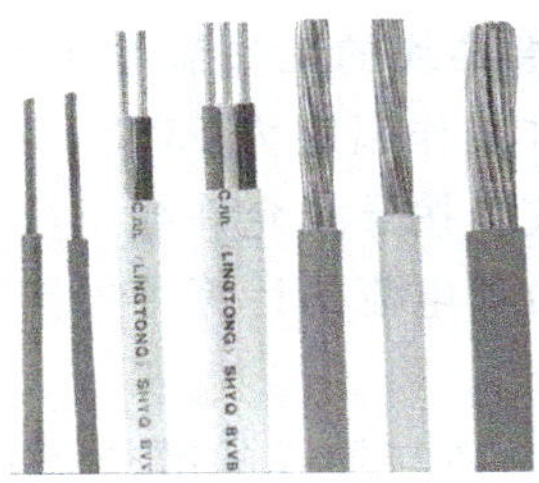	BLV（BV）铝（铜）芯塑料线	交流电压 500V 以下，直流电压 1000V 以下；室内固定敷设
			BLVV（BVV）铝（铜）芯塑料护套线	交流电压 500V 以下，直流电压 1000V 以下；室内固定敷设
			BVR 铜芯塑料软线	交流电压 500V 以下；要求电线比较柔软的场所敷设
			BLV-1（BV-1）室外用铝（铜）芯塑料线	交流电压 500V 以下；室外固定敷设用
			BLVV-1（BVV-1）室外用铝（铜）芯塑料护套线	交流电压 500V 以下；室外固定敷设用
			BVR-1 室外用铜芯塑料软线	交流电压 500V 以下；要求电线在比较柔软的场所敷设
			RVB 平行塑料绝缘软线	交流电压 250V 以下；室内连接小型电器，移动或半移动敷设时用
			RVS 双绞塑料绝缘软线	交流电压 250V 以下；室内连接小型电器，移动或半移动敷设时用
4	橡套软电缆		YQ 轻型橡套软电缆	用于轻型移动电器设备和工具
			YZ 中型橡套软电缆	用于中型移动电器设备和工具
			YC 重型橡套软电缆	用于各种移动电器设备，能承受较大机械外力

（续）

序号	种类	外形	常用型号/名称	用途
备注	1. 下列产品为限制使用电线电缆： 1）1kv 及以下聚氯乙烯绝缘电缆：一般工程适用，在人员密集的公共建筑物中限制使用 2）450/750V 及以下聚氯乙烯绝缘布电线：一般工程适用，在人员密集的公共建筑物中限制使用 3）300/500V 橡皮绝缘固定敷设电线：自 2003 年 5 月 1 日起全国部分省市率先在建筑工程中限制使用 2. 下列产品为淘汰使用电线电缆： 1）粘性纸绝缘电力电缆（常用型号 ZQ、ZLQ） 2）不滴油纸绝缘电力电缆（常用型号 ZQD、ZJQD） 3）天然-丁苯橡皮绝缘控制电缆（常用型号 KXV） 4）天然-丁苯橡皮绝缘橡套电缆（常用型号 XX） 5）空气纸绝缘市话电缆（常用型号 HQ） 6）空气纸绝缘长途市话电缆（常用型号 HEQ、HEL）			

（2）导线选择

导线选择指的是根据施工现场特点和用电负荷的性质、容量等合理选择导线型号、规格的过程。导线型号选择可结合前面所学导线用途确定合适的导线种类和型号。导线规格习惯用导线的横截面积（简称导线截面，用 S 表示）。导线截面积的确定一般应包括按发热条件选择导线截面积、按电压损失校验、按机械强度校验三个步骤。即先按发热条件选定绝缘导线截面积，再以后面两个条件进行校验。

1）按发热条件选择。发热条件应包括导线的允许载流量、散热条件和环境温度等方面。

导线的允许载流量也称导线的安全载流量，也可指导线的工作温度不超过 65℃时可长期通过的最大电流值。因为，一般绝缘导线的最高允许工作温度为 65℃，若超过这个温度，导线的绝缘层就会迅速老化，变质损坏，甚至引起火灾。按导线允许载流量选择的基本原则是导线允许载流量不小于线路负荷的计算电流。线路负荷电流的计算可根据负荷的性质，通过给定的公式计算得出，见表 3-2。

由于导线的工作温度除与导线通过的电流有关外，还与导线的散热条件和环境温度有关。同一导线采用不同的敷设方式（敷设方式不同，其散热条件也不同）或处于不同的环境温度时，其允许载流量也不相同。当环境温度低于 25℃时，可将导线的允许载流量适当放宽 1.1~1.2 倍；当环境温度为 25~40℃时，可将导线的允许载流量适当紧缩 0.8~0.9 倍；当环境温度高达 50℃以上时，则导线的允许载流量应减半。

表 3-2　线路负荷电流计算公式

负荷性质	举例说明	应用公式	公式说明
单相纯电阻负载	如白炽灯、电饭煲、电加热取暖器等	$I=\frac{P}{U}$	I——线路负荷电流，单位为 A P——负荷功率，单位为 W U——负载端电压，单位为 V U_L——三相电源的线电压，单位为 V $\cos\varphi$——功率因数
单相含电感负载	如荧光灯（电感式镇流器）、电扇、空调器等	$I=\frac{P}{U\cos\varphi}$	
三相纯电阻负载	如三相电加热器等	$I=\frac{P}{\sqrt{3}U_L}$	
三相含电感负载	如三相电动机、三相变压器等	$I=\frac{P}{\sqrt{3}U_L\cos\varphi}$	

2）按电压损失校验。若配线线路太长，导线截面积过小，必然造成电压损失过大。这样，会使电动机功率不足，甚至发热烧毁，电灯发光效率也大大降低。所以，相关标准对用

电设备的受电电压做了如下的规定：

电动机的受电电压不应低于额定电压的95%；普通照明灯的受电电压不应低于额定电压的95%；视觉要求较高的照明灯受电电压不应低于额定电压的97%。

室内配线的电压损失允许值，要视电源引入处的电压值而定。若电源引入处的电压为额定电压值，可按上述受电电压允许降低计算；若电源引入处的电压已低于额定值，则室内配线的电压损失值应相应减少，以尽量保证用电设备的最低允许受电电压值。

单相交流220V供电线路电压损失可套用下面的公式计算

$$\Delta U=\frac{2\rho lP}{SU\cos\varphi}$$

式中　ΔU——电压损失值，单位为V；

ρ——电阻率，铝线$\rho=0.0280\Omega\cdot mm^2/m$，铜线$\rho=0.0175\Omega\cdot mm^2/m$；

l——单根导线长度，单位为m；

P——负荷的有功功率，单位为W；

S——导线截面积，单位为mm^2；

U——电压，单位为V；

$\cos\varphi$——功率因数。

3）按机械强度校验。负荷太小时，按允许载流量计算选择的绝缘导线截面积可能也太小，往往不能满足机械强度的要求，容易发生断线事故。因此对于架空、室内和室外配线线芯的最小允许截面积有专门的规定。一般电线电缆规格的选用参见表3-3。

表3-3　电线电缆规格选用参考表

导体截面积/mm^2	铜芯聚氯乙烯绝缘电缆 环境温度25℃架空敷设 227 IEC 01(BV)		铜芯聚氯乙烯绝缘电力电缆 环境温度25℃直埋敷设 VV22-0.6/1（3+1）		钢芯铝绞线 环境温度30℃架空敷设LGJ	
	允许载流量/A	容量/kW	允许载流量/A	容量/kW	允许载流量/A	容量/kW
1.0	17	10	—	—	—	—
1.5	21	12	—	—	—	—
2.5	28	16	—	—	—	—
4	37	21	38	21	—	—
6	48	27	47	27	—	—
10	65	36	65	36	—	—
16	91	59	84	47	97	54
25	120	67	110	61	124	69
35	147	82	130	75	150	84
50	187	105	155	89	195	109
70	230	129	195	109	242	135
95	282	158	230	125	295	165
120	324	181	260	143	335	187
150	371	208	300	161	393	220
185	423	237	335	187	450	252

（续）

导体截面积/mm^2	铜芯聚氯乙烯绝缘电缆 环境温度 25℃架空敷设 227 IEC 01(BV)		铜芯聚氯乙烯绝缘电力电缆 环境温度 25℃直埋敷设 VV22-0.6/1（3+1）		钢芯铝绞线 环境温度 30℃架空敷设 LGJ	
	允许载流量/A	容量/kW	允许载流量/A	容量/kW	允许载流量/A	容量/kW
240	—	—	390	220	540	302
300	—	—	435	243	630	352

注：a. 同一规格铝芯导线载流量约为铜芯的 0.7 倍，选用铝芯导线可比铜芯导线大一档规格，交联聚乙烯绝缘可选用小一档规格，耐火电线电缆则应选较大规格。

b. 本表计算容量是以三相 380V、$\cos\varphi=0.85$ 为基准，若为单相 220V、$\cos\varphi=0.85$，容量则应为 1/3。

c. 当环境温度较高或采用明敷方式时，其安全载流量都会下降，此时应选用较大规格；当用于频繁起动电动机时，应选用大 2~3 档规格。

d. 本表铜芯聚氯乙烯绝缘电缆按单根架空敷设方式计算，若为穿管或多根敷设，则应选用大 2~3 档规格。

2. 电杆

电杆是支持导线的支柱，是架空线路的重要组成部分。电杆要有足够的机械强度，同时尽可能经久耐用、价廉，便于搬运和安装。电杆按其材质分为木杆、钢筋混凝土杆、铁塔（一般用于高压）三种。

其中，高压采用架空绝缘线路时，主干道或主支干线使用 15m 钢筋混凝土杆或钢管塔，档距应不大于 50m；非主要支线在一般条件下可使用 12m 钢筋混凝土杆，档距应不大于 50m。

电杆分类、特点及用途见表 3-4。

表 3-4　电杆分类、特点及用途

分类	图片	特点	用途
木杆		质量轻、价廉、制造安装方便、耐雷击但机械强度低，易腐烂	目前除在建筑施工现场作为临时用电架空线路外，其他施工场所中用得不多
钢筋混凝土杆		挺直、耐用、价廉、不易腐烂，但沉重、运输和组装困难	广泛用于 10kV 以下架空线路

（续）

分类	图片	特点	用 途
铁 塔		机械强度大、使用年限长，但钢材耗量大、价格高且易生锈	常用于 110kV 和 220kV 的架空线路

根据电杆在线路中所起的作用不同，电杆又可分为直线杆、耐张杆、转角杆、终端杆、分支杆、跨越杆六种型式，其结构和用途见表 3-5。

表 3-5　各类杆型的结构和用途

杆　型	结构示意图	用　　途
直线杆（中间杆）	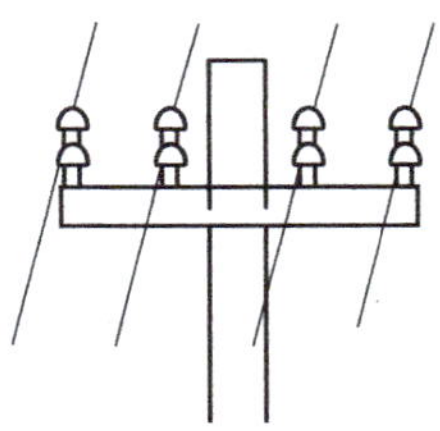	能承受导线、绝缘子及凝结在导线上的冰雪的质量，同时能承受侧面的风力。应用广泛，约占全部电杆数的 80%
耐张杆（分段杆）	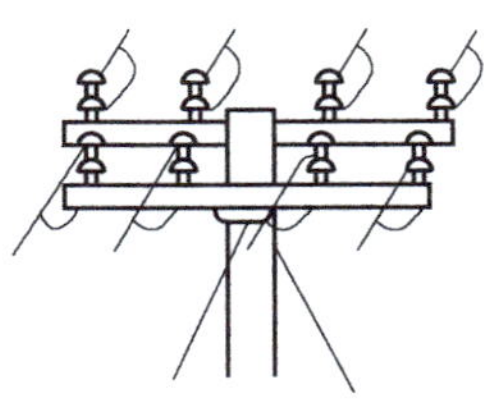	能承受一侧导线的拉力，当线路出现倒杆、断杆事故时，能将事故限制在两根耐张杆之间，防止事故扩大。在施工时还能分段紧线
转角杆	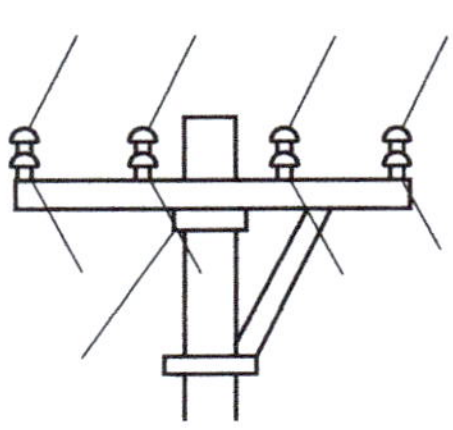	用于线路的转角处，能承受两侧导线的合力。转角在 15°～30°时，宜采用直线转角杆；转角在 30°～60°时，应采用转角耐张杆；当转角在 60°～90°时，应采用十字转角耐张杆

（续）

杆　型	结构示意图	用　　途
终端杆	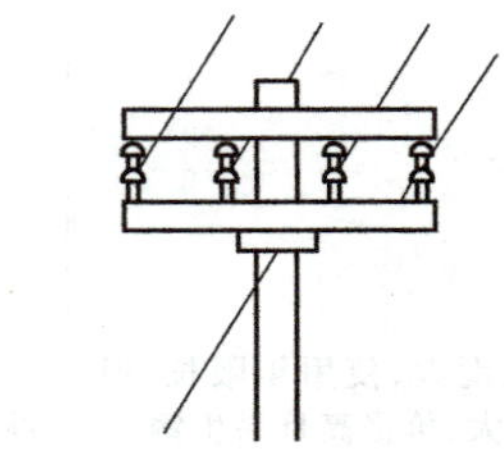	用于线路的始端和终端，承受导线的一侧拉力
分支杆	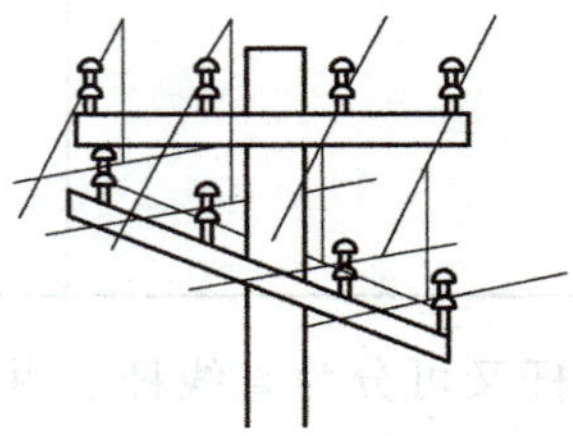	用于线路分接支线时的支持点，向一侧分支的为 T 字形分支杆，向两侧分支的为十字形分支杆
跨越杆	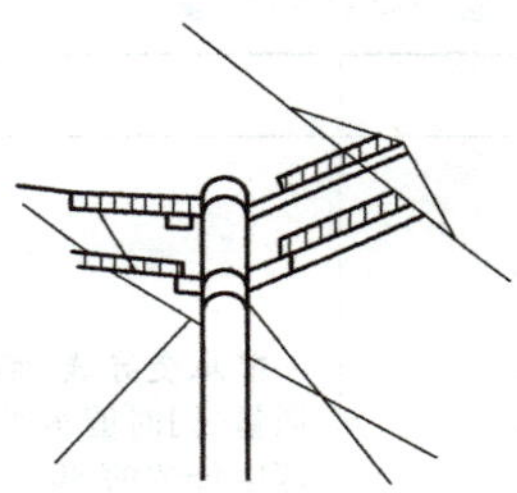	用于跨越河道、公路、铁路、工厂或居民点等地的线路支撑点

3. 绝缘子

绝缘子俗称瓷瓶，用来将导线固定在电线杆上，并使导线与电杆绝缘。因此，绝缘子既要求具有一定的电气绝缘强度，又要求具有足够的机械强度，能够抵御化学杂质的侵蚀。常用的有针式绝缘子、悬式绝缘子、碟式绝缘子及瓷横担等，外形如图 3-2 所示。

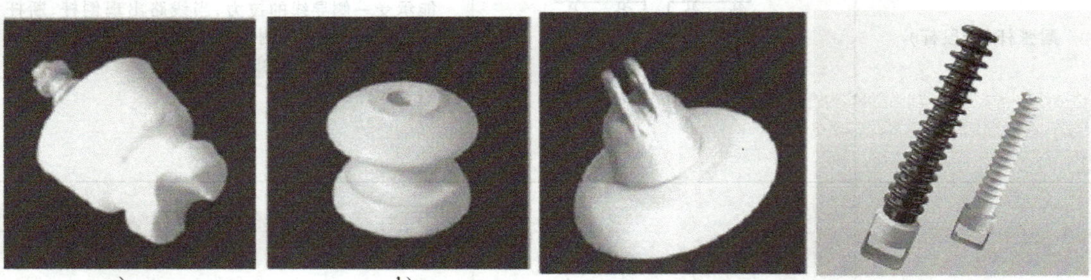

a)　b)　c)　d)

图 3-2　架空线路的绝缘子

a）针式绝缘子　b）碟式绝缘子　c）悬式绝缘子　d）瓷横担

4. 横担

横担安装在电杆的上部，用来安装绝缘子以架设导线。常用的横担有木横担、铁横担和瓷横担。低压线路普遍使用铁横担。铁横担的外形如图 3-3 所示。

5. 金具

线路金具是用来连接导线、安装横担和绝缘子等的金属附件。架空电力线路常用金具如图 3-4 所示。架空电力线路使用的金具系国家标准产品，出厂时已经严格检查。但由于某些原因，影响产品完整性和质量，为保证工程质量，安装前应进行外观检查，要求做到：表面光洁，无裂纹、毛刺、飞边、砂眼、气泡等缺陷；线夹转动灵活，与导线接触面符合要求；镀锌良好，无锌皮脱落、锈蚀现象。

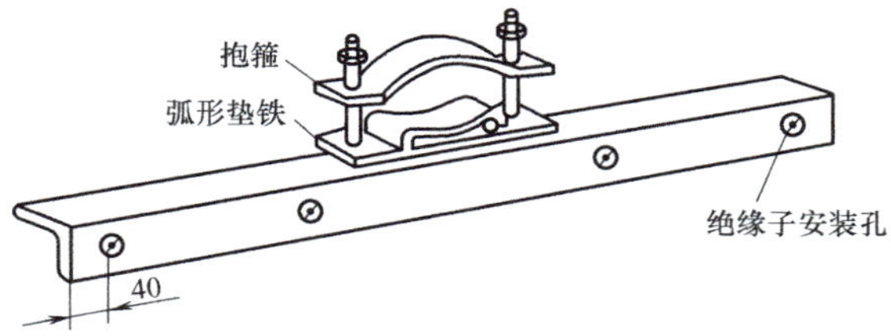

图 3-3　铁横担的外形

6. 拉线

拉线的作用是平衡电杆各方向的拉力，防止电杆弯曲或倾斜，因此，在承受不平衡拉力的电杆上，均须装设拉线，以达到平衡的目的。另外，为了防止强大风力和覆冰荷载的破坏影响或在土质松软地区，为了增强线路电杆的稳定性，在直线杆线路上每隔一定距离（一般每隔 10 根电杆），装设防风拉线或增强线路稳定性的拉线。装设拉线由于受地形的限制也可用顶（撑）杆代替。

拉线应根据电杆的受力情况装设。电杆拉线有普通拉线、两侧拉线、水平拉线、共同拉线、Y 形拉线、自身拉线、交叉拉线和撑杆拉线等，如图 3-5 所示。

（1）普通拉线

普通拉线也称承力拉线，用在架空电力线路的终端杆、转角杆、耐张杆等处，主要起拉力平衡作用。拉线与电杆夹角宜取 45°，如受地形限制，可适当减小，但不应小于 30°。

架空线路转角在 45°及以下时，在转角杆处仅允许装设分角拉线；线路转角在 45°以上时，应装设顺线型拉线；耐张杆装设拉线时，当电杆两侧导线截面积相差较大时，应装对称拉线。

（2）两侧拉线

两侧拉线也可称为人字拉线或防风拉线，装设在直线杆的横线路的两侧，用以增强电杆抗风能力。防风拉线应与线路方向垂直，拉线与电杆的夹角宜取 45°。

（3）水平拉线

由于电杆距离道路太近，不能就地安装拉线或需要跨越其他障碍时采用过道拉线，即在道路的另一侧立一根拉线杆，在此杆上做一条过道拉线和一条普通拉线应保持一定的高度，以免妨碍人和车辆的通行。过道拉线在跨越道路时，拉线对路边的垂直距离不小于 4.5m，对行车路面中心的垂直距离不小于 6m；跨越电车行车线时，对路面中心的垂直距离应不小于 9m。拉线杆倾角宜取 10°~20°，杆的埋设深度可为杆长的 1/6。

（4）共同拉线

在直线线路电杆上产生不平衡拉力，或因地形限制不能装设拉线时，可采用共同拉线，即将拉线固定在相邻的电杆上，用以平衡拉力。

（5）Y 形拉线

Y 形拉线分为 Y 形垂直和 Y 形水平拉线两种。Y 形垂直拉线就是在垂直面上拉力合力点上下两处各安装两条拉线，两条拉线可以各自和拉线下把相连，也可以合并为 1 根拉线和

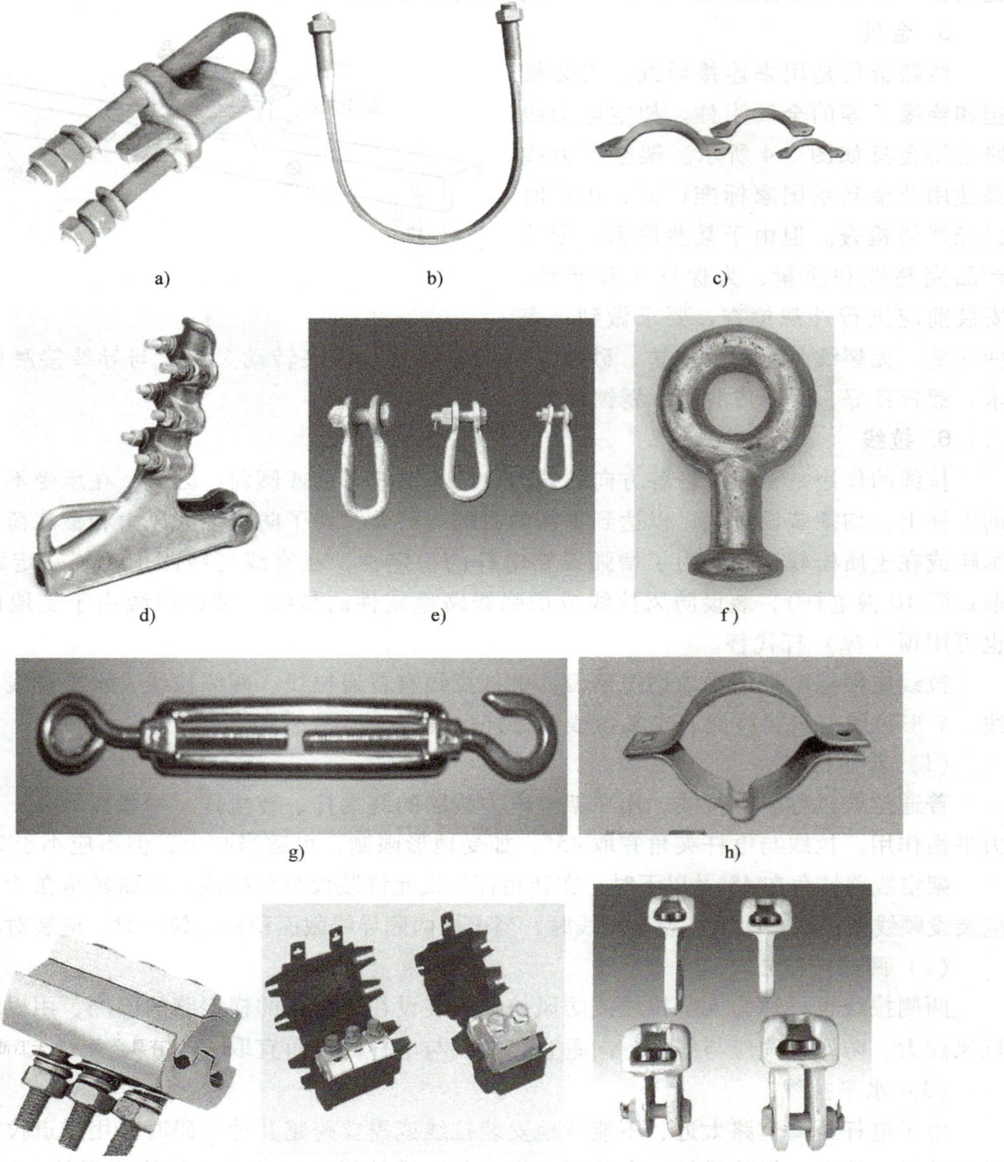

图 3-4　架空电力线路常用金具

a）可调式线夹　b）U 形抱箍　c）扁铁抱箍　d）耐张线夹　e）U 形挂环　f）球头挂环　g）花篮螺栓　h）拉线抱箍　i）异形铝线夹　j）铜铝线夹　k）碗头挂板

拉线下把相连，如同“Y”字形。

Y 形水平拉线用于 H 杆，拉线上端各自连到两单杆的合力点或者合并成一根拉线，也可把各自两根拉线连接到拉线的下把。主要用在电杆较高、横担较多，架设较多导线的电杆上。

架空电力线路为双横担，高压与高压或高压与低压同杆架设时，应装 Y 形拉线；如果是低压与低压同杆架设，而且导线截面积在 50mm² 及以下时，可不必做 Y 形拉线，而只做一组普通拉线。Y 形拉线盘的埋设深度不宜小于 1.2m。

（6）自身拉线

常用于木电杆上。为了防止电杆弯曲，因受地形限制不能安装拉线时，可采用弓形拉线，此时电杆的卡盘（地中横木）要适当加强。弓形拉线两端拴在电杆的上下两处，中间用拉线支撑顶在电杆上，如同弓形。

（7）撑（顶）杆拉线

因受地形环境限制，不能装设拉线时，允许采用撑杆拉线。撑杆埋设深度为 lm。杆的底部应垫底盘或石块，撑杆与主杆之间的夹角以 30°为宜。

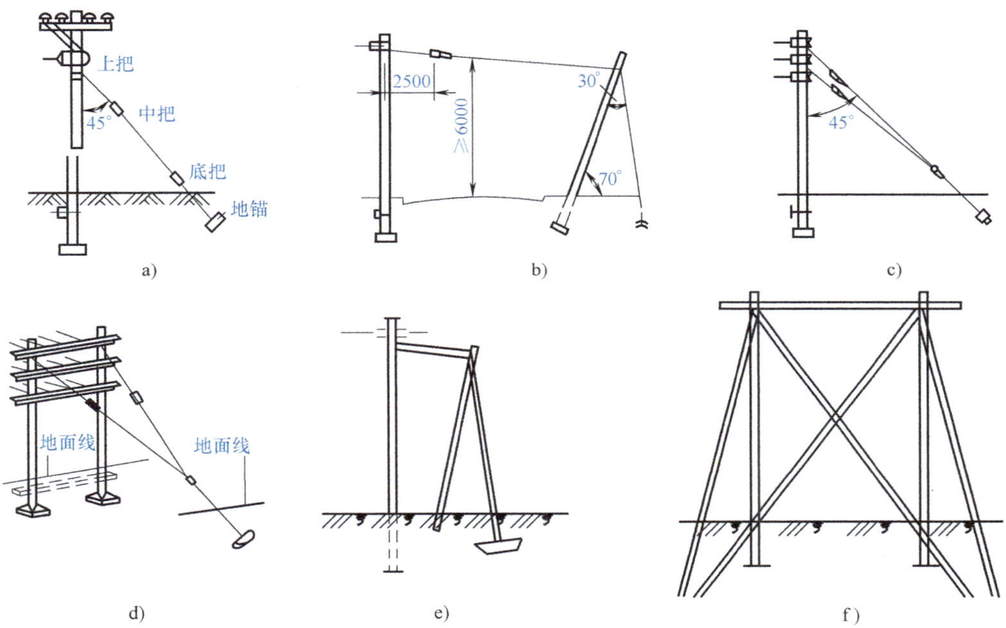

图 3-5　拉线的类型

a）普通拉线　b）水平拉线　c）Y 形（垂直）拉线　d）Y 形（水平）拉线 e）自身拉线　f）交叉拉线

三、架空线路运行与维护

1. 线路运行

线路运行应加强线路运行管理的组织机构，配齐各岗位人员，按运行规程的要求进行各项工作；健全各种规程、图表、技术资料和各种记录；适度推广带电作业技术；每条线路要有巡线人员按期巡视。

此外，线路运行管理也可以广泛开展群众性护线工作，进行分段包干、分片包干和人人有责的宣传。分段包干可对聘请的护线员划出一定的起止杆号，定期将巡视结果向电力部门填报巡视报表。分片包干可以以区、乡行政区划界，或以河流、山脉、公路为界，划定护线范围。重点做好《电力法》《电力设施保护条例》的宣传，让广大群众自觉参与护线工作，若发现线路上有重大紧急缺陷或故障应及时汇报，电力部门可以给予表彰和一定奖励。

2. 线路巡视

可分为正常巡视、夜间巡视、故障巡视、特殊巡视和登杆检查5类。正常巡视即定期巡视：高压线路的巡视周期为每1~2个月1次；低压线路的巡视周期为每3~4个月1次。夜间巡视一般安排在高峰负荷和新线路初投时进行。故障巡视一般安排在线路故障时进行，如查不出故障还要进行登杆检查。特殊巡视，主要是在气候骤变以及自然灾害前后进行，以便发现异常现象并采取相应措施。线路巡视具体内容包括：

1）沿线路附近有无妨碍或危及线路安全运行的设备。不够坚固的烟囱、天线，线路附近的树木和堆积的柴草有无被风刮倒、刮飞，这些都有危及安全运行的可能。

2）杆塔倾斜、横担歪斜不能超过规定的允许范围。普通钢筋混凝土杆保护层不得腐蚀脱落、钢筋外露，裂纹宽度不应超过0.2mm；木杆腐朽面积不得超过30%，其根部要采取防腐措施。

3）拉线有无松弛、破股、锈蚀等现象；拉线金具是否齐全、是否缺螺丝。

4）导线及避雷线有无断股、接头发热、弧光放电痕迹等。直线杆塔绝缘子串，顺线路方向倾斜不得大于15°。

5）线路上安装的各种断路器是否牢固、有无变形、指示标志是否明显正确。瓷件有无裂纹、掉碴及放电的痕迹，各部引线之间、对地距离是否合乎要求。

6）防雷及接地装置是否完整无损，避雷器瓷套是否完好。接地装置有无被水冲刷，或取土外露，连接引线是否齐全，接地引线是否破损折断。特别是防雷间隙是否合乎要求。

7）防振锤、阻尼线有无变位、偏斜、变形；线路名称、杆号、相位的字迹和标志是否正确、清晰；各种警告标志是否明显等。

3. 线路维护

线路维护重点做好防污染、防冰雪、防台风等工作。同时要做好镀锌铁塔、混凝土杆、木杆各部位的螺栓紧固工作，新线路投运1年后须紧固1次，以后每隔5年紧固1次，铁塔的刷漆工作一般为每3~5年1次。

1）防污染。线路绝缘子表面粘附着污秽物质，一般均有一定的导电性和吸湿性，在空气湿度大的季节里易发生污闪事故，如雨天、雾天、雪天。主要防污技术措施：①做好绝缘子清扫工作。绝缘子的定期清扫周期为每年1次，污秽区的清扫周期为每半年1次，还要根据线路的污秽情况适当延长或缩短周期，清扫工作应在停电后进行。②定期检查和更换不良绝缘子。尤其应注意雷雨季节时，绝缘子的闪络放电情况。③采用防污绝缘子。采用特制的防污绝缘子或在绝缘表面上涂一层涂料或半导体釉。

2）防冰雪。当线路覆冰时，视覆冰厚度、线路状况及天气情况而设法清除。清除要在停电时进行，通常采用从地面向导线抛短木棒的办法使冰脱落，也可用竹竿来敲打。绝缘子上覆冰后要进行登杆清除。位于低洼地的电杆，由于冰冷胀的原因，使地基体积增大，电杆被推向土壤的上部，即发生冻鼓现象。冻鼓轻则可使电杆在解冻后倾斜，重则因埋深不够而倾倒。所以对这类混凝土杆要在结浆前进行杆内排水和给电杆培土，或将地基土壤换成石头，也可将电杆埋深增加等。

3）防台风。春秋两季风力较大，应调整导线的弧垂，对电杆进行补强；对线路两侧安全距离不符合要求的树木进行修剪和砍伐。运行中的电杆，由于外力作用和地基沉陷等原因，往往发生倾斜，因此必须根据巡视结果对倾斜电杆进行扶正，扶正后对基坑土质进行夯实。

【实践指导】

训练　电力架空线路施工

一、训练目的

掌握电力线路架空的基本过程和各个环节的工艺要求。

二、训练准备

1）符合施工要求的模拟作业场地。
2）电力线路架空全套施工机具和安全防护用品。

三、训练内容

（1）电杆定位

电杆定位时应首先根据设计图样检查线路经过的地形、道路、河流、树木、管道和各种建筑物等对线路有何影响，确定线路如何跨越以及大致的方位。然后确定架空线路的起点、转角和终点的电杆杆位。线路的首端、终端和转角杆把一条线路分成了几个直线段，要先找好位置，确定下来。

提示：此环节实践可以在计算机上三维仿真区域练习或通过考察参观现成的标准架空线路后用测绘的方法来达到训练的目的。

（2）挖坑立杆

电杆的基础坑深应符合设计规定，单回路的配电线路，电杆埋深基本上可为电杆杆高的1/10加0.7m。需用汽车吊立杆的水泥杆坑，通常开挖成圆形，圆形坑的土方量小，对电杆的稳定性也好，施工方便。用人力和抱杆等工具立杆的，应开挖成带有马道的梯形坑，主杆中心线在设计杆位的中心，马道应开挖在立杆的一侧。拉线坑应开挖在标定拉线桩位处，其中心线及深度应符合设计要求。在拉线引入一侧应开挖斜槽，以免拉线不能伸直，影响拉力。

电杆基础坑深度符合要求即可以安装底盘。底盘就位时，用大绳拴好底盘，立好滑板，将底盘滑入坑内。如圆形坑应用汽车吊等起重工具吊起底盘就位，电杆底盘就位后，用线坠找好杆位中心，将底盘放平、找平。采用钢模现浇底盘是近几年在线路工程中普遍采用的方法。

接下来是竖杆。电杆竖立一般有起重机竖杆、两脚或三脚架竖杆、叉杆竖杆等多种方法。现多采用起重机竖杆，如图3-6所示。这种竖杆方法既安全，效率又高。竖杆前先在离电杆根部1/2~2/3处结一根起吊钢丝绳，再在离杆顶500 mm处临时结3根牵绳（又称调整绳）和一根脱落绳，以待校直电杆用。

起吊时，坑边站两人，负责电杆根部进坑，另有3人各拉一根牵绳，站成以坑为中心的三角形，由一人指挥。当电杆吊离地面约200 mm时，将杆根部移至杆坑口，电杆再继续起吊，接着使电杆一边竖直，一边伸入坑内。同时，利用校直牵绳朝电杆竖直方向拖拉，以加快电杆竖直，当电杆接近竖直时，即应停吊，并缓缓地停放吊绳，同时校直电杆。当电杆完全入坑后，应进一步校直电杆，电杆的校直方法如图3-7所示。

当电杆竖起并调整好后，即可将挖出的土填回坑内，边填边夯实。夯实时应在电杆两侧交叉进行，以防挤动杆位。多余的土应堆在电杆根部周围形成土台，最好高出地面300mm左右。

图 3-6 起重机竖杆

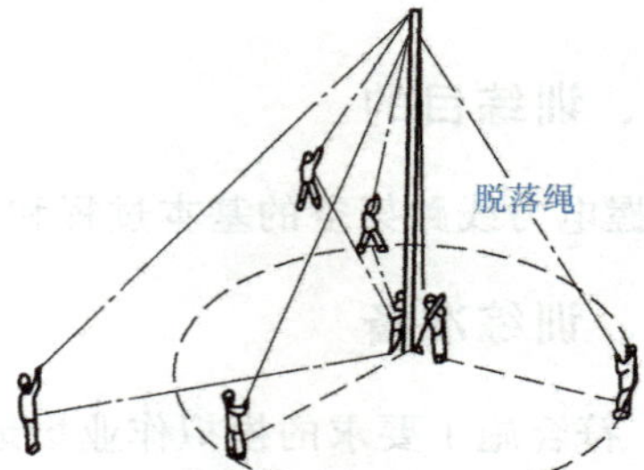

图 3-7 校直电杆

（3）拉线安装

立好电杆后，紧接着做好拉线安装工作。

首先埋设拉线盘及底把，如图 3-8 所示，装配找正后埋入拉线坑内，填土夯实，最后堆土 300mm 高。

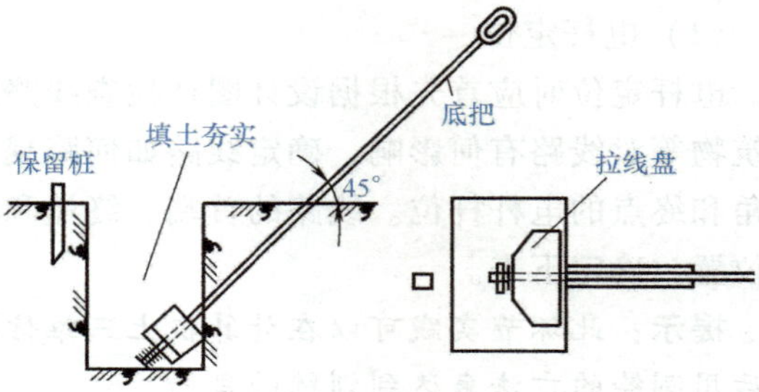

图 3-8 埋设拉线盘及底把

然后制作拉线，要点如下：

1）测量拉线长度及下料，确定出下料长度。

2）制作拉线环 拉线环的制作方法如图 3-9 所示，制作材料是较硬的钢绞线，在用手弯曲钢线时要注意钢绞线弹力，以防伤人。

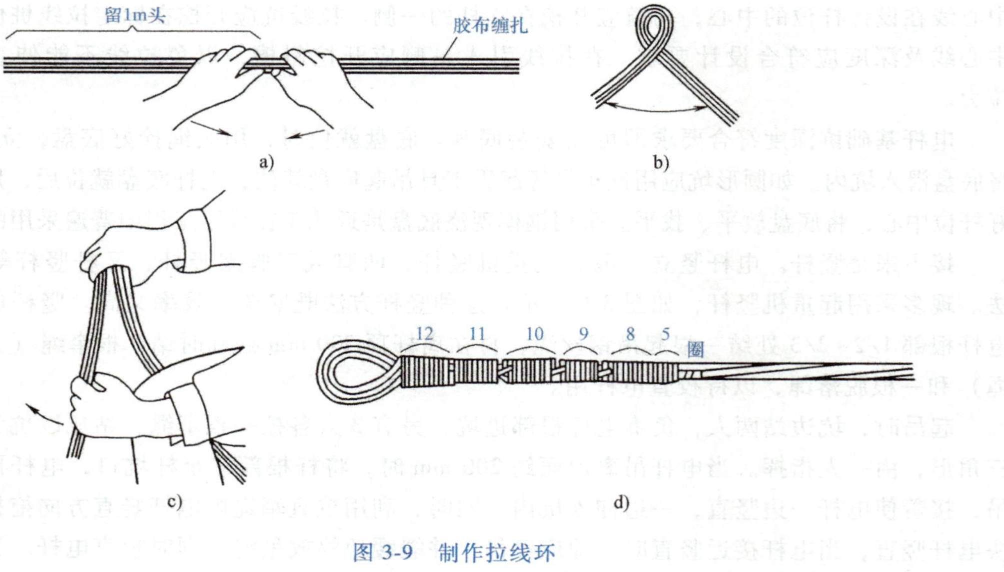

图 3-9 制作拉线环

登杆将钢绞线的一端穿入拉线抱箍的心形环内，制作成的拉线环即成为上把。上把的固定方法有两种，一种是缠绕法，另一种是楔形线夹法，如图 3-10 所示。

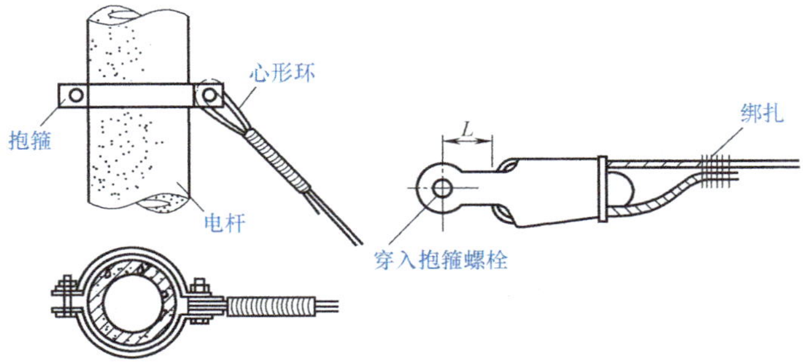

图 3-10 上把的固定方法

3）下把制作 下把（底把）固定方法有缠绕法、楔形 UT 线夹法和花篮螺栓法。

先用 1m 长的 8 号铅丝，一端与拉线棒系牢，另一端插入紧线器内固定好，然后转动紧线器手柄，缠动铅丝，将拉线撑紧并使杆头向拉线侧偏移 1~1.2 个电杆梢径。这时将钢绞线穿入拉线棒端环上的心形环内，用与制作上把相同的方法制作拉线下把，如图 3-11 所示。下把绑扎如图 3-12 所示。

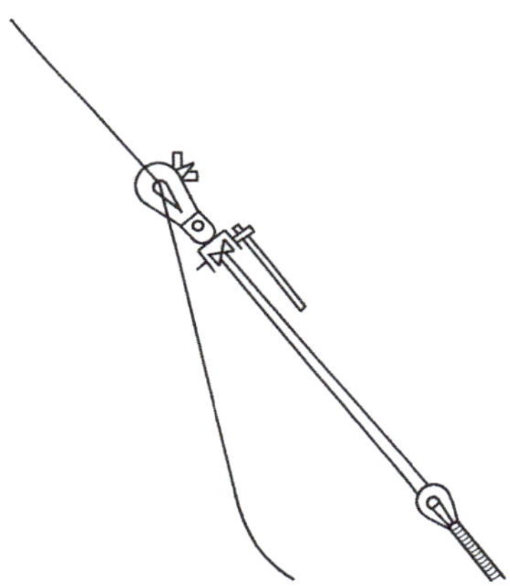

图 3-11 下把制作

图 3-12 下把绑扎

（4）横担及绝缘子的安装

架空电力配电线路 15°以下的转角杆和直线杆，宜采用单横担；15°~45°的转角杆，宜采用双横担；45°以上的转角杆，宜采用十字横担。

线路横担安装，直线杆应装在负荷侧；终端杆、转角杆、分支杆以及导线张力不平衡处的横担，应装在张力的反向侧；直角杆多层横担，应装设在同一侧。横担的安装如图 3-13 所示。

钢筋混凝土电杆使用 U 形抱箍安装水平排列导线横担，在杆顶向下量 200 mm，安装 U 形抱箍，用 U 形抱箍从电杆背部抱过杆身，抱箍螺扣部分应置于受电侧，在抱箍上安装好 M 形抱铁，在 M 形抱铁上再安装横担，在抱箍两端各加一个垫圈用螺母固定，先不要拧紧螺母，留有调节的余地，待全部横担装上后再逐个拧紧螺母。

电杆导线进行三角排列时，杆顶支柱绝缘子应使用杆顶支座抱箍。由杆顶向下量取150mm，使用A形支座抱箍时，应将角钢置于受电侧，将抱箍用M16×70方头螺栓，穿过抱箍安装孔，用螺母拧紧固定。安装好杆顶抱箍后，再安装横担。横担的位置由导线的排列方式来决定，导线采用正三角排列时，横担距离杆顶抱箍为0.8m；导线采用扁三角排列时，横担距离杆顶抱箍为0.5m。

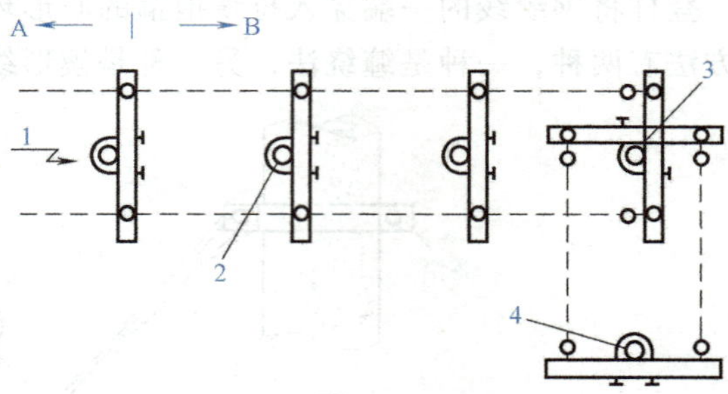

图 3-13　横担的安装

A—供电侧　B—受电侧

1—电源　2—直线杆　3—转角杆　4—终端杆

架空线路中间直线杆上的针式绝缘子安装比较简单，拧下固定于铁脚上的螺母，将铁脚插入横担的安装孔内加弹簧垫圈用螺母拧紧即可，绝缘子顶部导线应顺线路放置。低压架空线路耐张杆、分支杆及终端杆应采用低压蝶式绝缘子，蝶式绝缘子使用曲形铁拉板与横担固定。

绝缘子的组装方式应防止瓷裙积水。耐张串上的弹簧销子、螺栓及穿钉应由上向下穿。当有特殊困难时，可由内向外或由左向右穿入；悬垂串上的弹簧销子、螺栓及穿钉应向受电侧穿入。

安装绝缘子采用的闭口销或开口销不应有断、裂缝等现象。工程中使用闭口销比开口销具有更多的优点，当装入销口后，能自动弹开，不需将销尾弯成45°，当拔出销子时，也比较容易。它具有销住可靠、带电装卸灵活的特点。当采用开口销时应对称开口，开口角度应为30°~60°。

（5）架线

架线一般包括放线、挂线和紧线3个工序。

放线需按线轴或导线盘缠的反方向进行，线轴或导线盘必须立放，严禁倒放，导线打扭或拧成麻花状是不允许的。

挂线的步骤，一是把非紧线端的导线固定在横担上的终端绝缘子上，二是把导线挂在其他直线杆的横担上。导线在绝缘子上的绑扎是用与导线规格相同的单股裸导线。在直线杆上的挂线，可在杆上扎好安全带，将小绳放下，杆下人将导线用小绳系好，杆上人将小绳上的导线通过滑轮提上杆进行挂线。

架空配电线路的导线在针式及蝶式绝缘子上的固定，通常采用绑线缠绕法。绑线材料规格与导线相同，铜绑线的直径应为2.0~2.6mm，铝镁合金导线应使用2.6~3mm的铝绑线。

（6）竣工验收

竣工验收一般包括隐蔽工程验收检查、中间验收检查和竣工验收检查等几个环节，读者可查阅相关技术手册了解这方面的内容和技术要求。

四、注意事项

1）导线架空工作属于高危作业，尤其是教学实践的指导必须由临场经验丰富的技师组织、协调或担任教学，并有专人负责安全和监护。登高作业前需反复训练直至合格后方可协助作业。

2）紧线前应重点检查紧线工具和操作人员是否备齐、卡住等情况；检查耐张段内拉线是否齐全牢固，地锚底把有无松动；逐级检查导线是否悬挂在轮槽内。

3）不具备教学条件的地区可将电杆降低至适合地面作业，然后做模拟实践。考核时可按步评分。

【四新技术】

智能化输电线路巡检设计

高压架空输电线路是电力系统的重要组成部分，是电能传输的重要通道。近年来，随着电网建设的快速发展，电网规模日益扩大，输电线路里程也快速增长。大部分输电线路走廊分布在郊区旷野，受恶劣天气、山坡地理条件等客观自然条件的影响较大，其运行可靠性直接影响了电网的稳定运行。

输电线路一旦发生故障，将直接影响电力系统安全稳定运行，会给国民经济的生产、生活带来重大损失。对输电线路设备实时监控和及时检修是保证电力系统正常运行的有效手段。当前输电线路各类特征参量的在线监测终端已经能够实现对线路状态监测并能够根据监测数据诊断出线路故障，为线路安全运行提供决策依据。

智能化输电线路巡检系统结合 RFID 识别技术、4G 传输技术和 GPS 定位技术，实现输电线路巡检系统的可靠性设计，如图 3-14 所示。基于 RFID、4G、GPS 的输电线路巡检管理系统，利用 PDA 的强大功能，结合 RFID 识别技术及 GPS 定位技术，利用 4G 无线网络的快速性与服务器进行实时的通信，交换各种有效的数据。相关管理人员通过 Web 客户端下达巡检任务到 PDA，巡检人员通过 PDA 上传现场巡检结果到服务器，管理人员能够实时掌握巡检现场情况，加强对巡检人员的监督管理。服务器端对各种缺陷数据做出相应的处理，并通过 GSM Modem 给相应的责任人发送缺陷消息，以便对设备缺陷做出快速、有效的处理。

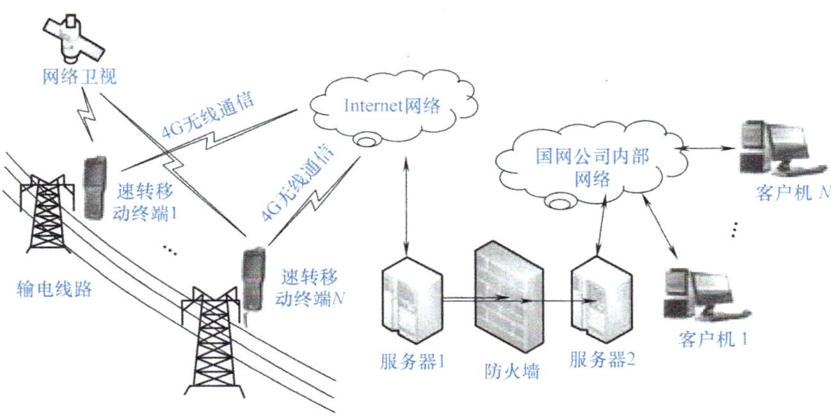

图 3-14 智能化输电线路巡检系统

任务二 电缆敷设、运行与维护

【知识解读】

一、电缆基本结构

电缆一般是由导电线芯、绝缘层和保护层三个主要部分组成的，如图 3-15 所示。

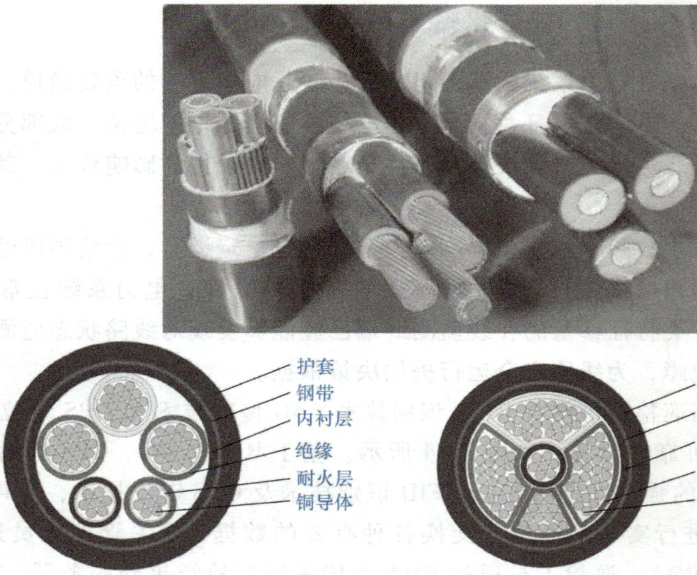

图 3-15 电缆外形及基本结构

1. 导电线芯

导电线芯的作用是传输电流，具有高的导电性、一定的抗拉强度和伸长率等。它通常由软铜或铝的多股绞线做成，这样做成的电缆比较柔软易弯曲。我国制造的电缆线芯的标称截面积有以下几种：$1mm^2$、$1.5mm^2$、$2.5mm^2$、$4mm^2$、$6mm^2$、$10mm^2$、$16mm^2$、$25mm^2$、$35mm^2$、$70mm^2$、$95mm^2$、$120mm^2$、$150mm^2$、$185mm^2$、$240mm^2$、$300mm^2$、$400mm^2$、$500mm^2$、$625mm^2$、$800mm^2$。

2. 绝缘层

绝缘层的作用是将导电线芯与相邻导体以及保护层隔离，用来抵抗电力电流、电压、电场对外界的作用，保证电流沿线芯方向传输。绝缘的好坏，直接影响电缆运行的质量。电缆的绝缘材料，分为均匀质和纤维质两种。均匀质有橡胶、沥青、聚乙烯、聚氯乙烯、交联聚乙烯、聚丁烯等；纤维质有棉、麻、丝、绸、纸等。

3. 保护层

保护层是为使电缆适应各种使用环境要求，而在绝缘层外面所施加的保护覆盖层。其主要作用是保护电缆在敷设和运行过程中，免遭机械损伤和其他因素的破坏，例如水、日光、生物、火灾等，以保持长时间稳定的电气性能，所以电缆的保护层直接关系到电缆的寿命。电缆一般用重型护层，主要有金属护层、橡塑护层、组合护层三类。重型护层一般由内护层和外护层组成。内护层一般由金属套、非金属套或组合套等组成。外护层是包裹在内护层外面，保护电缆免受机械损伤和腐蚀的保护覆盖层。

二、电缆规格选择

电缆截面的选择，一般按电缆长期允许载流量和允许电压损失来确定，为了保证电缆的使用寿命，并考虑环境温度的变化，要求电缆导体的使用温度不得超过长期允许工作温度。

电缆型号的选择，应根据环境条件、敷设方式，用电设备的要求和产品技术数据等因素来确定，以保证电缆的使用寿命。一般应按下列原则考虑：

1）在一般环境和场所内宜采用铝芯电缆，在振动剧烈和有特殊要求的场所，应采用铜芯电缆，规模较大的重要公共建筑宜采用铜芯电缆。

2）埋地敷设的电缆，宜采用有外护层的铠装电缆，在无机械损伤可能的场所，也可采用塑料护套电缆或带外护层的铅（铝）包电缆。

3）在可能发生位移的土壤中（如沼泽地、流砂、大型建筑物附近）埋地敷设电缆时，应采用钢丝铠装电缆，或采取措施（如预留电缆长度，用板桩或排桩加固土壤等）消除因电缆位移作用在电缆上的应力。

4）在有化学腐蚀或杂散电流腐蚀的土壤中，不宜采用埋地敷设电缆，如果必须埋地时，应采用防腐型电缆或采取防止杂散电流腐蚀电缆的措施。

5）敷设在管内或排管内的电缆，宜采用塑料护套电缆，也可采用裸铠装电缆或采用特殊加厚的裸铅包电缆。

6）三相四线制系统中应采用四芯电力电缆，不应采用三芯电缆另加一根单芯电缆或以导线、电缆金属护套做中性线。

如用三芯电缆另加一根导线，当三相负荷不平衡时，相当于单芯电缆的运行状态，容易引起工频干扰，在金属护套和铠装中，由于电磁感应将产生电压和感应电流而发热，造成电能损失。对于裸铠装电缆，还会加速金属护套和铠装层的腐蚀。

三、电缆储运

电缆安装前应科学搬运和妥善保管，重点做好以下几方面工作：

1）运输中严禁从高处扔下电缆或装有电缆的电缆盘，特别是在较低温度时（一般为5℃左右及以下），扔、摔电缆将有可能导致绝缘、护套开裂。

2）尽可能避免在露天以裸露方式存放电缆，电缆盘不允许平放。

3）吊装包装件时，严禁几盘同时吊装。在车辆、船舶等运输工具上，电缆盘要用合适方法加以固定，防止互相碰撞或翻倒，以防止机械损伤电缆。

4）电缆严禁与酸、碱及矿物油类接触，要与这些有腐蚀性的物质隔离存放，储存电缆的库房内不得有破坏绝缘及腐蚀金属的有害气体存在。

5）电缆在保管期间，应定期滚动（夏季 3 个月一次，其他季节可酌情延期）。滚动时，将向下存放盘边滚翻朝上，以免底面受潮腐烂。存放时要经常注意电缆封头是否完好无损。

四、现场勘察

根据工程设计的内容到现场勘察，核实工程内容并收集以下有关资料：

1）勘察电缆线路所经地段的地形及有无障碍物，核对和记录各地段的长度。

2）了解及核对地下设施。如上水管、下水管、热力管、煤气管、电信电缆、电力电缆等各种管线的位置，必要时采用地下管线探测仪器实地勘测，以便确定需要挖样洞的位置和数量。

3）确定电缆穿越各路口需埋设预埋管的数量、长度和方法。

4）确定挖沟和敷设电缆的方法和次序。

5）根据该项工作的特点确定所需的特殊材料。

五、制订施工计划

根据现场勘察结果制订施工计划，并制订技术措施和安全措施。

1）根据电缆路径的特点和每盘电缆的长度，确定中间接头的位置和电缆的施放次序。

2）应力争少做中间接头，并避免将接头安排在交通要道和地势狭窄处。

3）几条电缆同沟敷设时，应将中间接头的位置错开，其净距离不应小于0.5m。

4）用机械牵引施放电缆时，应将电缆线盘放在路径弯曲端，使电缆少承受侧压力。

此外还应做好对外联系工作。电缆直埋敷设，总不可避免地要遇到各种地下设施，要与各种地下管线平行或交叉，因此要事先与各有关单位联系，防止在施工中误伤各种地下管线；当电缆路径在厂区外时，还应与交通、市政、园林、环卫等部门联系，事先做好安排。

六、电缆敷设检查

1）电缆敷设前应核对电缆的型号、规格是否与设计相符，并检查有无有效的试验合格证，如无有效合格证应做必要的试验，合格后方可使用。

2）敷设前应对电缆进行外观检查，检查电缆有无损伤和两端的封铅状况。对油浸纸绝缘电缆，如怀疑受潮时，可施行潮气检验。

检验的方法是将电缆锯下一段，将绝缘纸一层一层剥下，浸入140~150℃绝缘油中。如有潮气，油中将泛起泡沫，受潮严重时油内会发出“嗞嗞”声，甚至噼啪的爆炸声。

需要注意的是，取绝缘纸放入油中时，必须用在油中浸过的尖嘴钳头去夹绝缘纸，避免人手或其他物品接触过的绝缘纸浸入热油中而发生错误判断。潮气试验应从外到里分别试炭黑纸、统包纸、芯填料、相绝缘纸、靠近线芯的绝缘纸和导电芯线。

3）在电缆敷设、安装过程中，以及在电缆线路的转弯处，为防止因弯曲过度而损伤电缆，规定了电缆允许最小的弯曲半径。如多芯纸绝缘电缆的弯曲半径不应小于电缆外径的15倍，多芯橡塑铠装电缆的弯曲半径不应小于电缆外径的8倍等。进行人工施放电缆时应遵循上面的允许弯曲半径，不能因施工将电缆损坏。

七、电缆升温方法

在低温情况下敷设电缆将损伤电缆的绝缘层和外护层。在敷设前24h内，当电缆存放地点，平均温度和敷设时温度低于表3-6中的数值时，应将电缆升温。

表 3-6　电缆允许敷设最低温度

电缆类型	电缆结构	允许敷设最低温度/℃
油浸纸绝缘电力电缆	充油电缆	-10
	其他油纸电缆	0
橡皮绝缘电力电缆	橡皮或聚氯乙烯护套	-15
	裸铅套	-20
	铅护套钢带铠装	-7
塑料绝缘电力电缆		0
控制电缆	耐寒护套	-20
	橡皮绝缘聚氯乙烯护套	-15
	聚氯乙烯绝缘聚氯乙烯护套	-10

电缆升温的方法有以下两种：

一是采用提高周围空气温度的方法升温。当空气温度为 5～10℃时，需要 72h；空气温度为 25℃时，需要 24～36h。

二是采用电流通过电缆线芯的方法升温。升温电流不应大于电缆的额定电流，升温后电缆表面温度不得低于 5℃。用单相电流升温铠装电缆时，应采用能防止在铠装内形成感应电流的电缆芯连接方法。

当用电流升温法时，无论在任何情况下，都不应使油浸纸电缆表面温度超过下列规定：35kV 电缆表面温度不超过 25℃；6～10kV 电缆表面温度不超过 35℃；3kV 及以下电缆表面温度不超过 40℃。加热时应随时用钳形电流表监视电缆的升温电流及电缆表面温度，敷设最好选择在中午气温最高时进行。周围环境温度低于-10℃时，只有在紧急情况下并在敷设前和敷设中均用电流升温，才允许敷设电缆。

经过升温后的电缆应尽快敷设，敷设前放置时间一般不得超过 1h。当电缆冷却到低于上述规定的环境温度时，不得再弯曲。

八、电缆敷设要求

电缆敷设工艺参照《电力工程电缆设计规范》（GB 50217—2018），电缆敷设基本工艺要求如下：

1）直接埋于地下的电缆，应选用铠装电缆；承受拉力（如跨越河流、敷设在竖井内）的电缆，应采用粗钢丝或细钢丝铠装的电缆；敷设在电缆沟、排管、隧道内的电缆，可采用无铠装电缆。当电缆路径不平，高位差较大时，应采用无高位差限制的电缆，如橡塑电缆。

2）当敷设现场的温度低于规定值时，应采取措施加热电缆，否则不宜敷设。

3）电缆弯曲过度，将损伤电缆的绝缘层和外护层，因此电缆的安装和敷设过程中，电缆的弯曲半径不应小于表 3-7 中的数值。

4）直埋电缆的敷设应符合以下规定：

① 电缆埋设深度应不小于 0.7m，电缆周围应铺以 100mm 的细土或细砂，电缆正上方 100mm 处应盖水泥保护板，板宽应超出电缆直径两侧各 50mm。

表 3-7　电缆最小弯曲半径

<table>
<tr><th colspan="3">电缆型式</th><th>多芯</th><th>单芯</th></tr>
<tr><td rowspan="3">橡皮绝缘电力电缆</td><td colspan="2">无铅包、钢铠护套</td><td colspan="2">10D</td></tr>
<tr><td colspan="2">裸铅包护套</td><td colspan="2">15D</td></tr>
<tr><td colspan="2">钢铠护套</td><td colspan="2">20D</td></tr>
<tr><td colspan="3">聚氯乙烯绝缘电力电缆</td><td colspan="2">10D</td></tr>
<tr><td colspan="3">交联聚乙烯绝缘电力电缆</td><td>15D</td><td>20D</td></tr>
<tr><td rowspan="3">油浸纸绝缘电力电缆</td><td colspan="2">铅包</td><td colspan="2">30D</td></tr>
<tr><td rowspan="2">铅包</td><td>有铠装</td><td>15D</td><td>20D</td></tr>
<tr><td>无铠装</td><td>20D</td><td></td></tr>
<tr><td colspan="3">自容式充油（铅包）电缆</td><td></td><td>20D</td></tr>
</table>

注：表中 D 为电缆外径。

② 电缆穿过马路或街道时，电缆应穿于保护管内，管的内径应不小于电缆外径的 1.5 倍，且最小不小于 100mm；单芯电缆不应单独穿于铁管内，以免因铁管发热影响输送容量。

③ 电缆从地下或电缆沟引出地面时，地面上 2m 一段应用保护管或罩保护，保护管或罩下端应伸入地面下 0.1m；在发电厂、变电站内的铠装电缆，如无机械损伤的可能时，可不加保护管。

④ 电缆与电缆或电缆与其他管道、建筑物相互接近或交叉时，其间的距离应符合表 3-8 的规定。电缆间或电缆与其他管道间要保持一定的距离。距离太近，各类管线检修时容易误伤，且增加了检修的难度；并可防止电缆发生故障时烧坏其他管线，或其他管线故障时损伤电缆；各种管线所处的地域不同，地电位不同，或因变压器低压侧中性点位移引起接地极地电位升高。

表 3-8　电缆之间，电缆与管道、道路、建筑物之间平行和交叉时的最小净距

（单位：m）

<table>
<tr><th colspan="2">项　目</th><th>平　行</th><th>交　叉</th></tr>
<tr><td rowspan="2">电力电缆间及其与控制电缆间</td><td>10kV 及以下</td><td>0.10</td><td>0.50</td></tr>
<tr><td>10kV 以上</td><td>0.25</td><td>0.50</td></tr>
<tr><td colspan="2">控制电缆间</td><td>—</td><td>0.50</td></tr>
<tr><td colspan="2">不同使用部门的电缆间</td><td>0.50</td><td>0.50</td></tr>
<tr><td colspan="2">热管道（管沟）及热力设备</td><td>2.00</td><td>0.50</td></tr>
<tr><td colspan="2">油管道（管沟）</td><td>1.00</td><td>0.50</td></tr>
<tr><td colspan="2">可燃气体及易燃液体管道（沟）</td><td>1.00</td><td>0.50</td></tr>
<tr><td colspan="2">其他管道（管沟）</td><td>0.50</td><td>0.50</td></tr>
<tr><td colspan="2">铁路路轨</td><td>3.00</td><td>1.00</td></tr>
<tr><td rowspan="2">电气化铁路路轨</td><td>交流</td><td>3.00</td><td>1.00</td></tr>
<tr><td>直流</td><td>10.0</td><td>1.00</td></tr>
<tr><td colspan="2">公路</td><td>1.50</td><td>1.00</td></tr>
<tr><td colspan="2">城市街道路面</td><td>1.00</td><td>0.70</td></tr>
<tr><td colspan="2">杆基础（边线）</td><td>1.00</td><td>—</td></tr>
<tr><td colspan="2">建筑物基础（边线）</td><td>0.60</td><td>—</td></tr>
<tr><td colspan="2">排水沟</td><td>1.00</td><td>0.50</td></tr>
</table>

注：1. 电缆与公路平行的净距，当情况特殊时可酌减。
2. 当电缆穿管或者其他管道有保温层等防护设施时，表中净距应从管壁或防护设施的外壁算起。

5）电缆敷设于电缆沟或隧道内应符合以下规定：

① 电缆沟内各电缆支架间的距离应不大于 1m，控制电缆支架间的距离不大于 0.8m；支架各层间的距离不应小于表 3-9 中的规定，但层间净距不应小于两倍电缆外径加 10mm，35kV 及以上高压电缆不应小于 2 倍电缆外径加 50mm。

② 高低压电缆同沟敷设时，应高压电缆在下层，低压电缆在上层；若有控制电缆同沟敷设则应分别两侧敷设，或将控制电缆敷设在最下层。

③ 电缆沟和隧道内的架构应接地，并应与电缆的接地极相连接，保持同一电位。

表 3-9　电缆支架的层间允许最小距离值　（单位：mm）

<table>
<tr><th colspan="2">电缆类型和敷设特征</th><th>支(吊)架</th><th>桥架</th></tr>
<tr><td colspan="2">控制电缆</td><td>120</td><td>200</td></tr>
<tr><td rowspan="5">电力电缆</td><td>10kV 及以下(除 6~10kV 交联聚乙烯绝缘外)</td><td>150~200</td><td>250</td></tr>
<tr><td>6~10kV 交联聚乙烯绝缘</td><td rowspan="2">200~250</td><td rowspan="2">300</td></tr>
<tr><td>35kV 单芯</td></tr>
<tr><td>35kV 三芯
110kV 及以上，每层多于 1 根</td><td>300</td><td>350</td></tr>
<tr><td>110kV 及以上，每层 1 根</td><td>250</td><td>300</td></tr>
<tr><td colspan="2">电缆敷设于槽盒内</td><td>h+80</td><td>h+100</td></tr>
</table>

注：h 表示槽盒外壳高度。

九、电缆运行与维护

（1）运行管理

电缆运行重点做好温度和负荷监视。具体如下：

1）温度监视。电缆导体的温度与负荷密切相关，但是周围环境如散热条件不好，也会影响电缆的正常工作。测量电缆温度时应在电缆最大负荷和散热条件最差的线段进行。电缆导体的温度不可能直接测量，只能采用间接的方法，如用热电偶等。

2）负荷监视。电缆在运行时的负荷不应超过其允许的载流量。

配电线路故障种类很多，认真做好线路巡视检查和维护工作，可以减少或杜绝故障的发生，提高供电的可靠性和运行的安全性。

（2）电缆巡视

1）电缆外护层是否有放电烧损情况。

2）电缆头是否清污，接地线是否良好，有无松动拧股现象。

3）敷设在地下电缆线路沿线有无地面沉陷，地面有无机械施工、堆置建筑材料、笨重物件，对电缆有无腐蚀性液体等。

4）电缆隧道及电缆沟内不应积水或堆积污物。

5）电缆支架必须牢固，无松动或锈烂现象。

6）接头套管或终端盒是否完好，有无水分浸入痕迹；引出线接头应无松动现象，接触良好；终端有无污闪。

（3）故障检修

电缆在施工安装、运行过程中经常因短路、过负荷运行、绝缘老化或外力作用等原因造成接地、短路、断线等故障，其故障类型基本有这样几种：

① 三芯电缆一芯或两芯接地。

② 两相芯线间短路。

③ 三相芯线完全短路。

④ 一相芯线断线或多相断线。

对于直接短路或断线故障用万用表可直接测量判断，对于非直接短路和接地故障，用绝缘电阻表摇测芯线间绝缘电阻或芯线对地绝缘电阻，根据其阻值可判定故障类型。当然工程实践中也常利用 SDC 系列高智能电缆故障闪测仪对故障点的精确定位，使其测量误差控制在几十厘米以内，直接找到故障点进行处理，大大提高了故障测寻的效率。

电缆故障常用检修方法有测声法、电桥法、电容电流法、零电位法等，具体应用如下：

1）测声法。所谓测声法就是根据故障电缆放电的声音进行查找，该方法对于高压电缆芯线对绝缘层闪络放电较为有效。此方法所用设备为直流耐压试验机。

测声法测量电路如图 3-16 所示，其中 SYB 为高压试验变压器，C 为高压电容器，ZL 为高压整流硅堆，R 为限流电阻，Q 为放电球间隙。当电容器 C 充电到一定电压值时，球间隙对电缆故障芯线放电，在故障处电缆芯线对绝缘层放电产生“滋、滋”的火花放电声，对于明敷设电缆凭听觉可直接查找，若为地埋电缆，则首先要确定并标明电缆走向，再在噪声最小的时候，借助耳聋助听器或医用听诊器等音频放大设备进行查找。查找时，将拾音器贴近地面，沿电缆走向慢慢移动，当听到“滋、滋 ”放电声最大时，该处即为故障点。使用该方法一定要注意安全，在试验设备端和电缆末端应设专人监视。

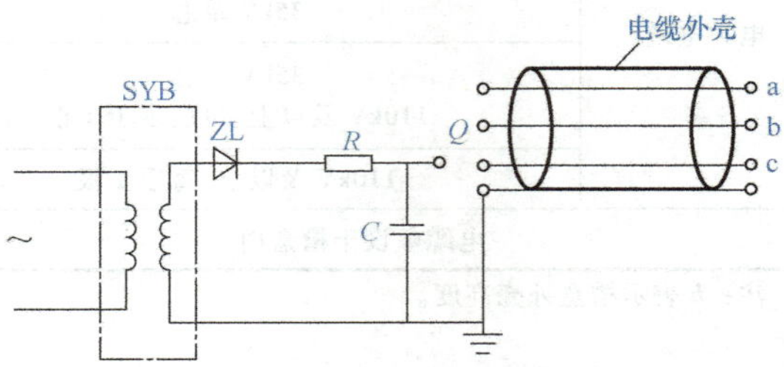

图 3-16 测声法测量电路

2）电桥法。电桥法就是用开尔文电桥测出电缆芯线的直流电阻值，再准确测量电缆实际长度，按照电缆长度与电阻的正比例关系，计算出故障点。该方法对于电缆芯线间直接短路或短路点接触电阻小于 1Ω 的故障，判断误差一般不大于 3m，对于故障点接触电阻大于 1Ω 的故障，可采用加高电压烧穿的方法使电阻降至 1Ω 以下，再按此方法测量。采用电桥法时应保证测量精度，电桥连接线要尽量短，线径要足够大，与电缆芯线连接要采用压接或焊接，计算过程中小数位数要全部保留。

测量电路如图 3-17 所示，首先测出芯线 a 与 b 之间的电阻 R_1，则 $R_1=2R_x+R$，其中 R_x 为 a 相或 b 相至故障点的一相电阻值，R 为短接点的接触电阻。再就电缆的另一端测出 a′与 b′芯线间的直流电阻值 R_2，则 $R_2=2R_{(L-x)}+R$，式中 $R_{(L-x)}$ 为 a′相或 b′相芯线至故障点的一相电阻值，测完 R_1 与 R_2 后，再按图 3-17 所示电路将 b′与 c′短接，测出 b、c 两相芯线间的直流电阻

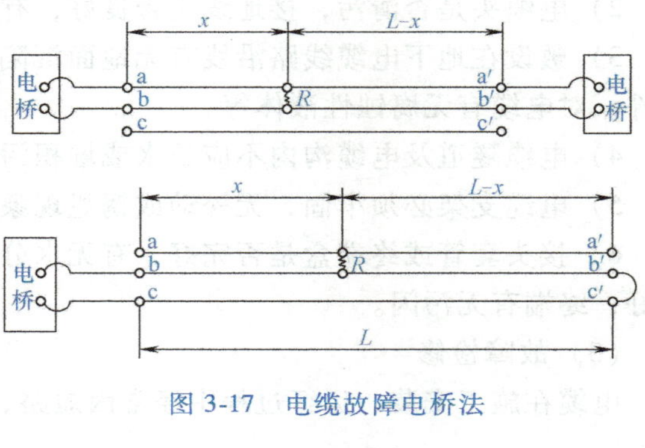

图 3-17 电缆故障电桥法

值，则该阻值的 1/2 为每相芯线的电阻值，用 R_L 表示，$R_L=R_x+R_{(L-x)}$，由此可得出故障点的接触电阻值：$R=R_1+R_2-2R_L$，因此，故障点两侧芯线的电阻值可用下式表示：$R_x=(R_1-R)/2$，$R_{(L-x)}=(R_2-R)/2$。R_x、$R_{(L-x)}$、R_L 三个数值确定后，按比例公式即可求出故障点距电缆端头的距离 x 或 $(L-x)$：$x=(R_x/R_L)L$，$(L-x)=(R_{(L-x)}/R_L)L$，式中 L 为电缆的总长度。

3）电容电流测定法。电缆在运行中，芯线之间、芯线对地都存在电容，该电容是均匀分布的，电容量与电缆长度呈线性比例关系，电容电流测定法就是根据这一原理进行测定的，对于电缆芯线断线故障的测定非常准确。测量电路如图 3-18 所示，使用设备为 1～2kV·A 单相调压器一台，0～30V、0.5 级交流电压表一只，0～100mA、0.5 级交流毫安表一只。测量过程中，只要保证电压不变，电流表读数准确，电缆总长度测量精确，其测定误差比较小。

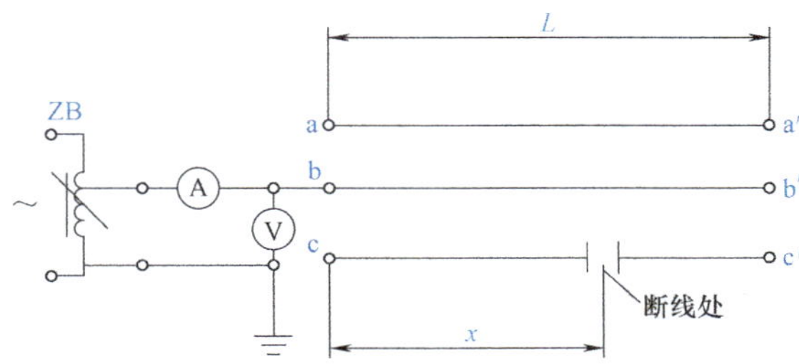

图 3-18　电容电流测定法测量电路

具体测量步骤如下：

① 在电缆首端分别测出每相芯线的电容电流（应保持施加电压相等）I_a、I_b、I_c 的数值。

② 在电缆的末端再测量每相芯线的电容电流 $I_{a'}$、$I_{b'}$、$I_{c'}$ 的数值，以核对完好芯线与断线芯线的电容之比，初步可判断出断线距离近似点。

③ 根据电容量计算公式 $C=I/(2\pi fU)$ 可知，在电压 U、频率 f 不变时 C 与 I 成正比。因为工频电压的 f(频率）不变，测量时只要保证施加电压不变，电容电流之比即为电容量之比。设电缆全长为 L，芯线断线点距离为 x，则 $I_a/I_c=L/x$，$x=(I_c/I_a)L$。

4）零电位法。零电位法也就是电位比较法，它适应于长度较短的电缆芯线对地故障，应用此方法测量简便精确，不需要精密仪器和复杂计算。测量原理是：将电缆故障芯线与等长的比较导线并联，在两端加电压 E 时，相当于在两个并联的均匀电阻丝两端接了电源，此时，一条电阻丝上的任何一点和另一条电阻丝上的对应点之间的电位差必然为零。反之，电位差为零的两点必然是对应点。因为微伏表的负极接地，与电缆故障点等电位，所以，当微伏表的正极在比较导线上移动至指示值为零时的点与故障点等电位，即故障点的对应点。

零电位测定法接线如图 3-19 所示，图中 S 为单相闸刀开关，E 为 6V 蓄电池或 4 节 1 号干电池，G 为直流微伏表。测量步骤如下：

① 先在 b 和 c 相芯线上接上电池 E，再在地面上敷设一根与故障电缆长度相等的比较导线 L，该导线要用裸铜线或裸铝线，其截面积应相等，不能有中间接头。

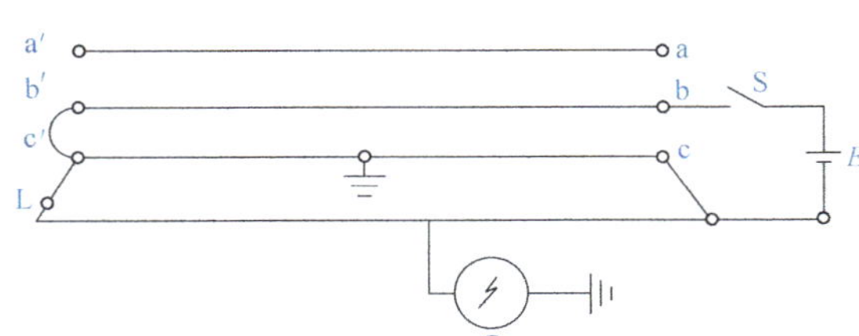

图 3-19　零电位测定法测量电路

② 将微伏表的负极接地，正极接一根较长的软导线，导线另一端要求在敷

设的比较导线上滑动时能充分接触。

③ 合上闸刀开关S，将软导线的端头在比较导线上滑动，当微伏表指示为零时的位置即为电缆故障点的位置。

【实践指导】

训练1 直埋电缆敷设

一、训练目的

熟悉直埋电缆的敷设过程。

二、训练准备

1）准备直埋电缆敷设的施工图样及相关的技术资料。

2）施工机具及材料。电缆敷设用具、材料主要分为挖沟、敷设及锯断电缆和封焊三大类：挖沟工具有铁锹、空压机、水泵、顶管设备等；敷设工具有钢轴、千斤顶、电缆盘支架、钢丝绳、滑轮、钢丝网套、牵引头拉杆、牵引机械（卷扬机或绞磨）、铁线、皮尺等；锯线和封焊工具材料有钢锯、钳子、电工刀、喷灯（或液化石油气、喷枪）、铜绑线、封铅、抹布、硬脂酸，以及橡胶电缆还应有的热塑帽、自粘带和聚氯乙烯粘带等。

三、训练内容

1. 挖电缆沟样洞

按施工图在电缆敷设线路上开挖样洞，以便了解土壤和地下管线布置情况。样洞的一般尺寸：长为0.4~0.5m，宽与深均为1m。开挖数量可根据电缆敷设的长度和地下管线的复杂程度来确定。

2. 放样划线

根据施工图和开挖样洞的资料确定电缆线路的实际走向，用石灰粉画出电缆沟的开挖宽度和路径。其宽度可参照表3-10选择，沟深一般为0.8m，如遇特殊情况则应适当加深。电缆的转弯处应开挖成圆弧形，以符合电缆敷设的弯曲半径要求。

表3-10 直埋电缆沟开设宽度 （单位：mm）

10kV及以下电缆根数 \ 控制电缆根数	0	1	2	3	4	5	6
0		350	280	510	640	770	900
1	350	450	580	710	840	970	1100
2	550	600	780	800	990	1120	1250
3	650	750	880	1010	1140	1270	1400
4	800	900	1010	1160	1290	1420	1550
5	950	1050	1180	1310	1440	1570	1800
6	1120	1200	1330	1460	1590	1720	1850

3. 开挖电缆沟

开挖电缆沟可采用人工或机械开挖两种方法。

4. 铺设下垫层

开挖工作结束后，在沟底铺一层100mm厚的细砂或松土，作为电缆沟的下垫层。

5. 埋设电缆保护管

电缆如穿越建筑物、道路或与其他设施交叉时，应事先埋设电缆保护钢管（有时用水泥管等），以便敷设电缆时穿入管内。

6. 敷设电缆

应将电缆敷设在沟底砂土垫层的上面，电缆长度应略长于电缆沟长（一般为 1%～1.5%），并按波浪形敷设（不要过直），以使电缆能适应土壤温度的冷热伸缩变化。其敷设方法有人工敷设和机械牵引敷设两种。

（1）人工敷设

方法是由人工扛着电缆沿电缆沟道走动敷设，或站在沟中不动用手传递电缆。此方法工作量大，一般用于工程量较小、电缆线路较短的情况。

（2）机械牵引敷设

此法是先沿沟底每隔 2～3m 放一个电缆滚轮；然后将电缆放在滚轮上，使电缆牵引时不至于与地面摩擦；最后使用牵引机械（如卷扬机、绞盘等）和人工两者兼用牵引电缆。当采用机械牵引敷设电缆时，电缆允许的最大牵引力不应超出表 3-11 所示规定。必要时应进行计算，防止电缆因受拉力过大而造成损伤。

表 3-11　电缆最大牵引强度　　（单位：N/mm^2）

牵引方式	牵引头		钢丝网套		
受力部位	铜芯	铝芯	铅套	铝套	塑料护套
允许牵引强度	70	40	10	40	7

7. 铺设上垫层

电缆敷好后，在电缆上面再铺一层 100mm 厚的细砂或松土，然后在砂土层上铺盖水泥预制板或砖，以防电缆受机械损伤。

8. 回填土

将电缆沟回填土分层填实，覆土应高于地面 150～200mm，以防松土沉陷。

9. 设置电缆标示牌

电缆敷设完毕后，在电缆的引出端、引入端、中间接头、转弯等处，应设置防腐材料（如塑料或铅等）制成的标示牌。注明线路编号、电压等级、电缆型号规格、起止地点、线路长度和敷设时间等内容，以备检查和维护之用。在含有酸、碱、矿渣、石灰等场所，电缆不应直接埋地敷设。如必须直埋敷设时，应采用瓷瓦管、水泥管等防腐保护措施。

四、注意事项

1）直埋在地下的电缆，应使用铠装电缆。
2）人工开挖时应注意不得采用掏空挖掘。
3）敷设时，要注意电缆不能过度弯曲，在转弯处要保证电缆的弯曲半径要求。
4）机械牵引敷设时，牵引速度应缓慢，并在线路中间地段配以人工拖动，以防止电缆损伤。
5）如遇有含酸、碱等腐蚀物质的土壤，应更换无腐蚀性的松软土作为回填土。

训练 2　电缆桥架装接

一、训练目的

熟悉电缆桥架的不同安装方式及安装过程，正确使用安装工具等。

二、训练准备

1）准备电缆沿桥架敷设的施工图样及相关技术资料。

2）施工机具：金属切割锯、螺钉旋具、电钻和钻头、锉刀、C 型轧头、开口扳手、力矩扳手、划线器、棘轮扳手、水平仪、钢卷尺、直角尺、激光器等。

三、训练内容

1. 前期准备

1）用激光器或尼龙绳，按要求尺寸找出从地平面到桥架底部的高度并在此高度打上水平线。

2）调整吊杆上的螺母。

2. 楼面支撑立柱的安装

1）按图 3-20 所示，安装楼面立柱。

2）把桥架用压板或导向头固定在立柱上。

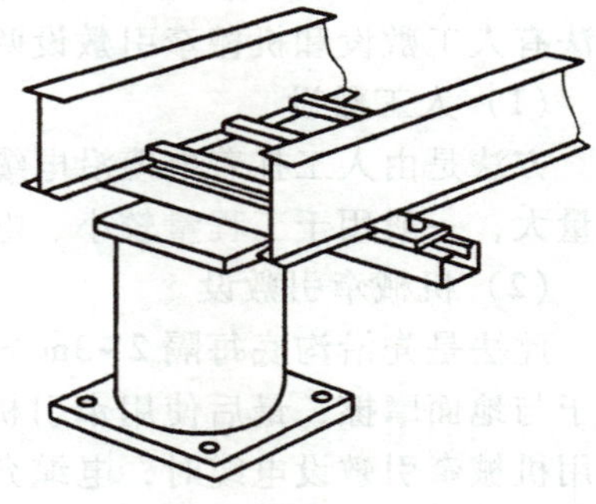

图 3-20　楼面支撑立柱

3. 托臂的安装

选择图 3-21 中一种托臂的组装示例，将托臂用膨胀螺栓直接固定在墙壁上（或混凝土构件上）。

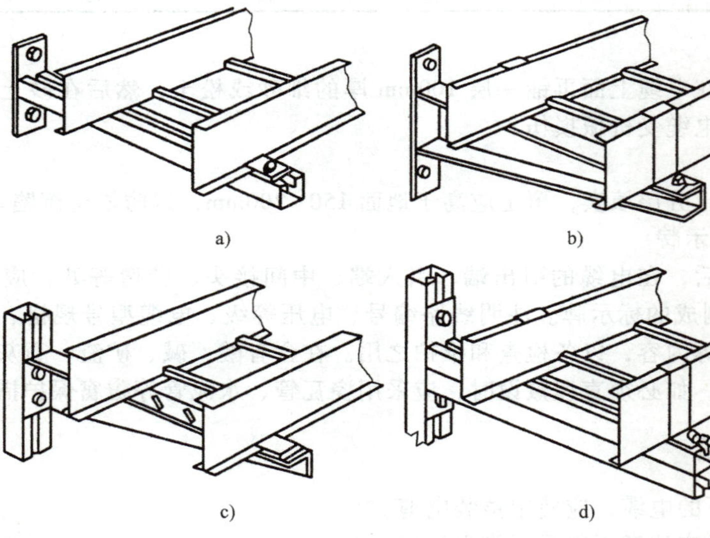

图 3-21　各种托臂的安装

a）单槽悬臂式托臂　b）墙装悬臂式托臂　c）加强筋型悬臂式托臂　d）双槽钢型悬臂式托臂

4. 桥架的安装

（1）垂直安装

选择图 3-22 所示的一种垂直安装方法安装。

（2）直线安装

1）直线段的定位与安装。按图 3-23a 所示确定桥架支、吊架的位置，并使直通之间的

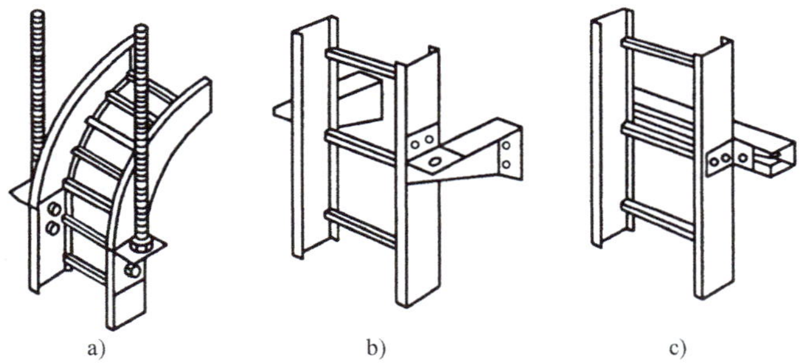

图 3-22　桥架垂直安装的几种方式

a）垂直螺杆吊装　b）垂直加强板悬臂支架　c）垂直槽钢支架

连接点落在支、吊架及跨距的 1/4 处。安装时，先把两节直线段搁置在相邻两支、吊架上，如图 3-23b 所示，使直线段不直接落在支架上。再用一对节点板及其他五金件，将两节相连。节点板应放在桥架的外侧，螺栓头放在内侧，用足够的力矩将其紧固，使节点板与梯边平整，如图 3-23c 所示。

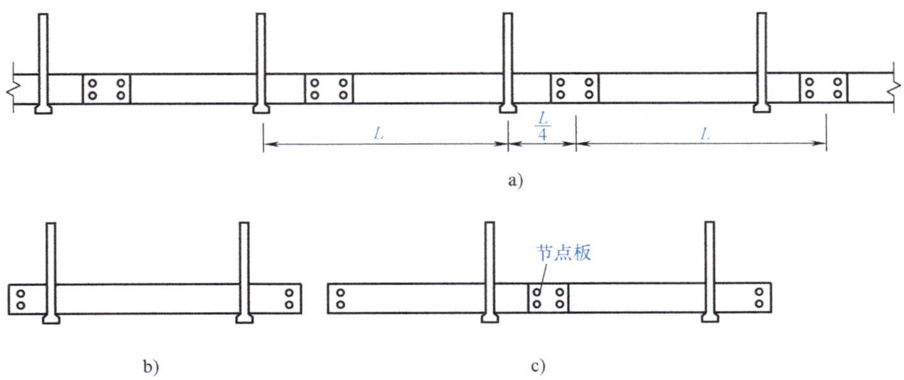

图 3-23　桥架直线段安装

a）桥架支、吊架位置　b）单节点预放位置　c）两节相连的位置

2）确定膨胀节点板间的距离，见表 3-12。

表 3-12　伸缩 25mm 时膨胀连接点的最大间距　（单位：m）

温差/℃	钢	铝合金	温差/℃	钢	铝合金
-4	156	79	51	31	16
10	78	40	65	26	13
24	52	27	79	22	11
38	39	20			

3）电气连线。按图 3-24 所示，用跳线连接方式连接膨胀连接点。

四、注意事项

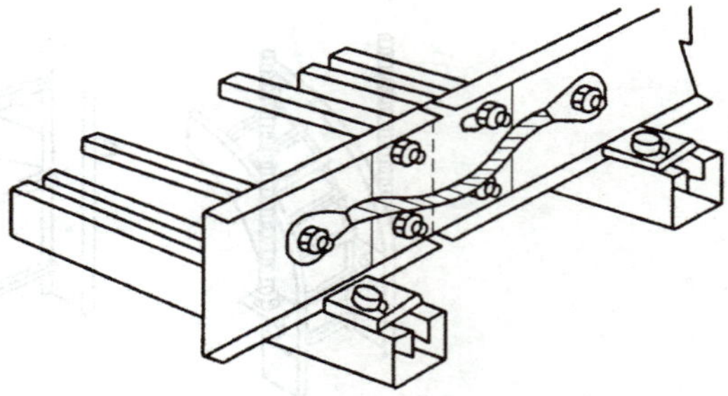
图 3-24　跳线连接方式

1）安装托臂时要使其保持水平，并使各托臂相互之间平齐。

2）支、吊架间距应不大于单节桥架的长度，应避免桥架连接点落于支、吊架上或跨距的中间。

3）电缆桥架应在两个膨胀连接板之间的中心点处被固定住，使其只能从固定点向两侧做。

【四新技术】

DGZ-1 型电缆故障精密诊断仪

DGZ-1 型电缆故障精密诊断仪（外形如图 3-25 所示）利用地电位和电磁感应原理，能精确测出电缆的接地故障，尤其适用于塑料、橡胶电缆的故障测寻。也可对井、管、隧道等敷设条件下的多线布置中的某一根电缆进行寻测定线，并确定故障区域。还可用该仪器对低压电缆进行交、直流耐压试验，对塑料、橡皮电缆的老化区段进行鉴定。

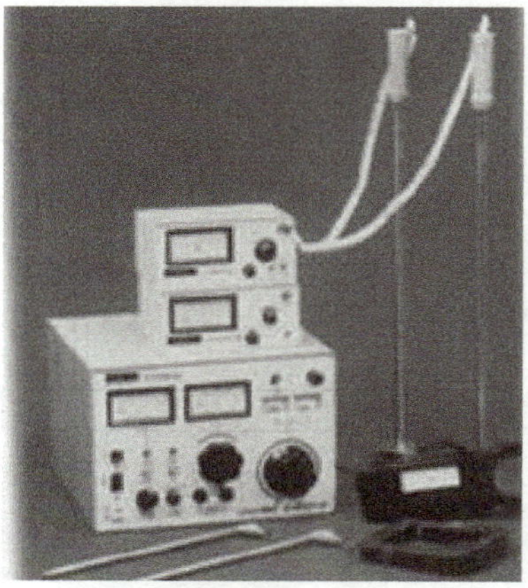
图 3-25　电缆故障精密诊断仪

全套仪器包括主机（浪涌信号发生器）、地电位测量仪、在线电流测量仪及附件，根据不同的测试要求，用主机并选配相应的测量仪器和附件，都可快速找到故障点，从而减少修复工程量，缩短修复时间，减少工程费用及生产停顿引起的经济损失，保证生产正常进行。

其优点如下：

1）检测速度快，定点精度高。

2）抗干扰能力强，携带方便，定点：≤±50cm（直埋电缆以故障点为圆心）。

3）定线有效率为 100%。

4）最大可测电缆直径为 100mm。

"1＋X" 证书测评

应知部分

一、选择题

1. 拉线与电杆夹角宜取 45°，如受地形限制，可适当减小，但不应小于（　　）。

A. 10°　　B. 20°　　C. 40°　　D. 30°

2.（　　）是用来连接导线、安装横担和绝缘子等的金属附件。

A. 横担　　B. 金具　　C. 拉线　　D. 绝缘子

3. 一般绝缘导线的最高允许工作温度为（　　）。

A. 50℃　　B. 65℃　　C. 100℃　　D. 80℃

4. 当环境温度在（　　）时，可将导线的允许载流量适当紧缩 0.8~0.9 倍。

A. 低于 25℃　　B. 50℃以上　　C. 25~40℃　　D. 任意温度

5. 电动机的受电电压不应低于额定电压的（　　）。

A. 95%　　B. 80%　　C. 97%　　D. 90%

6. 低压线路普遍使用（　　）。

A. 瓷横担　　B. 铁横担　　C. 木横担　　D. 其他

7. 电缆故障类型主要有（　　）。

A. 三芯电缆一芯或两芯接地　　B. 两相芯线间短路

C. 三相芯线完全短路　　D. 一相芯线断线或多相断线

8. 根据故障电缆放电的声音进行查找的检修方法是（　　）。

A. 测声法　　B. 电桥法　　C. 电容电流法　　D. 零电位法

9. 直埋电缆设置标示牌时应标注（　　）等内容。

A. 线路编号　　B. 电压等级　　C. 电缆型号　　D. 施工队名称

10. 电缆桥架连接点用（　　）方式。

A. 焊接　　B. 跳线　　C. 榫卯　　D. 其他

二、判断题

1. 低压架空线路的电压等级规定为 380V/220V 三相四线制供电。（　　）

2. 高压线路的巡视周期为每 3~4 个月一次；低压线路的巡视周期为每 1~2 个月一次。（　　）

3. 高低压电缆同沟敷设时，低压电缆应在下层，高压电缆在上层。（　　）

4. 零电位法也就是电位比较法，它适应于长度较短的电缆芯线对地故障，应用此方法测量简便精确，不需要精密仪器和复杂计算。（　　）

5. 导线截面积的确定一般应包括按发热条件选择导线截面积、按电压损失校验、按机械强度校验三个步骤。（　　）

6. 当环境温度低于 45℃时，可将导线的允许载流量适当放宽 1.1~1.2 倍。（　　）

7. 电杆的要求是要有足够的机械强度，同时尽可能经久耐用、价廉，便于搬运和安装。（　　）

8. 电桥法就是用开尔文电桥测出电缆芯线的直流电阻值，再准确测量电缆实际长度，按照电缆长度与电阻的正比例关系，计算出故障点。（　　）

9. 低压线路普遍使用瓷横担。（　　）

10. 一般绝缘导线的最高允许工作温度为 65℃，若超过这个温度，导线的绝缘层就会迅速老化，变质损坏，甚至引起火灾。（　　）

三、简答题

1. 简述低压架空线路的组成和特点。

2. 怎样根据用途和负荷大小、性质选择导线型号、规格？

3. 电缆储运、敷设有哪些基本要求？

4. 简述并演示拉线的上把和下把的制作工艺。
5. 完成实践指导环节训练 1、2 的实践报告。
6. 电缆在什么情况下需升温处理？
7. 电缆巡视的主要内容有哪些？
8. 常用的电缆故障检修方法有哪些？简述其测试要领。
9. 简述直埋电缆的敷设过程和工艺控制。
10. 简述电缆桥架装接的安装方式和工艺要求。

应会部分

技能试题 1　架空电力线路基本构件选用与检验

1. 考核图样（略）

2. 准备要求

架空电力线路常用金具；电力线路金具检验技术标准；电工及钳工常用工具及仪表等。

3. 考核内容

1）分析现场架空电力线路基本构件的名称、规格、用途和安全使用注意事项。

2）上网阅读电力线路金具相关检验技术标准，判断各金具是否合格，并填入检验记录表，见表 3-13。

3）整理技术资料并归档。

4. 注意事项

架空电力线路构件现场检查与验收执行以下标准：

1）GB/T 2314—2008《电力金具通用技术条件》。

2）GB/T 2317—2008《电力金具试验方法》。

5. 成绩评定

评分表见表 3-14。

表 3-13　电力金具检验记录表

检验时间：________　检验地点：________

金具名称		金具数量	
检验要求	1）金具一般只进行基本要求和外观检查，必要时进行尺寸检查、镀锌层均匀性检查 2）金具不符合基本要求的任何一项时，应停止检验 3）外观检查和尺寸检验按抽查试件逐件进行，不符合任何一项要求，则判此金具不合格 4）在抽查检验中，如有一件不合格，则在同一批中抽取原抽查量两倍的试件对不合格的项目进行再检查，如仍有一件不符合要求，则判该金具不合格，如基本尺寸或外观质量不符合要求，允许逐件精选后重新交验		
检验方法	1）金具的外观以目力检查，需要时用测量精度为 0.05mm 的量具检测 2）金具的主要尺寸及加工误差用测量精度为 0.05mm 的量具或专用检具测量		
检验项目	具体规定	检验结果	备注
基本条件	1）提供产品的供方必须是经质量认证合格的定点生产厂 2）进行进货检验之前应检查产品包装物上的制造厂名称、产品名称、型号、数量、重量是否与购货合同相符 3）每件包装物内应附有制造厂技术检验部门及检验员印章的产品合格证及必要的技术文件		

（续）

检验项目	具体规定	检验结果	备注
外观检查	1）铸铁外观不允许有裂纹、缩松。重要部件不允许有气孔、渣眼、砂眼及飞边等缺陷。非重要部分允许直径不大于4mm，深度不大于1.5mm的气孔、砂眼，每件不应超过两处，且两处距离不小于25mm，两缺陷不能处于内外表面的同一对应位置，且不降低镀锌质量。线夹与导线接触的表面不允许有毛刺和锌刺等缺陷 2）金具钢制件的剪切、压型和冲孔不允许有毛刺、开裂和叠层等缺陷。气割的切割面应匀整，并倒棱去刺。锻件不允许有过烧、叠层、局部烧熔及氧化、鳞皮等缺陷。焊接件焊缝应为细密平整的细鳞形，并应封边，咬边深度不大于1mm。焊缝无裂纹、气孔、夹渣 3）金具铜、铝件表面光滑、平整、清洁。无裂纹、起泡、起皮、夹渣、压折、气孔、砂眼、严重划伤及分层等缺陷。铜、铝件的电气接触面不允许有碰伤、划伤、斑点、凹坑、压印等缺陷。铜、铝件应清除飞边、毛刺。铜、铝件钻孔应倒棱去刺、铸造孔边缘允许圆角存在 4）金具紧固件按GB/T 2314—2008《电力金具通用技术条件》相关规定执行。		
尺寸检查	1）金具的尺寸检验在必要时进行，属于下列情况之一时，可进行尺寸检验 2）供方第一次供货时 3）发生安装困难时 4）发现混件时 5）出现其他可疑情况，需进行金具尺寸检验时 6）金具的尺寸检验按受检产品的产品标准执行		
其他检查	按GB/T 2314—2008《电力金具通用技术条件》相关规定执行		
检验结论			
记录人签字			

注：本检验记录表参考某电力系统企业标准《电力金具通用进货检验规程》制定，用于教学实习。

表3-14　评分表

序号	考核内容	配分	评分标准	扣分	得分
1	认识架空电力线路基本构件	30	不熟悉基本构件名称、用途和使用注意事项，每处扣5分		
2	现场金具检验	50	不熟悉金具检验相关技术规范，不会判定金具是否符合现场使用条件，酌情扣10~20分		
3	资料归档	20	检验记录表填写不完整，基本构件原始资料收集不完整，其他安装技术资料不完整，酌情扣10~20分		
4	安全文明生产 1）遵守安全操作规程，正确使用工具及仪表 2）安全操作无人身伤害事故	否定项	严重违反安全文明生产规定本次考核以0分计；情节较轻的酌情在总分中扣5~20分		
5	分数合计	100			

技能试题2　电缆施工准备工作

1. 考核图样（略）

2. 准备要求

施工现场及电缆施工器材等。

3. 考核内容

(1) 考核要求

熟悉电缆；检验电缆；电缆升温；电缆牵引。

(2) 时间定额

90min。

(3) 安全生产

服从考试环境安排。

4. 注意事项

1) 电缆长度为250mm时，额定电压小于1kV的电缆绝缘电阻不小于10MΩ；额定电压为3kV的电缆绝缘电阻不小于200MΩ；额定电压在6~10kV的电缆绝缘电阻不小于400 MΩ。

2) 机械敷设电缆时，应在牵引头或钢丝网套与牵引钢缆之间装设防捻器，其牵引速度不宜超过15m/min。

5. 评分表

评分表见表3-15。

表3-15　电缆施工基本技能成绩评定

	考核内容	配分	评分标准	扣分	得分
1	熟悉电缆	20	不能根据电缆种类说出用途和敷设方法，每项扣10分		
2	检验电缆	30	1)检查电缆规格、型号、截面积、电压等级均符合设计要求，漏查一项扣5分 2)检验电缆的绝缘电阻应符合技术要求，漏检、错检扣10分		
3	电缆升温	20	不会对电缆进行升温处理扣10分		
4	电缆牵引	30	不熟悉电缆人工牵引和机械牵引操作要领及注意事项，酌情扣10~20分		
5	安全文明生产	否定项	发生安全生产事故，本次实践以不及格计		
6	分数合计	100			

技能试题3　电缆直埋

1. 考核图样（略）

2. 准备要求

电缆敷设用具、材料主要分为挖沟、敷设及锯断电缆和封焊三大类：挖沟工具有铁锹、空压机、水泵、顶管设备等；敷设工具有钢轴、千斤顶、电缆盘支架、钢丝绳、滑轮、钢丝网套、牵引头拉杆、牵引机械（卷扬机或绞磨）、铁线、皮尺等；锯线和封焊工具材料有钢锯、钳子、电工刀、喷灯（或液化石油气、喷枪）、铜绑线、封铅、抹布、硬脂酸，以及橡胶电缆还应有的热塑帽、自粘带和聚氯乙烯粘带等。

3. 考核内容

(1) 考核要求

挖电缆沟样洞；放样划线；开挖电缆沟；铺设下垫层；埋设电缆保护管；敷设电缆；铺设上垫层；回填土；设置电缆标示牌。

(2) 时间定额

180min。

(3) 安全生产

服从考试环境安排。

4. 注意事项

1) 实际考试时可根据现场条件缩减工作量。

2) 牵引电缆沟时应注意安全防护，确保人身安全。

5. 评分表

评分表见表 3-16。

表 3-16　评分表

序号	考核内容	配分	评分标准	扣分	得分
1	施工组织和技术准备	5	施工组织和技术准备不充分，酌情扣 3~5 分		
2	挖电缆沟样洞	20	样洞不符合设计要求，酌情扣 10~20 分		
3	放样划线	5	不根据施工图和开挖样洞的资料确定电缆线路的实际走向，酌情扣 3~5 分		
4	开挖电缆沟	10	电缆沟不能满足设计要求，酌情扣 5~10 分		
5	铺设下垫层	10	下垫层铺设不均匀，酌情扣 5~10 分		
6	埋设电缆保护管	10	电缆保护管埋设不合理，酌情扣 5~10 分		
7	敷设电缆	20	电缆牵引不规范、不安全、有破损，此处全扣		
8	铺设上垫层	10	上垫层铺设太薄，酌情扣 3~5 分		
9	回填土	5	回填土未夯实，酌情扣 3~5 分		
10	设置电缆标示牌	5	标示牌设置不合理、不规范、不完整，1 处扣 1 分		
11	安全文明生产 1) 遵守安全操作规程，正确使用工具及仪表 2) 安全操作无人身伤害事故	否定项	严重违反安全文明生产规定本次考核以 0 分计；情节较轻的酌情在总分中扣 5~20 分		
12	分数合计	100			

模块四

继电保护装置试验与运行

【教学目标】

【职业认知】

1. 熟悉电力系统继电保护的基本概念。了解继电保护装置的基本组成和要求。
2. 了解常用继电器的作用、特点、技术性能和选用。
3. 掌握差动保护、欠电压保护和重合闸保护的基本电路形式和保护原理。

【职业能力】

1. 能够完成常见继电保护装置试验。
2. 学会继电保护装置运行与维护基本技能。

任务一 继电保护装置选用与试验

【知识解读】

一、继电保护装置概述

继电保护的发展是随着电力系统和自动化技术的发展而发展的。在20世纪50年代及以前，大多使用电磁型机构。20世纪70年代后集成电路构成的继电保护装置得到广泛运用，到了20世纪80年代，微型机在继电保护装置中逐渐应用，使电力系统供电可靠性大大提高。

1. 电力系统继电保护

生产实践中电力系统的故障多指三相短路（用f（3）表示）、两相短路（用f（2）表示）、单相短路接地（用f（1）表示）、两相短路接地（用f（1，1）表示）、断线、变压器绕组匝间短路、复合故障等。不正常运行状态习惯指小接地电流系统的单相接地、过负荷、变压器过热、系统振荡、电压升高、频率降低等。

由此引发的后果通常表现如下：

1）故障点通过很大的短路电流和电弧使故障设备烧坏。

2）在通过短路电流时所产生的热和电动力使系统设备缩短使用寿命。

3）因电压降低破坏用户工作的稳定性或影响产品质量；破坏系统并列运行的稳定性，产生振荡，甚至使整个系统瓦解。

继电保护装置就是这样一种及时反映电力系统中电气元件发生故障或不正常运行状态，并动作于断路器跳闸或发出信号的自动装置。其基本任务是：发生故障时，自动、迅速、有选择地将故障元件（设备）从电力系统中切除，使非故障部分继续运行；对不正常运行状态，为保证选择性，一般要求保护经过一定的延时，并根据运行维护条件（如有无经常值班人员），而动作于发出信号（减负荷或跳闸），且能与自动重合闸相配合。

2. 继电保护装置的组成

继电保护一般由三个部分组成：测量部分、逻辑部分和执行部分，其结构如图 4-1 所示。

（1）测量部分

测量被保护元件工作状态的物理量，并和已给的整定值进行比较，从而判断保护是否应该起动。

（2）逻辑部分

根据测量部分各输出量的大小、性质、出现的顺序等，使保护装置按一定的逻辑程序工作，最后传到执行部分。

（3）执行部分

根据逻辑部分送来的信号，最后完成保护装置所担负的任务。如发出信号、跳闸或不动作等。

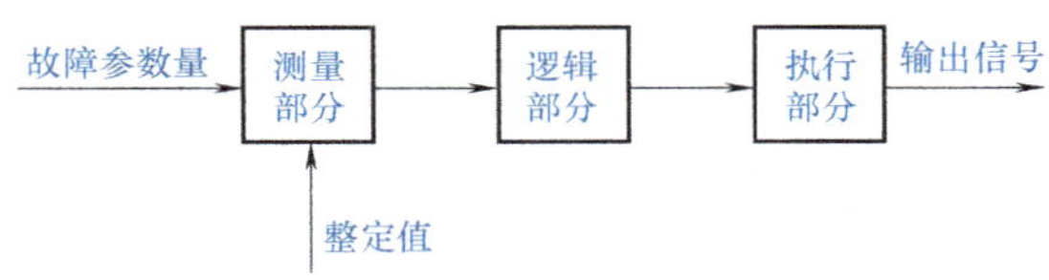

图 4-1 继电保护装置的组成

3. 继电保护装置基本要求

继电保护装置的基本要求包括选择性要求、速动性要求、灵敏性要求和可靠性要求四个方面。这四个基本要求之间，相辅相成、相互制约，需要针对不同的使用条件，分别进行协调。

（1）选择性要求

选择性是指保护装置动作时，仅将故障元件从电力系统中切除，使停电范围尽量缩小，以保证系统中的无故障部分仍能继续安全运行。

如图 4-2 所示，设 d_3 点短路，则保护 6 动作，6QF 跳闸；若保护 6 或 6QF 拒动，5QF 跳闸。设 d_2 点短路，则保护 5 动作，5QF 跳闸；若保护 5 或 5QF 拒动，保护 1 和保护 3 动作于 1QF、3QF 跳闸。设 d_1 点短路，则保护 1 和保护 2 动作，1QF、2QF 跳闸；若保护 2 或 2QF 拒动，保护 3 动作于 3QF 跳闸。

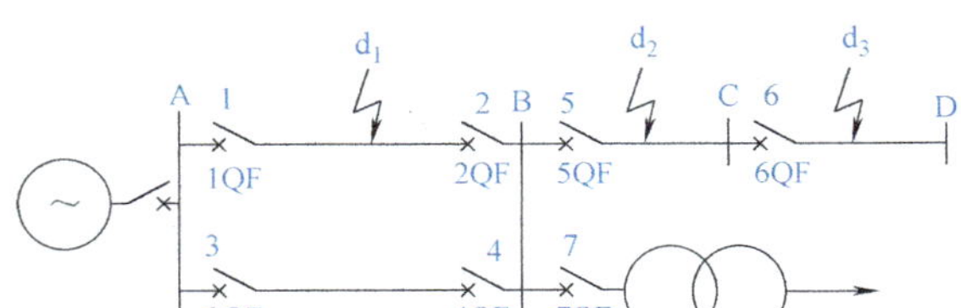

图 4-2 选择性要求保护

（2）速动性要求

速动性是指尽可能快地切除故障。短路时快速切除故障，可以缩小故障范围，减轻短路引起的破坏程度，减小对用户工作的影响，提高电力系统的稳定性。

（3）灵敏性要求

灵敏性是指对保护范围内发生故障或不正常运行状态的反应能力。保护装置的灵敏性，通常用灵敏系数来衡量，灵敏系数越大，则保护的灵敏度就越高，反之就越低。对过量继电器其灵敏系数可用下面的公式计算：

$$K_{1m}=\frac{\text{保护范围内部故障某突变物理量的最小值}}{\text{同一物理量保护整定值}}$$

而对欠量继电器则可用下面的公式计算：

$$K_{1m}=\frac{\text{同一物理量保护整定值}}{\text{保护范围内部故障某突变物理量的最大值}}$$

（4）可靠性要求

可靠性是指在规定的保护范围内发生了属于它应该动作的故障时，它不应该拒绝动作，而在其他不属于它应该动作的情况下，则不应该误动作。

4. 常用保护继电器

继电器是一种根据输入量的变化来控制电路“通”与“断”的自动切换电器。这种输入量可以是电压、电流等电量，也可以是温度、速度、时间及压力等非电量。

继电器种类繁多，按用途不同可将继电器分为控制继电器和保护继电器两大类。常用的保护继电器有电流继电器（如 DL-30）、电压继电器（如 DY-30）、过电流继电器（如 LL-10A）、中间继电器（如 DZ-200）、信号继电器（DX-30）、时间继电器（DS-30）、重合闸继电器（DCH-1）、差动继电器（如 DCD-2）、冲击继电器（JC-2）等。此外还有负序电压继电器、接地继电器、低周率继电器、直流绝缘监视继电器、功率继电器、同步检查继电器、线路纵差继电器及辅助导线监视继电器等。这里重点介绍前面九种常用的保护继电器的结构、用途和试验技术。

二、常用保护继电器

1. 电流继电器

电流继电器的结构如图 4-3 所示，主要由电磁铁、线圈、动触点、静触点、反作用弹簧、调整把手及刻度盘等组成。DL-10 系列电流继电器有两组电流线圈，通过切换片可将电流线圈改接成并联或串联形式以变换电流的倍数；另外还可以拨动调整把手，调整弹簧的拉力，从而实现平滑调节动作电流的目的。

电磁型电流继电器原理较简单，当线圈中通以一定电流时，产生的电磁力吸引可动衔铁连同轴一起转动，轴再带动动触点和静触点接触。

常用的电磁型电流继电器有 DL-10、DL-20C、DL-30 系列。

2. 电压继电器

电压继电器与电流继电器结构基本相同，主要区别在于前者为电压线圈，后者为电流线圈。

电压继电器有过电压继电器和欠电压继电器两种。过电压继电器只在线圈电压超过一定数值才动作；欠电压继电器只在线圈电压低于一定数值才动作，且其线圈是长期带电的。常用的电磁型电压继电器有 DJ-100、DY-20C 和 DY-30 系列。DY-30 系列整流型电压继电器是将交流电压经电阻降压、二极管整流后加在线圈两端的，所以它解决了 DJ-100、DY-20C 型欠电压继电器因可动系统本身振动引起的轴承磨损问题。

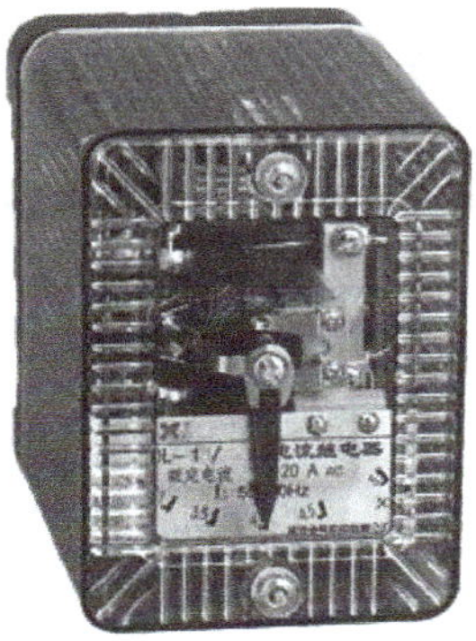

a)

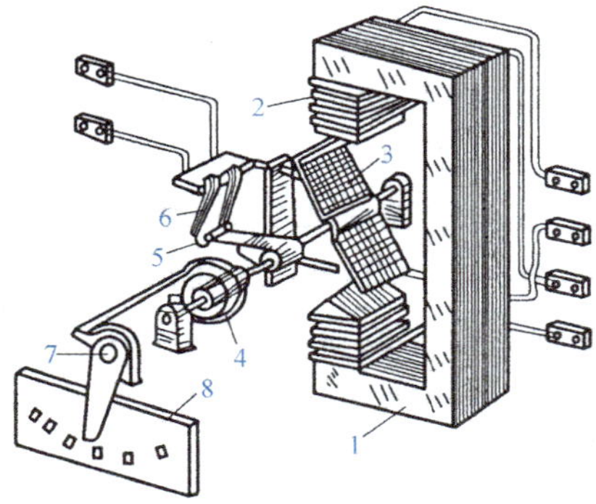

b)

图 4-3　DL-10 系列电流继电器

a）实物图　b）结构示意图

1—电磁铁　2—线圈　3—可动衔铁　4—反作用弹簧　5—动触点

6—静触点　7—调整把手　8—刻度盘

3. 过电流继电器

常用的过电流继电器如图 4-4 所示，通常分为感应式和整流式两种。

a)

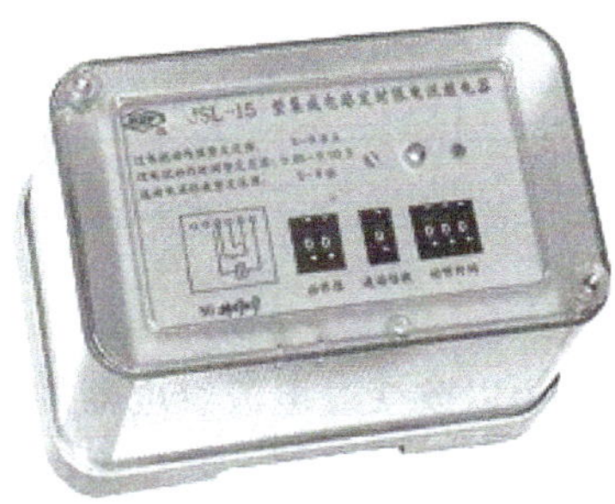

b)

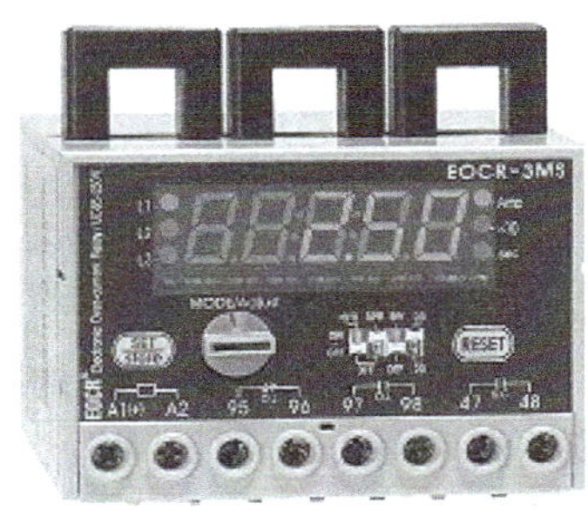

c)

图 4-4　常用的过电流继电器

a）JL12 过电流延时继电器　b）JSL-15 型定时限过电流继电器　c）EOCR-3MS/FMS 智能过电流继电器

（1）感应式过电流继电器的结构

如图 4-5 所示，主要由带抽头的电磁铁、铝盘、蜗杆、扇形齿轮、衔铁、触点、线圈等组成。另外，图中插销的作用是通过改变线圈的抽头接入来实现粗调，改变弹簧的拉力可以进行平滑细调，时限螺钉的作用是通过改变衔铁与电磁铁之间的间隙来调节速断电流，时限螺杆的作用是通过改变挡板的位置改变扇形齿轮顶杆行程起点，从而改变继电器的动作特性。

感应式过电流继电器的动作原理是：当线圈中通过的电流为动作电流的 20%～30%时，铝盘开始转动，上升到动作电流时蜗杆与扇形齿轮啮合，扇形齿轮开始上升，经一段时间后，扇形齿轮的杆臂碰到衔铁左边的突柄，突柄随即上升，带动衔铁吸向电磁铁，触点动作。当线圈电流很大时，衔铁便直接被吸下，触点速动。速断特性动作电流为整定动作电流的 2~15 倍。

常用的感应式过电流继电器有 GL-10、GL-20 等系列。GL-11、GL-12、GL-13、GL-14、GL-21、GL-22、GL-23、GL-24 型过电流继电器主触点能接通 5A，断开 2A（220 以下）；GL-15GL、GL-16GL、GL-25GL、GL-26 型过电流继电器主触点由变流器供电，且当电流为 3.5A 时，总电阻不大于 4.5Ω，可接通和断开电流达到 150A。

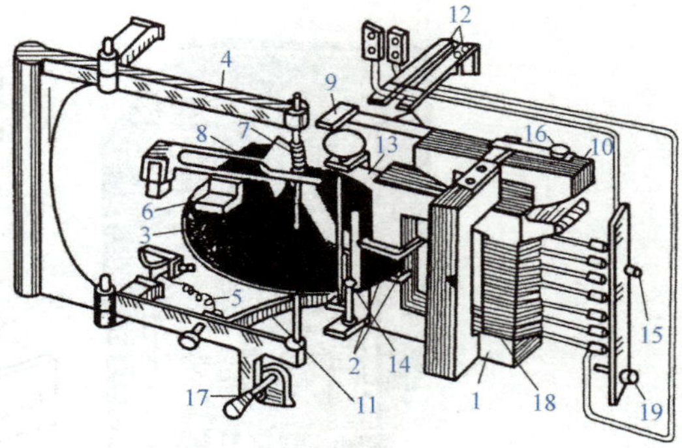

图 4-5 感应式过电流继电器结构

1—电磁铁 2—短路环 3—铝盘 4—可动框架 5—弹簧 6—永久磁铁 7—蜗杆 8—扇形齿轮 9—突柄 10—衔铁 11—薄钢片 12—触点 13—时限螺杆 14—动作时间调整值指示器 15、19—插销 16—时限螺钉 17—止档 18—线圈

（2）整流式过电流继电器

整流式过电流继电器一般由变流器及其可动部分、单极晶体管驱动电路和执行继电器三大部分组成。LL-13A 过电流继电器原理图如图 4-6 所示。

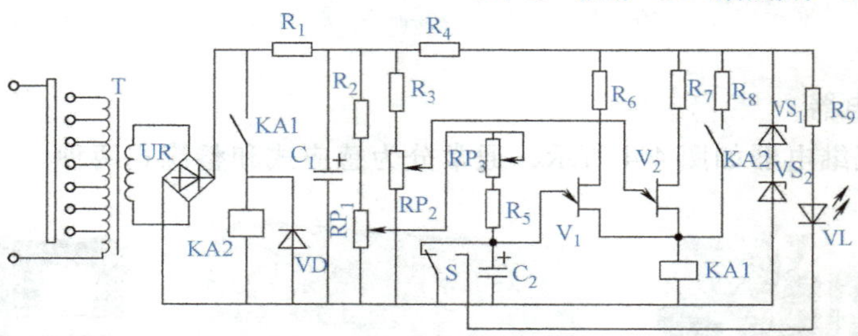

图 4-6 LL-13A 过电流继电器原理图

工作原理如下：

变流器 T 的一次绕组的抽头用以改变过电流继电器的动作整定值；T 的二次绕组输出端接整流电路 UR；R_4、VS_1、VS_2 组成稳压电路；R_2、RP_1、RP_3、R_5、C_2 及 V_1 组成中间继电器 KA1 的延时控制电路；R_3、RP_2 及 V_2 组成 KA1 的速动控制电路；发光二极管 VL 用作过电流继电器动作指示。

正常情况下，S 短接 C_2，单极晶体管 V_1、V_2 的发射极因无峰值电压而截止，中间继电器 KA1 不工作，执行继电器 KA2 也不工作，对断路器无影响。

当电流达到过电流继电器的动作值时，通过起动元件带动 S 断开，C_2 经延时控制电路充电，充电时间常数 $\tau(\tau=RC)$ 决定 V_1 到达峰值的时间；当 C_2 充电到 V_1 的峰值电压时，V_1 导通，KA1 得电经 R_8 自锁并接通 KA2，最终由 KA2 触点接通断路器的跳闸回路。很明显，调整电位器 RP_1 即可改变继电器动作时间的整定值。同样，调整电位器 RP_2，也就是改变 V_2 对速断电压的要求，从而改变速动回路的动作电流倍数。

LL-10A 系列过电流继电器的技术说明：常开主触点由变流器供电，能接通 5A，断开 2A（220V 以下）；220V 时，常开信号触点能接通和断开 0.2A 的直流无感电路或电流为 0.5A 的交流电路。

4. 中间继电器

中间继电器的基本结构主要由线圈、电磁铁、动触点、静触点等部件组成，其本质是一电压继电器。中间继电器在电路中的作用主要是扩展触点数目和增大触点容量。故中间继电器又称辅助继电器。常用的中间继电器有 DZ 型、带交流操作的 DZJ 型、带自保线圈的 DZB 型和带快速动作的 DZK 型等。

常用的中间继电器如图 4-7 所示。

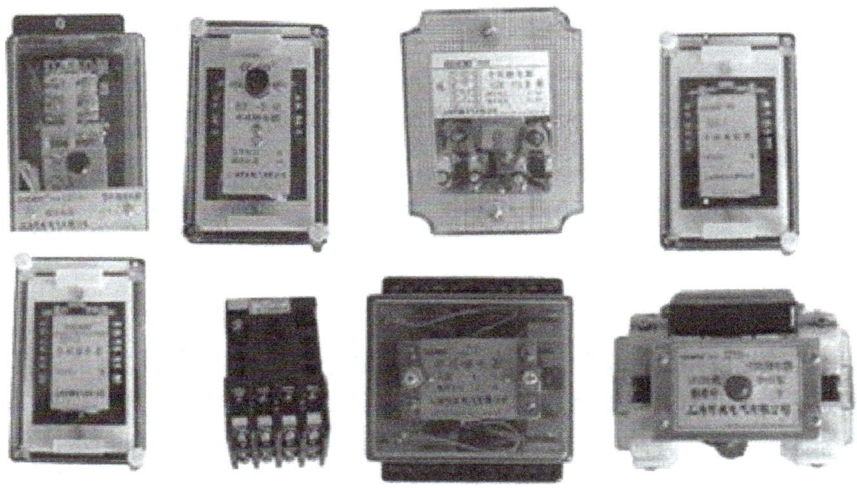

图 4-7　常用的中间继电器

5. 信号继电器

信号继电器是一种专门用于判明某种保护继电器动作情况的信号装置，其结构如图 4-8 所示，主要由线圈、电磁铁、触点、信号牌、复位手柄等组成。

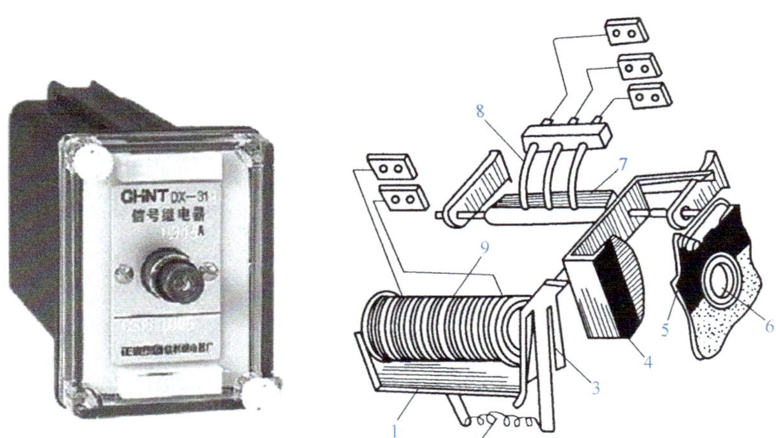

a)　　　　b)

图 4-8　信号继电器

a）DX-31 信号继电器外形　b）电磁信号继电器结构

1—电磁铁　2—线圈　3—衔铁　4—动触点　5—静触点　6—信号牌　7—弹簧　8—复位手柄　9—观察孔

信号继电器的工作原理比较简单。当电流通过线圈时，衔铁动作，信号牌落下，触点接通外面的被控信号回路，转动手柄即可复位。

常用的信号继电器有 DX-10、DX-30 等系列，均用直流操作电源。以 DX-30 为例说明其主要技术数据：

（1）额定值

线圈电压有直流 220V、110V、48V、24V 和 12V 五种。电流额定值为 0.01～4A 共 17 档。

（2）触点容量

220V 直流电感性负载中，不大于 30W；220V 交流电路中，不大于 200W。

（3）功率消耗

电流线圈功率消耗不大于 0.3，电压线圈不大于 3W。DX-32A 型电压保持回路在 220V 时不大于 10W，110V 时不大于 5W，48V 时不大于 3W；DX-32B 型电压保持回路在 220V 时不大于 20W，110V 时不大于 10W，47V 时不大于 4W。

6. 时间继电器

时间继电器广泛应用于继电保护和自动控制线路中，使被保护或控制的元件获得所需延时而接通或断开。常用的时间继电器有空气式、晶体管式和数显式三种，如图 4-9 所示。空气式时间继电器机构复杂且时间不够准确。晶体管式时间继电器具有体积小、精度高、延时范围宽、功耗小、调节方便等优点，因而在许多领域得到广泛应用。数显式时间继电器显示更直观但价格较高。

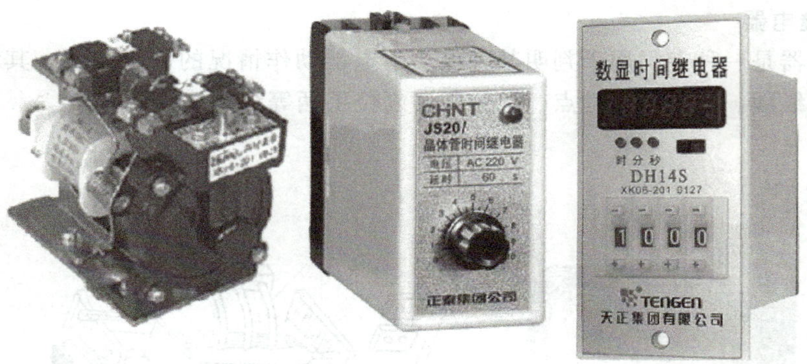

a) b) c)

图 4-9 常用的时间继电器

a）空气式时间继电器 b）晶体管式时间继电器 c）数显式时间继电器

7. 重合闸继电器

DH 型重合闸继电器如图 4-10 所示，电路结构如图点画线框所示，主要由时间继电器 KT、中间继电器（电压线圈 KU 和电流线圈 KI）、电容 C、充电电阻 $4R$、放电电阻 $6R$、信号灯 HL、电阻 $17R$ 等元器件组成。图中时间继电器 KT 的作用是调整重合闸装置从起动到发出合闸脉冲信号的时间；中间继电器用来发出接通断路器合闸回路的脉冲信号，电压线圈 KU 在电容放电时起动，电流线圈 KI 在合闸回路时串联，保持继电器处于动作状态一直到断路器合闸过程结束，继电器复位；电容器 C 保证重合闸只动作一次；当不需要重合闸时电阻 $6R$ 为电容放电提供回路；信号灯用来监视中间继电器和控制开关接触是否良好，$17R$

是其限流电阻。

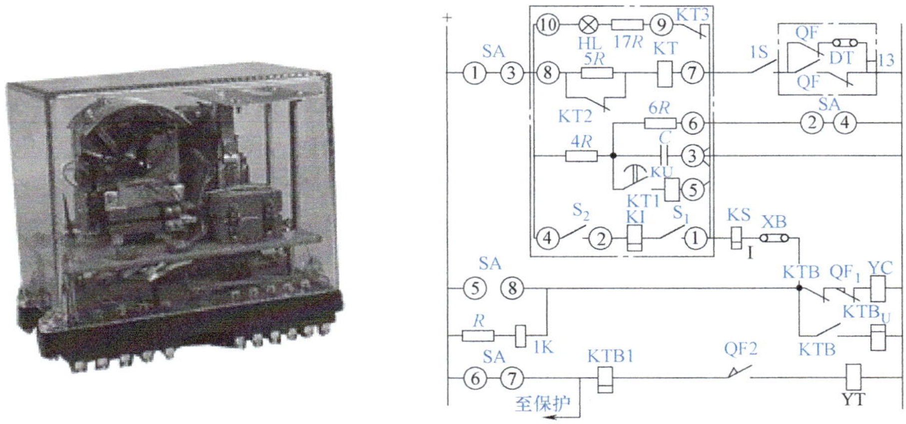

图 4-10 重合闸继电器及其装置原理图

8. 差动继电器

差动继电器主要由电流继电器和速饱和变流器等组成。电力系统中常用的差动继电器有 BCH-1、BCH-2、BCH-4 和 DCD-2 等型号。BCH-1 型差动继电器带有一组制动线圈，可用于带负荷调压；BCH-2 型差动继电器能较好地躲避励磁涌流和外部短路暂态不平衡电流，其基本结构如图 4-11 点画线框所示。图中 W_{PH1}、W_{PH2} 为平衡线圈，W_{CD} 为差动线圈，W_{DL1}、W_{DL2} 为短路线圈，W 为工作线圈，DL-11/0.2 为执行元件（电流继电器），TA1、TA2 为电流互感器。

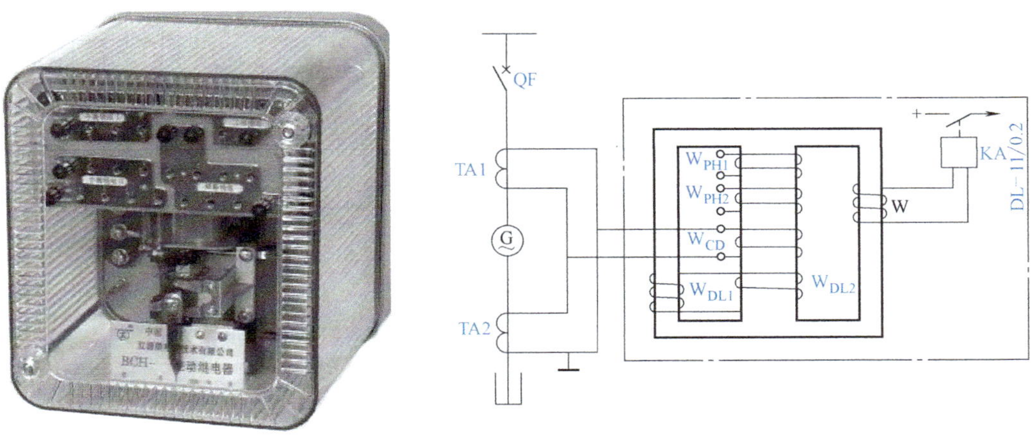

a) b)

图 4-11 BCH-2 型差动继电器纵差保护原理图

a）BCH-2 型差动继电器实物 b）差动继电器纵差保护原理

BCH-2 型差动继电器纵差保护的工作原理是：当外部短路时，差动回路中通过速饱和变流器一次线圈的不平衡电流中含有很大的非周期分量，使铁心很快饱和，不平衡电流无法变换到二次侧，因此保护不会动作。而当发电机或变压器内部短路时，不平衡电流中的非周期分量迅速衰减，速饱和变流器一次线圈中周期性的稳态短路电流顺利地变换到二次线圈中，驱动继电器 KA 动作。

9. 冲击继电器

冲击继电器是变配电所常规中央信号系统的核心元件。JC-2 型冲击继电器是利用电容的充放电来启动极化继电器的。

极化继电器的结构如图 4-12 所示，主要由工作线圈 1、返回线圈 2、电磁铁 3、可动衔铁 4、永久磁铁 5 和触点 6 等组成。若工作线圈 1 的上端通入图示方向的电流，电磁铁 3 被磁化为上端 N，下端 S，可动衔铁 4 上端也为 N 与永久磁铁 5 的 S 端相吸，同时接通触点 6。若返回线圈 2 的同名端通入正极性的电流时，可动衔铁 4 的上端变为 S，与永久磁铁的 N 端相吸，触点 6 断开复归。

JC-2 型冲击继电器的内部结构如图 4-13 所示，主要由极化继电器和辅助常开触点 KP，电阻 R_1、R_2，电容 C 等元件组成。起动回路动作时，产生的脉冲电流从端 5 流入，流经电阻 R_1 时产生的压降通过线圈 L_1、L_2 给电容 C 充电，充电电流使极化继电器动作。充电电流消失后，极化继电器保持在动作位置。

极化继电器的复归有两种方式，图 4-13a 为负电源复归，冲击继电器的端子 5 接电源正，端子 4、6 短接，于是电流自端子 5 流入经电阻 R_1、返回线圈 L_2、端子 4、端子 6、电阻 R_2、端子 2 回到电源的负端。

图 4-13b 为正电源复归，冲击继电器的端子 2 接通正电源，端子 6、8 短接，于是电流自端子 2 流入经电阻 R_2、端子 6、端子 8、线圈 L_1、电阻 R_1、端子 7 回到电源的负端。

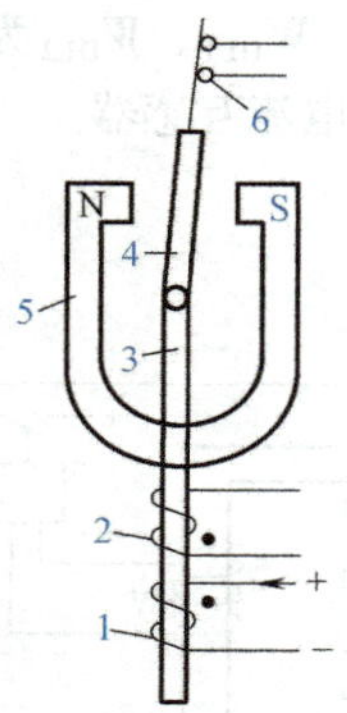

图 4-12 极化继电器的结构

1—工作线圈 2—返回线圈

3—电磁铁 4—可动衔铁

5—永久磁铁 6—触点

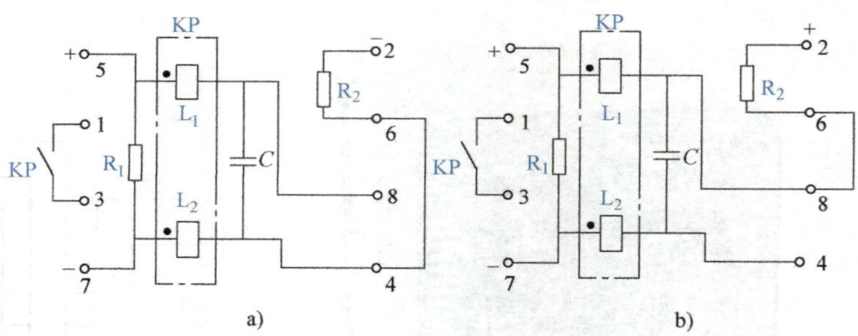

图 4-13 JC-2 型冲击继电器的内部结构

a）负电源复归 b）正电源复归

【实践指导】

训练 1 重合闸继电器试验

一、训练目的

熟练掌握重合闸继电器检查、调整、校验的主要内容、方法和基本要求。

二、训练准备

1）准备 DH 型重合闸继电器试验接线图及相关技术资料。

2）准备试验用仪器、仪表及测试用工具、材料。主要有 DH 型重合闸继电器、电压表、电源开关、可调电阻、电秒表，以及电工常用工具一套、连接导线若干。

三、训练步骤

按图 4-14 所示进行接线操作。

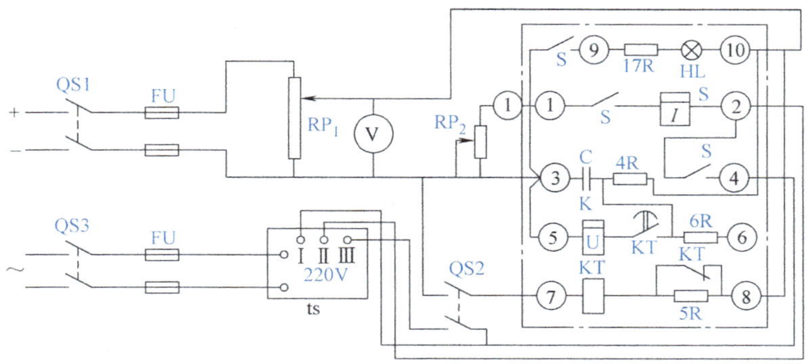

图 4-14　DH 型重合闸继电器试验接线

1. 常规检查

1）闭合 QS1，调整直流电压升至继电器的额定值，检查各元件无异常现象。

2）用手按动 K 衔铁于动作位置，调节 RP_2，使得流经 K 电流线圈的电流略低于额定电流的 0.9 倍；松开衔铁，继电器能可靠自保。

2. 充电时间测定

1）在额定电压下闭合 QS1，经 15~25s 后，再投入 QS2，K 能可靠动作并自保。

2）在额定电压下，闭合 QS1，充电 60s 后瞬间短接⑥③端子，使电容 C 放电，然后再闭合 QS2，此时 K 应不动作。

3. 测定重合闸时间

闭合 QS1、QS2，给电容 C 充电 25s 后，再闭合 QS2。测量重合闸时，将实测值与整定值进行比较，其误差不应超过±0.1s。

四、注意事项

1）继电器电压线圈的动作值应小于 0.7 倍的额定电压；电流线圈的保持电流应不大于额定电流。

2）继电器经过调整后需重新校验其动作电压、保持电流和充电时间。

训练 2　差动继电器试验

一、训练目的

掌握差动继电器检查、调整、校验的主要内容、方法和基本要求。

二、训练准备

1）准备试验用接线图和相关技术资料。

2）准备试验用仪器、仪表及测试用工具、材料：主要有 BCH-2 型差动继电器、电流表、电压表、电源开关、可变电阻、熔断器，以及电工常用工具一套、连接导线若干。

三、训练要领

（1）动作电压、电流和返回电流的试验

1）试验接线和校验方法可参考电磁型电流继电器相关内容。

2）规定，动作电压为（15±0.06）V，动作电流为 0.22~0.26A，返回电流为（0.75~0.85）X 动作电流。

（2）动作可靠性检验

用 2.5 倍动作电流进行冲击试验，继电器触点应接触良好，无振动和火花现象。

（3）速饱和变流器极性检查

检查方法同变压器极性判断。

（4）速饱和变流器伏安特性试验

1）平衡线圈通电时的伏安特性。将平衡线圈整定为 40 匝，二次线圈（工作线圈）接低刻度、高内阻的电压表。平衡线圈通以 0.5A、1.5A、2.5A、5A、7.5A、10A、20A 的电流，并读取电压表对应值。

2）差动线圈通电时的伏安特性。将差动线圈整定为 40 匝，二次线圈接电压表。差动线圈通以 0.5A、1.5A、2.5A、5A、7.5A、10A、20A 的电流，并读取电压表对应值。

3）根据上述测定数据，分别绘制平衡线圈和差动线圈的伏安特性曲线图，并比较二者误差不应大于±10%。

（5）动作安匝试验

1）输入正弦波可调电压。

2）将差动线圈和一组平衡线圈串联，取其匝数和为 10 匝。

3）调节加入线圈的电流直至执行元件动作，测出其一次动作电流值。

4）用实测电流值乘以两线圈接入匝数，即为动作安匝。

5）将测得安匝数与规定值比较，如相差较大，可拨动执行元件的刻度盘把手或改变变流器铁心硅钢片的叠放形式来调整。

（6）差动继电器的整体试验。

1）在差动线圈输入端通入合适电流，使继电器动作。

2）动作电流和匝数的乘积应符合规定。

3）做返回电流试验，其返回系数应为 0.75~0.85。

四、注意事项

1）如作为电动机的差动保护，平衡线圈与差动线圈串联使用时，整体试验应增加所测点数。

2）校验各线圈的极性和匝数时，各抽头下的动作安匝值应基本相同，其离散值一般不超过 5%。

【四新技术】

微机型继电保护测试仪校验重合闸继电器

微机型继电保护测试仪如图 4-15 所示。采用高速数字控制处理器作为输出核心，软件上应用 32 位双精度算法产生各相任意的高精度波形。由于采用一体结构，各部分结合紧密，数据传输距离短，结构紧凑。它克服了笔记本式计算机直接控制式测控仪中因数据通信线路长、频带窄导致的输出波形点数少的问题。

微机型继电保护测试仪有多路开关量输入和多路开关量输出。开关量输入电路可兼容空接点和 0~250V 电位接点。电位方式时，0~6V 为合，11~250V 为分。开关量可以方便地对各相开关触点的动作时间和动作时间差进行测量。微机型继电保护测试仪采用高速数字控制处理器作为输出核心，软件上应用 32 位双精度算法产生各相任意的高精度波形。

用微机型继电保护测试仪校验重合闸继电器的方法：在直流试验中，用手动试验方式设置 I_a 为中间继电器保持电流，U_{ab} 为 220V，作电容充电电压，U_C 为 110V。按下“确认”键，开始输出 220V 电压。等待 20s 重合闸电容充电充满、信号灯亮后，将 U_C 电压值改为 -110V（在输出状态中，用鼠标单击 U_C 数值框，直接输入 -110，按回车键），U_C 端（即与之连接的设备的第 7 脚）施加起动电压起动重合闸后，等待重合闸时间到，接点动作，即可测出动作时间。

注意：若重合闸能充电但不能动作，请检查保持电流是否有输出。在充电期间，电流输出回路是断开的，所以微机型继电保护测试仪的电流输出开路指示灯亮。当重合闸动作时，微机型继电保护测试仪的电流输出开路指示灯应熄灭。

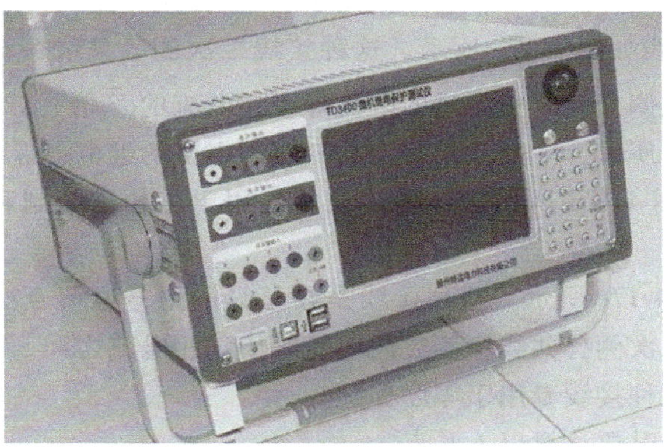

图 4-15　继电保护测试仪

任务二　整组继电保护装置试验

【知识解读】

一、电流互感器

电流互感器实际上是一种变流器，是将大电流变为小电流的装置，它提供测量仪表和继电保护装置的电流源。按冷却方式分干式和油浸两种。按一次绕组的匝数结构可将它分为单匝和多匝两种。图 4-16 为穿心式电流互感器的外形和结构示意图。

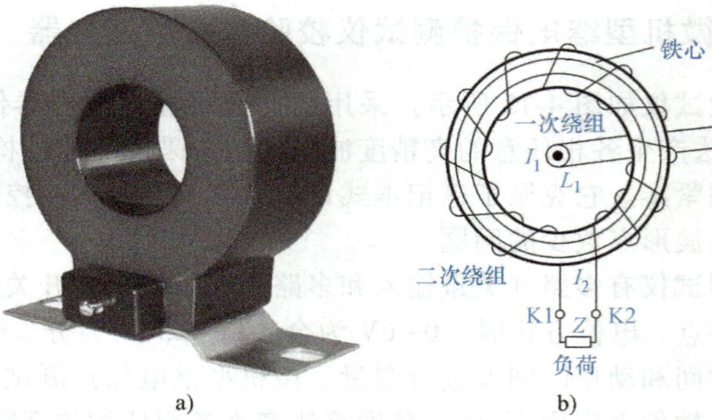

图 4-16　穿心式电流互感器的外形和结构示意图

a）外形　b）结构示意图

电流互感器的接线方式有以下几种，如图 4-17 所示。

1）一相接线如图 4-17a 所示。电流表通过的电流代表一次电路中某一相（图中为 L2 相）的电流。这种电路接线简单，但只能代表某一相电流，所以只适用于平衡的三相电路中。

2）两相 V 形接线如图 4-17b 所示。这种接线也叫两相不完全Y接线，是电力系统中常用的接线。两相接线的三只电流表，分别表示了三相电流，因而节约了一只电流互感器，但不能表示出所有的接地故障。所以，它广泛用于三相三线制系统中，供测量或保护用。

3）两相电流差接线如图 4-17c 所示。这种接线二次侧公共线中流过的电流，等于其他两相电流之差。即二次侧公共线中流过的电流等于相电流的$\sqrt{3}$倍，在相位上滞后 30°，不能表示所有的接地故障。所以，一般只用于三相三线制电路的继电器保护装置中。

4）三相Y接线如图 4-17d 所示。这种接线广泛用于三相三线制和低压三相四线制电路中，供测量或保护用。

5）零序接线如图 4-17e 所示。这种接线是在三只同型号电流互感器的同极性端子并联后接入仪表的，它的二次侧公共线中流过的电流等于三相电流之和，即 $I_N = I_U + I_V + I_W$，表示的是零序电流，所以这种接线专用于零序保护。

另外，在实际接线时要注意以下几点：

① 接至电流互感器端子的母线，不应使电流互感器受到拉力。

② 每相电流互感器，其中心应安装在同一平面上，间隔应一致。

③ 电流互感器的二次回路不能开路，也不能加装熔断器。其二次回路一般都接有仪表，当不使用仪表时，应通过接线板使其短路并直接接地。

④ 电流互感器的二次回路应有一个可靠接地点。

二、电流继电保护

6~10kV 电力线路一般采用放射式供电方式，供电距离较短（通常不超过 2km），可采用下列保护方式：定时限过电流保护、瞬时电流速断保护、带时限电流速断保护、低电压闭

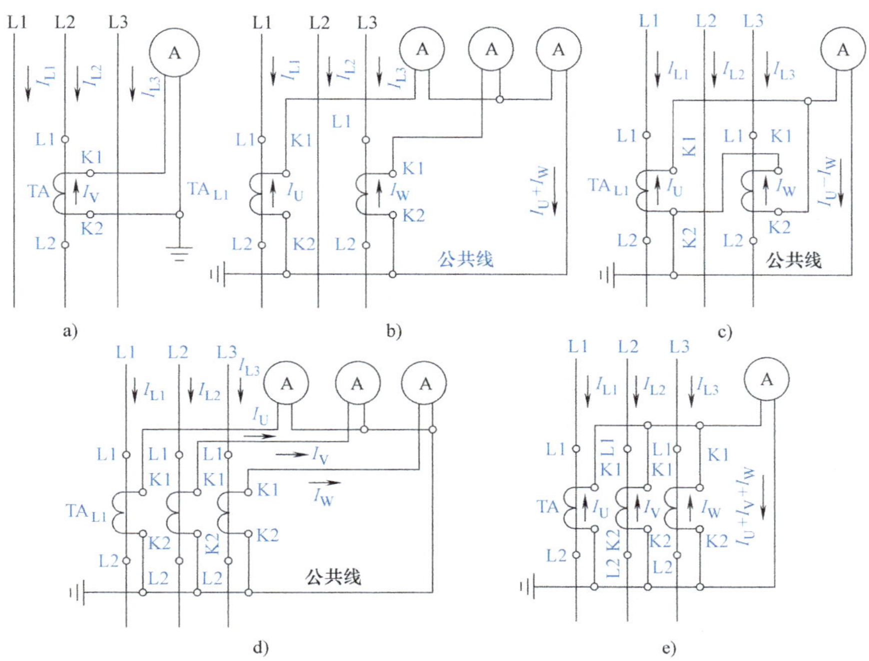

图 4-17　电流互感器在三相交流电路中的接线图
a）一相接线　b）两相 V 形接线　c）两相电流差接线　d）三相Y接线　e）零序接线

锁的过电流保护、反时限过电流速断保护及单相接地保护。6~10kV 单侧电源线路可装设两段过电流保护：第一段为不带时限的电流速断保护；第二段为带时限的过电流保护。

6~10kV 线路继电保护整定计算公式为

$$I_{dz}=K_k K_x I_{gh}/(K_f n_1)$$

式中　I_{dz}——过电流保护动作电流整定值，单位为 A；

K_k——可靠系数，对 DL 为 1.2，对 GL 为 1.3；

K_x——接线系数，接于相电流时取 1；

I_{gh}——线路过负荷电流，即线路最大电流，单位为 A；

K_f——返回系数，GL 型继电器取 0.8~0.85，晶体管型继电器取 0.9~0.95，微机型继电器取 1.0；

n_1——电流互感器变比。

此外，动作时限应较相邻元件的过电流保护大一个时限阶段，一般大 0.5~0.7s。灵敏系数应在线路保护区首端发生短路时计算，其灵敏系数不小于 1.5。

（1）定时限过电流继电保护

电路原理如图 4-18a 所示。

1）电路结构。TA1、TA2 为电流互感器，KA1、KA2 为电流继电器，KT 为时间继电器，辅助触点为通电延时闭合，KS 为电流型信号继电器，KC 为中间继电器，QF 为出口断路器，YR 为跳闸线圈，QS 为电源隔离开关。

2）工作原理。电力线路发生相间短路时，KA1 或 KA2 得电，接通 KT 电源回路，KT 延时到，KS、KC 均得电。KS 掉牌并接通信号回路，发出报警信号。KC 闭合，接通 YR 回路，QF 跳闸，切断故障线路。

3）动作整定。动作电流按线路最大运行方式下相邻元件末端三相短路稳态电流来整定，且动作电流还应躲过线路最大负荷电流。整定时间一般为 0.5s。

（2）反时限过电流继电保护

电路原理如图 4-18b 所示。

1）电路结构。KA1、KA2 为 GL 型过电流继电器，本身动作带时限（反时限特性），有掉牌信号装置，故电路中无时间继电器和信号继电器。其他同图 a。

2）工作原理。电力线路发生相间短路时，KA1、KA2 得电，经延时后，其常开触点闭合，常闭触点断开，接通 YR1、YR2 回路，QF 跳闸，切断故障线路。

3）动作整定。动作电流整定同定时限。动作时间整定要求前后级的时间级差为 0.7s。

（3）电流速断保护

电路原理如图 4-18c 所示。

1）电路结构。KA1、KA2 为电流继电器，KS 为信号继电器，KC 为中间继电器。其中 KA1、KA2 采用 DL 型或 GL 型电流继电器，KC 选用 DZ 型中间继电器。

2）工作原理。请读者根据上述知识自行分析。应该指出的是，瞬时电流速断保护只能保护线路首段，而不能保护线路全长。

（4）电流速断和定时限过电流保护

电路如图 4-18d 所示。

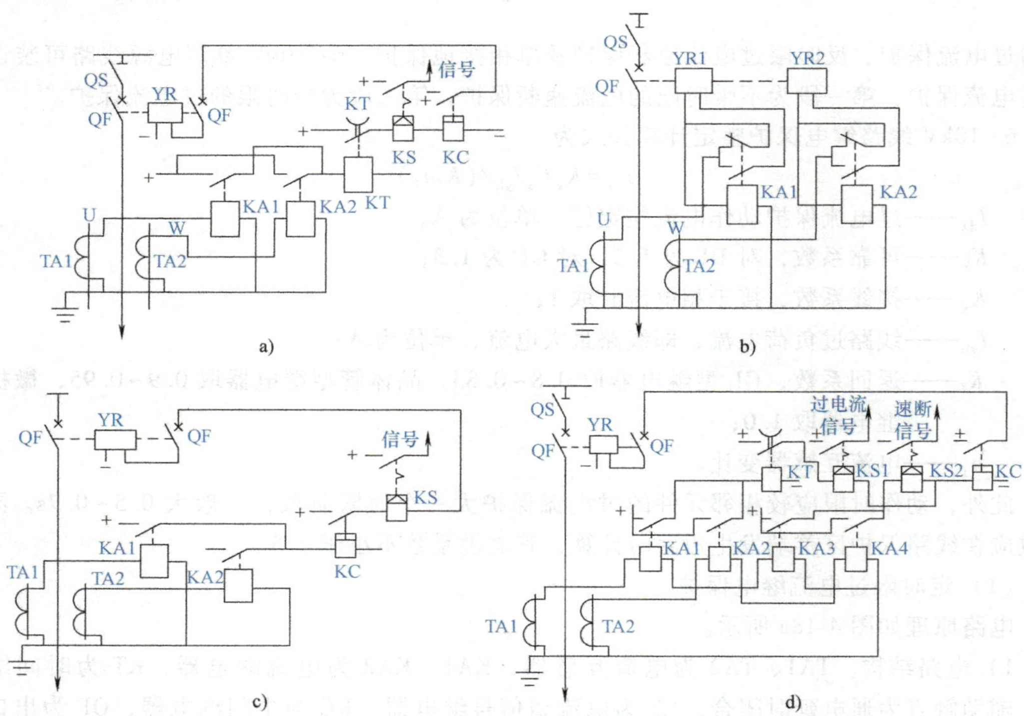

图 4-18　过电流保护装置原理图

a）定时限过电流保护装置原理图　b）反时限过电流保护装置原理图　c）电流速断保护装置原理图　d）电流速断和定时限过电流保护装置原理图

1）电路结构。由过电流继电器 KA1、KA2、时间继电器 KT、信号继电器 KS1 和中间继电器 KC 完成定时限过电流保护。由 KA3、KA4、KS2 和 KC 完成电流速断保护。

2）工作原理。请读者根据上述知识自行分析。应该指出的是，带时限的电流速断保护不但能保护线路全长，而且能保护下一段线路的一部分。

三、差动保护

差动继电器常用作两绕组或三绕组电力变压器或发电机内部故障点的速断保护。它不能用于设备外部电路短路故障点的保护和切除。

为了测量继电器总流入电流 $\sum I$，需要在各分支上装上变比相同的电流互感器，并将它们的同极性端子并联以后，接至继电器。此时，流过继电器的电流为

$$I_j = \sum I / K_i$$

式中 K_i——电流互感器变比。

可见，当被保护元件正常运行和外部发生故障时，$I_j = 0$，保护不动作；而当内部发生故障时，$I_j = I_k / K_i > 0$，保护应动作。基于这种工作原理的两种典型的变压器差动保护安装接线图如图 4-19 所示。

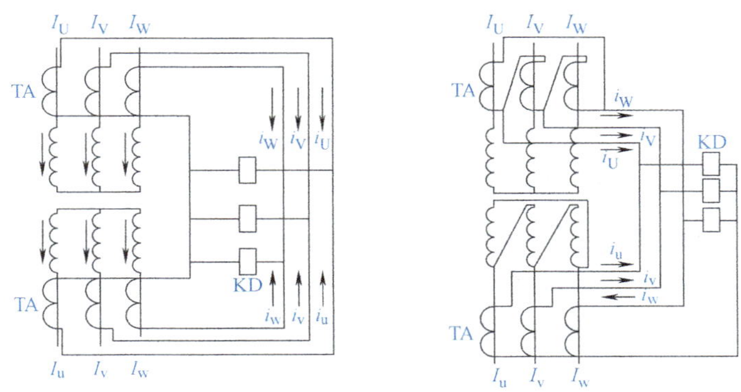

图 4-19 纵联差动保护安装接线图

a）Y/Y 型变压器差动保护接线 b）Y/D 型变压器差动保护接线

四、欠电压保护

严重的过负荷电流不但使电力系统电流显著增大，而且使母线电压下降。当过电流保护不能满足其动作灵敏度的要求和躲过过负荷电流时，可采用低电压闭锁的过电流保护装置。

低电压闭锁的过电流保护装置工作原理如图 4-20 所示。图中三个电压继电器 KV1、KV2、KV3 接在电压互感器的线电压上，电压继电器的触点通过中间继电器 KC1 间接与电流继电器 KA1、KA2 的动合触点串联，以实现电流闭锁。换句话说，这种保护装置动作的选择性通常由电流型继电器与电压型继电器互相配合来实现。在短路故障或严重过负载时电流增大，电流继电器动作，同时电压降低使电压继电器触点恢复闭合，时间继电器延时闭合，中间继电器 KC2 得电，接通跳闸线圈 YR，使断路器 QF 跳闸。由此不难看出，该种类型的保护装置在任何相短路时，均能获得较高的灵敏度。欠电压保护装置的整定值可由下式决定：

$$U_{dz}=0.9U_e/(K_kK_fn_y)$$

式中 U_{dz}——整定电压值，单位为V；

U_e——额定电压值，单位为V；

K_k——可靠系数，取1.1~1.25；

K_f——返回系数，取1.25；

n_y——电压互感器变比。

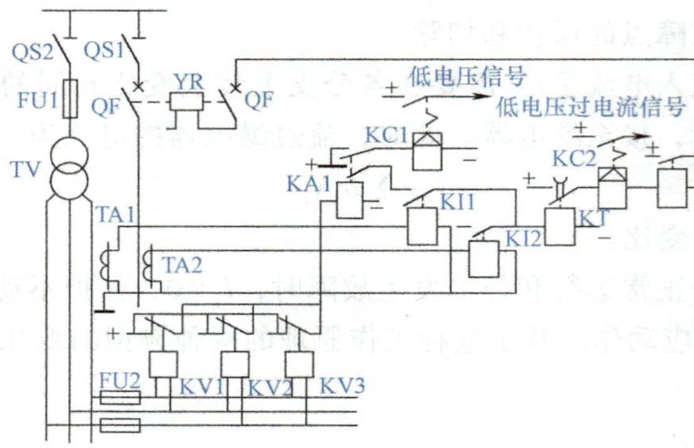

图4-20 低电压闭锁的过电流保护装置工作原理

五、零序电流保护及绝缘监视

零序电流保护原理如图4-21所示，当负荷对称运行时，三相电流和为零，二次线圈无零序电流；若发生单相接地故障现象时，三相电流不平衡，系统中就产生零序电流。当中性点与地绝缘时，该电流为系统中所有元件的总电容电流减去被保护线路的电容电流。当零序电流大到一定值时，便使得接在二次回路中的继电器动作跳闸或给出信号。

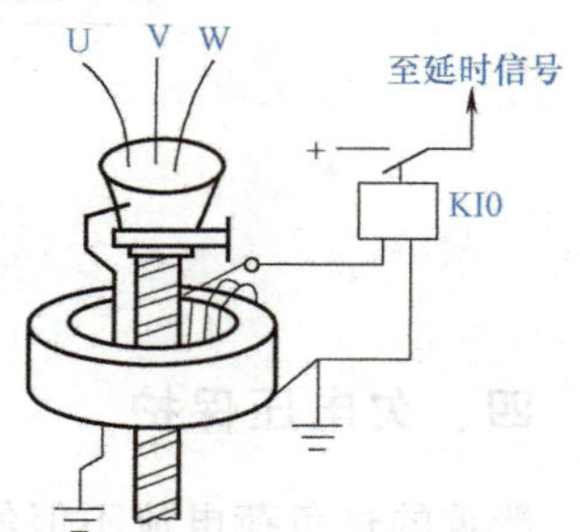

图4-21 零序电流保护原理

在6~10kV的变配电系统电网中，使用三相五柱式电压互感器构成绝缘监视装置，其典型接线如图4-22所示。三个电压表接在电压互感器的三相电压线路上，指示出每相对地电压，当一相发生接地时，该相电压的指示值为零，另外两相电压表指示值升高为线电压。接在开口三角形上继电器就发出接地信号。该继电器可以是电压继电器，也可接入串联电阻的电流继电器，或者在开口三角形上只接监视仪表不接继电器。

六、自动重合闸

重合闸装置接线原理如图4-23所示。工作原理分析如下：

1. 电力线路正常运行时

电力线路正常运行时，控制开关SA1、选择开关SA2处于合闸位置（ON），电源“+”经FU1→SA2的①、③→重合闸继电器KRC的⑧端→电阻R_4→电容C→重合闸继电器KRC

的③端→熔断器 FU2→电源“−”，组成的电流回路给 C 充电，充电左正右负。同时指示灯 H 亮，指示控制小母线电压正常。

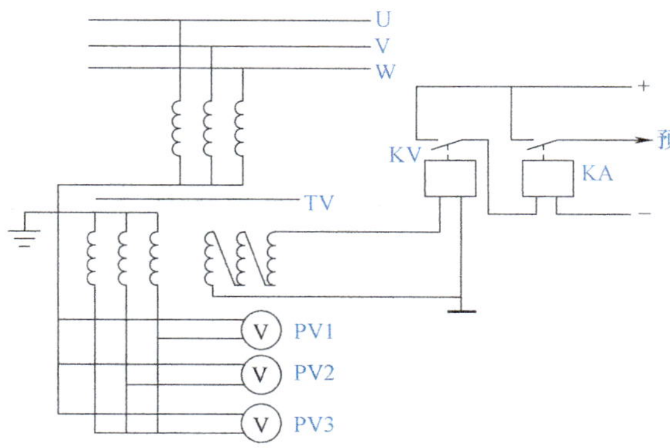

图 4-22　绝缘监视装置原理图

2. 电力线路发生短时性故障时

电力线路发生故障时，继电保护装置动作，断路器 QF 的跳闸线圈 YR 得电，QF 跳闸，QF 的辅助触点全部复位，而 SA1 仍在合闸位置。起动回路的 QF（1-2）辅助常闭触点恢复闭合后，电源“+”经 FU1→SA2 的①、③→重合闸继电器 KRC 的⑧端→时间继电器 KT 线圈→电阻 R_5→重合闸继电器 KRC 的⑦端→SA1 的 21、23→QF 的 1、2→FU2→电源“−”给出重合闸信号。KT 线圈得电，延时约 0. 8s 后，KT 通电延时辅助常开触点闭合，电容 *C* 对 KC 电压线圈放电，使得位于出口信号回路的 KC 辅助常开触点闭合，信号继电器 KS 得电，合闸接触器线圈 KM 的电流回路经连接片 XB 得电，使断路器重新合闸。同时，位于信号灯回路的 KC 辅助常闭触点断开，灯 HL 灭。合闸成功后，起动回路的 QF（1-2）辅助常闭触点再次断开，QF（3-4）断开合闸回路，中间继电器 KC 复位。

3. 电力线路发生持续性故障时

一次重合闸成功后，若电力线路的故障为持续性故障，则断路器重合后保护装置使断路器再次跳闸，由于电容 C 来不及充电到足以使中间继电器 KC 线圈动作的电压值（充电持续

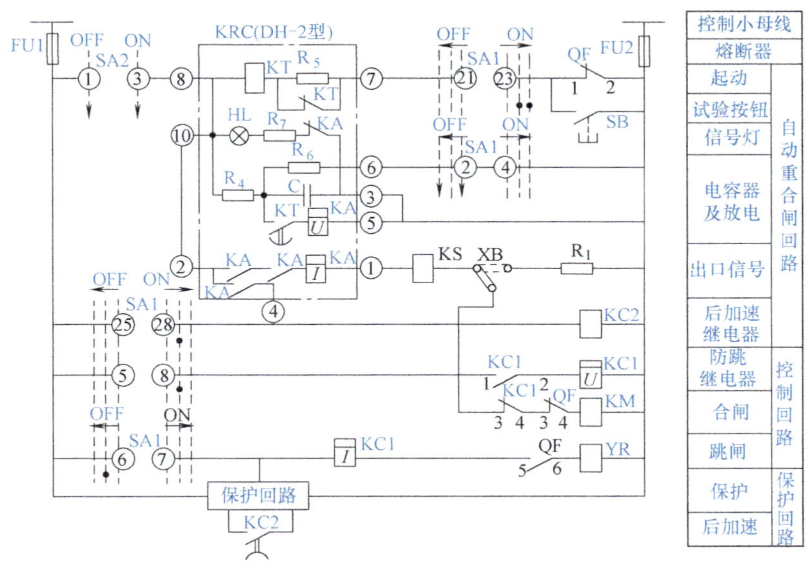

图 4-23　重合闸装置接线原理

时间与电容 C 和充电电阻 R_4 的数值有关，一般充电时间常数为 15~20s)，故 KC 拒动，防止连续合闸。

【实践指导】

训练 1 电流继电保护装置整组试验

一、训练目的

进一步了解电流继电保护装置的组成，掌握电流继电保护装置整组试验的接线、试验内容和操作要领。

二、训练准备

1）准备电流继电保护装置系统整组试验接线图及相关技术资料。

2）准备试验用仪器、仪表及测试用工具、材料。主要有刀开关、自耦调压器、变流器、电流互感器、电流继电器及电工常用工具一套、连接导线若干。

三、训练要领

(1) 检查接线

经认真仔细的检验后，确定认为二次接线回路及其他线路没有接错，将所拆下的接线恢复到原来位置，并使其排列整齐，将螺丝重复拧紧一次，不能有松动现象。

(2) 二次动作电流试验

送入操作电源，用万用表电压档测量电压是否送入配线盘端子上，电压值应符合要求。然后合上油断路器，合闸指示红灯应该亮。拆开电流互感器保护回路端子，接入电流发生器端子 X 与 X1，如图 4-24 所示，合上开关 S，调节自耦调压器 TA，使电流升到整定值，电流继电器接点闭合，断路器应立即跳闸，红灯熄灭，绿灯点亮，如装有信号继电器则掉牌示警或发出警鸣。

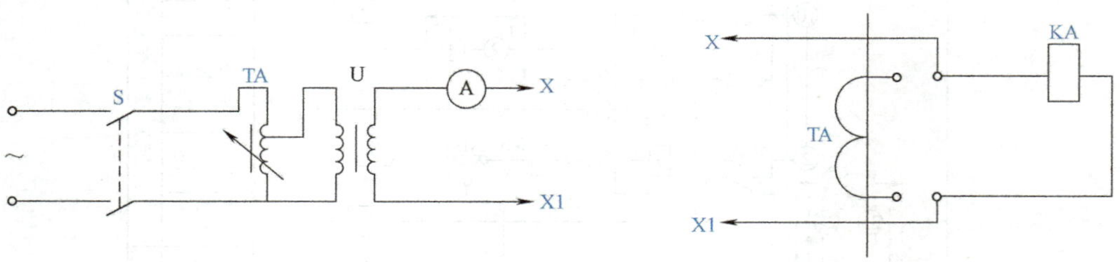

图 4-24 二次动作电流试验接线图

S—刀开关 TA—自耦调压器 U—变流器 TA—电流互感器 KA—电流继电器

这样可重复试验几次，可认为分闸动作正常，如不动作，一般是线路接错；某处断线或接触不良或接有速饱和变流器的二次抽头不对，最常见的是断路器分闸机构有毛病。分闸线圈断线，冲击力不够等，应调整断路器机构。

(3) 一次大电流试验

电流互感器二次回路用小电流进行整组试验，只能逐相地进行，最好在电流互感器一次侧送入大电流进行模拟系统试验，接线如图 4-25 所示。

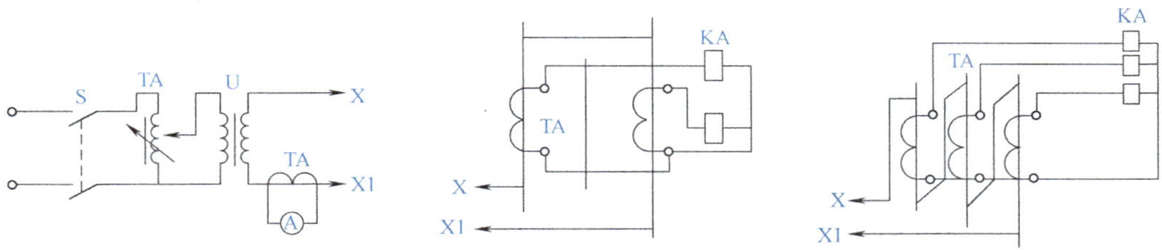

图 4-25　一次电流试验接线图

通过标准电流互感器测得的一次电流值，换算到被测试的电流互感器二次侧后，应与串联在二次回路中电流表的实际指示值相同。把电流调节到动作电流，通过操作电源使断路器跳闸，如果是定时限过电流保护装置，则必须在整定时间内跳闸。

（4） 测定断路器分合闸动作时间

测定断路器分合闸动作时间，以前一般使用频率计算器（电秒表）来测定，不过测试精度不高。目前采用数字显示毫秒表。如要求更为精确，必须采用 8 线示波器测定，该仪器具有磁电式测量机构，可记录各种电量或经过变换的非电量的变化过程，被测量的波形拍摄于标准宽度的电影胶片上，以每秒 50Hz 的波形来计算测定分合闸时间，其准确度相当精确。

四、注意事项

1） 采用大电流整组试验时，其大电流发生器（变流器）要有足够的容量配合整组的保护回路的负荷，要选用足够截面积的导线，接触电阻值要尽量小，导线之间切不能绞合，否则会引起电流不稳定使电流上升不到需要的数值。

2） 在二次保护回路输入整定值的倍数电流，以 2~8 倍的整定电流逐个地试验速断跳闸动作。

3） 如在现场试验，没有适用的电流发生器，小电流整组试验可以用 36V 安全变压器，大电流整组试验也可利用 5kV · A 单相自耦调压器代用。

训练 2　差动保护装置系统整组试验

一、训练目的

了解差动保护装置的结构，熟悉差动保护装置整组试验的项目、要求和试验操作要领。

二、训练准备

1） 准备变压器差动保护试验接线图及相关技术资料。

2） 准备试验用仪器、仪表及测试用工具、材料。主要有三相变压器、移相变压器、功率表、电压表、电流表、电源开关，以及电工常用工具一套、连接导线若干。

三、训练步骤

试验前，应通过检查证实二次回路接线正确无误，方能进行差动保护加入运行前的整组试验。试验按下列项目进行：

1）检查二次电流相位，如图4-26所示。

2）将电流表和功率表接在变压器的短路侧C相电流 i_C 回路中，功率表的电压线圈通过切换开关 S_1、S_2 分别接到相位差为120°的三个线电压 U_{ab}、U_{bc}、U_{ca} 上（由移相变压器YX提供）。分别读取 i_C 在接入三个电压时的瓦特数。若功率表指示为负值，将电压线换接一下即可，并在记录数据前加一“-”号。

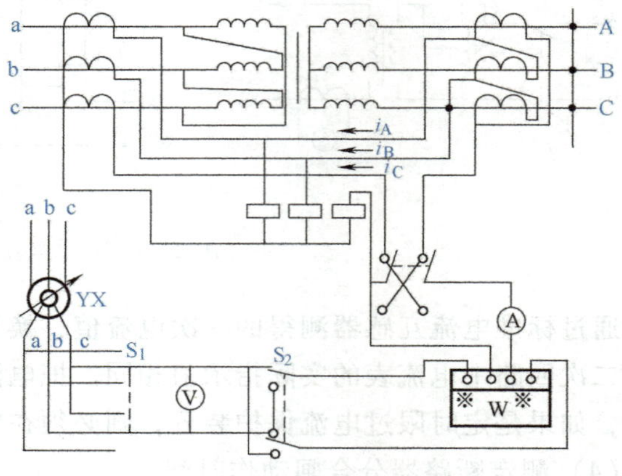

图4-26 变压器差动保护试验接线图

3）改变功率表电流线圈的相序，用上述相同的方法测 i_A、i_a、i_B、i_b、i_C、i_c 分别对应 U_{ab}、U_{bc}、U_{ca} 的值。

4）将上述测量结果填入表4-1中。

表4-1 二次电流相位试验测量值

I / U	i_A	i_a	i_B	i_b	i_C	i_c
U_{ab}						
U_{bc}						
U_{ca}						

5）绘制六角相量图，如图4-27所示。方法是：先画出三个大小相等，相位差为120°的电压相量 U_{ab}、U_{bc}、U_{ca}；设 I_A 对 U_{ab} 的瓦特数为 $P_{ab\cdot A}$，在 U_{ab} 上画出 $P_{ab\cdot A}$，并在其终点做 U_{ab} 的垂线，用同样的方法做 U_{bc}、U_{ca} 的垂线，此三条垂线必然交于一点，从原点 O 到该交点的有向线段即为相量 i_A。最后用同样的方法做出相量 i_a、i_B、i_b、i_C、i_c。

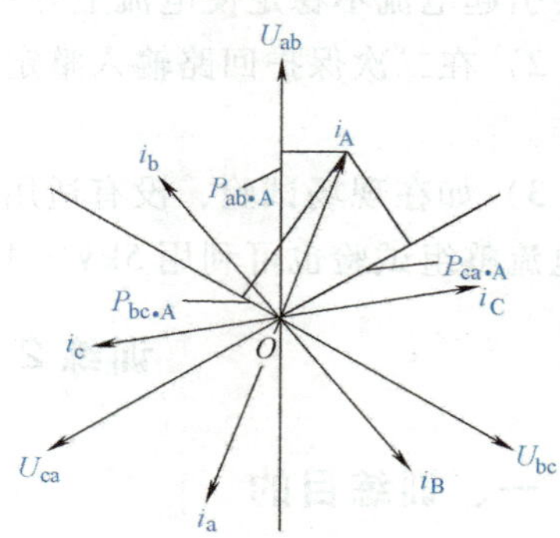

图4-27 六角相量图

6）分析试验结果。如果 i_A 与 i_a、i_B 与 i_b、i_C 与 i_c 相差180°而误差不大于5°，则认为二次电流的相位是正确的。

7）不平衡电流的测量方法。用毫伏表测量串联在差流回路中的标准低电阻上的压降后计算电流值。或者用高阻电压表（1000Ω/V）测量执行元件的过电流线圈两端电压（这种方法也可称作差压法）。

8）不平衡电流的测量结果分析。当变压器为额定电流时，不平衡电流应不大于电流互感器二次电流的 5%；用差压法测量时，要求过电流线圈的端电压不应大于 0.15V。

四、注意事项

1）检查二次电流相位试验时，换接电流回路应通过可靠的试验端子板或短路开关，否则应断开电源并放电后再继续进行。

2）不平衡电流测量也可用交流毫安表测量，但其内阻不应大于 5Ω。

【四新技术】

电力设备预防性试验有关规定

电气设备预防性试验是判断设备能否投入运行、预防设备损坏及保证运行的重要措施。凡电力系统的设备，均应根据电力部颁布的现行《电力设备预防性试验规程》的要求作为检验标准。

其具体要求如下：

1）《电力设备预防性试验规程》的各项规定是检查设备的基本要求，应认真执行。在维护、检修工作中，有关人员还应执行部颁检修、运行的有关规定，不断提高质量，坚持预防为主，积极改进设备，使设备能长期、安全、经济地运行。

2）坚持科学的态度，对试验结果必须全面地、历史地进行综合分析，掌握设备性能变化的规律和趋势。要加强技术管理，健全资料档案，开展技术革新，不断提高试验技术水平。

3）额定电压为 110kV 以下的电气设备，应按《电力设备预防性试验规程》规定进行交流耐压试验（有特殊规定者除外）。

4）进行绝缘试验时，应尽量将连接在一起的各种设备分离开来单独试验（成套设备除外），同一试验标准的设备可以连在一起试。为了便于现场试验工作，已经有了单独试验记录的若干同一试验标准的电气设备，在单独试验有困难时，也可以连在一起进行试验，此时，试验标准应采用连接的各种设备中的最低标准。

5）当电气设备的额定电压与实际使用的额定工作电压不同时，应根据下列原则确定试验电压的标准：

① 当采用额定电压较高的电气设备以加强绝缘者，应按照设备的额定电压标准进行试验；采用额定电压较高的电气设备，在已满足产品通用性的要求时，应按照设备实际使用的额定工作电压的标准进行试验。

② 采用较高电压等级的电气设备，在已满足高海拔地区或污秽地区要求时，应在安装地点按照实际使用的额定工作电压的标准进行试验。

6）在进行与温度、湿度有关的各种电器试验时（如测量直流电阻、绝缘电阻、损耗因数、泄漏电流等），应同时测量被试物和周围空气的温度、湿度。绝缘试验应在良好的天气，且被测试物温度及周围空气温度不低于 5℃，空气相对湿度一般不高于 80%的条件下进行。

7）对于绝缘电阻的测量，规定用 60s 的绝缘电阻（R_{60}）；吸收比的测量，规定用 60s 与 15s 绝缘电阻的比值（R_{60}/R_{15}）。

任务三 继电保护装置运行与维护

【知识解读】

一、继电保护装置概述

继电保护与安全自动装置（以下简称保护装置）主要包括：完成数据采集和处理、遥控和通信等功能的监控装置；发电机、变压器、电动机、电抗器、电力电容器、母线、线路及滤波补偿等设备的保护装置；自动重合闸、备用设备及备用电源自投装置、自动调整励磁、发电机低频自启动、发电机自同期与准同期、按频率自动减负荷、振荡或预测（切负荷、切机、解列等）、故障录波装置及其他保证系统安全的自动装置等；连接控制与保护装置二次回路与元件。《继电保护和安全自动装置技术规程》（GB/T 14285—2006）规定：电力系统继电保护和安全自动装置的功能是在合理的电网结构前提下，保证电力系统和电力设备的安全运行。

二、继电保护装置基本要求

继电保护和安全自动装置应符合可靠性、选择性、灵敏性和速动性等基本要求。

1）可靠性是指保护该动作时应动作，不该动作时不动作。为保证可靠性，宜选用性能满足要求、原理尽可能简单的保护方案，应采用由可靠的硬件和软件构成的装置，并应具有必要的自动检测、闭锁、告警等措施，以及便于整定、调试和运行维护。

2）选择性是指首先由故障设备或线路本身的保护切除故障，当故障设备或线路本身的保护或断路器拒动时，才允许由相邻设备、线路的保护或断路器失灵保护切除故障。

为保证选择性，对相邻设备和线路有配合要求的保护和同一保护内有配合要求的两元件（如起动与跳闸元件、闭锁与动作元件），其灵敏系数及动作时间应相互配合。

当重合于本线路故障，或在非全相运行期间健全相又发生故障时，相邻元件的保护应保证选择性。在重合闸后加速的时间内以及单相重合闸过程中发生区外故障时，允许被加速的线路保护无选择性。在某些条件下必须加速切除短路时，可使保护无选择动作，但必须采取补救措施，例如采用自动重合闸或备用电源自动投入来补救。发电机、变压器保护与系统保护有配合要求时，也应满足选择性要求。

3）灵敏性是指在设备或线路的被保护范围内发生故障时，保护装置具有的正确动作能力的裕度，一般以灵敏系数来描述。灵敏系数应根据不利正常（含正常检修）运行方式和不利故障类型（仅考虑金属性短路和接地故障）计算。

4）速动性是指保护装置应能尽快地切除短路故障，其目的是提高系统稳定性，减轻故障设备和线路的损坏程度，缩小故障波及范围，提高自动重合闸和备用电源或备用设备自动投入的效果等。

三、继电保护装置类型

电力系统的保护通常分为主保护、后备保护、辅助保护和异常运行保护四种。电力系统中的电力设备和线路，应装设短路故障和异常运行的保护装置。电力设备和线路短路故障的保护应有主保护和后备保护，必要时可增设辅助保护。

1）主保护是满足系统稳定和设备安全要求，能以最快速度有选择地切除被保护设备和线路故障的保护。

2）后备保护是主保护或断路器拒动时，用以切除故障的保护。后备保护可分为远后备和近后备两种方式：远后备是当主保护或断路器拒动时，由相邻电力设备或线路的保护实现后备；近后备是当主保护拒动时，由该电力设备或线路的另一套保护实现后备的保护。当断路器拒动时，由断路器失灵保护来实现后备保护。

3）辅助保护是为补充主保护和后备保护的性能或当主保护和后备保护退出运行而增设的简单保护。

4）异常运行保护是反应被保护电力设备或线路异常运行状态的保护。

四、继电保护装置操作运行

1）在有关保护装置及二次回路的工作必须有工作票。

2）在保护装置及二次回路上工作前，运行人员必须审查继电保护工作人员的工作票及其安全措施，凡可能引起保护装置误动作的一切工作，运行人员必须采取防止保护装置可能误动作的有效措施。

3）保护继电器或微机型继电保护装置检验合格后应由继电保护检定人员加铅封或加密，密码资料在继电保护管理部门书面备案。在继电保护工作完毕后，运行人员应进行验收，如检查拆动的接线、元件、标志是否恢复正常，压板位置、试验交接记录所写内容是否清楚等，验收合格后方可投入运行。

4）保护装置在新投入或经过变更时，属电力调度管辖的设备，运行人员必须和当值电力调度员进行整定值和有关注意事项的核对，无误后方可投入运行。

5）运行人员必须对保护装置及其二次回路进行定期巡视。如发现异常，应及时汇报电力调度员和有关人员；按保护装置整定所规定的允许负荷电流或允许负荷曲线，对电气设备或线路的负荷潮流进行监视。如发现可能使保护装置误动的异常情况时，应及时与继电保护部门联系，并按管辖范围的划分向有关人员汇报。紧急情况下，可先行将保护装置停用，事后立即汇报。发现保护装置及二次回路存在缺陷及不正常情况，应做出记录，通知有关部门消除及处理。

6）对继电保护动作时的信号，必须经值班长与值班人员共同确认，准确记录后，方可复归，并按管辖范围的划分及时向有关部门汇报。

7）正常情况下，变电所的电压互感器和线路侧电压互感器（或电压抽取装置）不允许退出运行，必须退出运行时应充分考虑到其对保护装置的影响，并征得继电保护主管部门的同意，采取防范措施。

8）为避免综合继电保护、微机保护装置等电子设备受电磁信号的干扰而发生误动作，在该类设备运行时，其周围 2m 内严禁使用对讲机、手机等电子器具，该类设备的装设地点必须有明显的警示标志。

五、继电保护装置异常分析

（1）继电保护装置异常

1）保护拒动。设备发生故障后，由于继电保护的原因使断路器不能动作跳闸，称为保护拒动。拒动的原因有：继电器故障；保护回路不通，如电流回路开路，保护连接片、断路器辅助触点、继电器触点等接触不良及回路断线；电流互感器变比选择不当，故障时电流互感器严重饱和，不能正确反应故障电流的变化；保护整定值计算及调试中发生错误，造成故障时保护不能起动；直流系统多点接地，使得中间继电器或跳闸线圈短路。

2）保护误动。保护装置误动的原因主要有：直流系统多点接地，使得中间继电器或跳闸线圈励磁动作；运行中保护定值变化，使保护失去选择性；保护接线错误，或极性接反；保护整定值计数或调试不正确，如整定值过小，用户负荷增大过多；双回路供电线路其中一回路停电，另一条线路运行保护未按规定改大定值等造成误跳闸；保护回路工作的安全措施不当，如未断开应拆开的接线端子和联跳连接片，误碰、误触及、误接线等，使断路器误跳闸；电压互感器二次断线，如电压互感器的熔断器熔断，有些断线闭锁不可靠的保护可能误动，在此情况下，一般会有“电压回路断线”信号、电压表指示不正确。

（2）制动装置异常

重合闸拒动，其原因主要有：重合闸失掉电源；断路器合闸回路接触不良；重合闸装置内部时间继电器或中间继电器线圈断线或接触不良；重合闸装置内部电容器或充电回路故障；重合闸连接片接触不良；防跳跃中间继电器的常闭触点接触不良；合闸熔断器熔断或合闸接触器损坏。

（3）继电保护回路常见的异常

继电保护回路常见的异常有：继电器故障，线圈冒烟，回路断线；继电器触点粘连分不开或接触不良；保护连接片未投、误投、误切；继电器触点振动较大或位置不正确。

继电保护回路出现上述异常时应立即停用有关保护及自动装置，并尽快报告调度员及保护专责人员，以便进行处理。

（4）中央信号装置异常

中央信号运行中的异常主要有以下两种：

1）事故音响信号不响。断路器自动跳闸后，蜂鸣器不能发出音响，其原因有：蜂鸣器损坏；冲击继电器发生故障；跳闸断路器的事故音响回路发生故障，如信号电源的负极熔断器熔断，断路器辅助触点、控制开关触点接触不良；直流母线电压太低。

2）预告信号不动作。电气设备发生异常时，相应的预告信号不动作，其原因有：警铃故障；冲击继电器故障；预告信号回路不通等。

【实践指导】

训练继电保护及安全自动装置项目检查

一、训练目的

熟悉继电保护及安全自动装置巡视检查项目，掌握巡检具体技术要求和检查方法，并完成检查报告。

二、训练准备

1）熟悉系统装置结构组成和安全操作规程，掌握操作测试技术规范。

2）准备试验用电工常用工具、仪表、绝缘手套、绝缘靴等安全防护用品等。

三、训练步骤

1. 技术管理

技术管理检查项目包括保护装置自动运行情况、查验报告、技术资料、定值管理等项目，具体检查内容见表 4-2。

2. 设备检查

设备检查项目如下：

1）检查模拟盘各元件的位置指示是否与实际运行工况一致。

2）检查中央信号是否正常。

3）检查控制屏（监控系统各运行参数）各仪表显示是否正常，有无过负荷现象；控制屏各位置信号是否正常；母线电压三相是否平衡、正常；系统频率是否在规定的范围内。

4）检查变压器远方测温指示和有载调压指示是否与现场一致。

5）检查二次回路及继电保护各元件有无异常，接线是否紧固，有无过热、异味、冒烟现象。

6）检查交直流切换装置工作是否正常。

7）检查继电保护及自动装置的运行状态、运行监视是否正确、有无异常信号；继电保护及自动装置屏上各小开关、把手的位置是否正确。核对继电保护及自动装置的投退情况是否符合调度命令要求。

8）检查高频通道测试数据是否正常。检查记录有关继电保护及自动装置计数器的动作情况。检查微机录波保护和录波器的定值和时钟是否正常。

9）检查屏内电压互感器、电流互感器回路有无异常；检查屏内照明和加热器是否完好，是否按要求投退。

10）微机保护的打印机运行是否正常，有无打印记录。

设备检查主要项目见表 4-2。

3. 班组管理

班组管理检查项目见表 4-2。

表 4-2 继电保护及安全自动装置项目检查内容

序号	项目	分项目	检查内容	检查方法
1	技术管理	全部保护及自动装置正确动作及运行情况	保护装置能够正确动作，自动装置运行正常	查阅相关资料
		查验报告	有校验报告	查阅试验报告
			按规程查验项目完整、齐全	查阅试验报告及有关记录
			查验报告手续完整	查阅试验报告
		技术资料	有完整的保护及自动装置配置图	查阅相关资料
			保护班有设备台账、保护原理图、二次接线图	查阅相关资料
			设备接线变更记录、设备消缺记录、巡查记录	查阅相关资料

（续）

序号	项目	分项目	检查内容	检查方法
1	技术管理	技术资料	运行规程、检修规程齐全	查阅相关资料
			保护动作的动作信息、采样报告、故障录波图齐全完整	查阅相关资料
		定值管理	整定计算书、设备参数正确及完整	查阅相关资料
			继电保护定值变更认真执行定值通知单制度，各保护定值与定值单相符	对照查阅通知单、记录和台账
			定值单无涂改、三级审核手续齐全	查阅定值通知单
		不正确动作检查	不正确动作有报告	查阅有关资料
		反措	按期完成上级主管部门制定的反措要求	查阅反措记录
2	设备检查	现场检查	保护盘柜及盘柜的继电器、压板，试验端子、熔断器是否符合安全要求（包括名称、标志齐全、清晰）；室外保护端子箱整洁严密	现场检查
			微机保护装置、故障录波器时钟准确误差≤10s，打印机纸张充足、无卡纸	现场检查
			应定期测试有关保护技术参数，按规定测试、记录齐全、正确	查阅现场运行记录
			保护及安全自动装置动作、投入和退出以及动作情况的记录齐全、内容完整	查阅有关资料
			图样应与实际相符	现场核对图样
3	班组管理	技术培训	有详细培训计划，并按计划开展培训活动	查阅资料
		资料管理	所用图样、资料、记录及规程装订整齐，查阅方便	检查保护班
		仪器仪表管理	表计完好，仪器仪表分类摆放，标志清晰	检查保护班
			表计及仪器按期送校	检查保护班

四、安全注意事项

1）注意做好检查前的技术资料准备和个人安全防护工作。

2）检查过程中的异常现象应及时记录和汇报处理。

3）严格遵守继电保护装置巡视检查操作规程。

【四新技术】

继电保护技术规程摘要

《继电保护和安全自动装置技术规程》（GB/T 14285—2006）对二次回路的工作电压、控制电缆、继电保护、接线型式、安装布置等提出了具体的技术要求，了解这些规定对从事继电保护系统设计有一定帮助。

1）二次回路的工作电压不宜超过250V，最高不应超过500V。互感器二次回路连接的负荷，不应超过继电保护和安全自动装置工作准确等级所规定的负荷范围。

2）发电厂和变电所，应采用铜芯的控制电缆和绝缘导线。在绝缘可能受到油浸蚀的地方，应采用耐油绝缘导线。按机械强度要求，控制电缆或绝缘导线的芯线最小截面积，强电控制回路其截面积不应小于 1.5mm^2，屏、柜内导线的芯线截面积应不小于 1.0mm^2；弱电控制回路其截面积不应小于 0.5mm^2。电缆芯线截面积的选择还应符合不同回路要求。电流回路：应使电流互感器的工作准确等级符合继电保护和安全自动装置的要求。无可靠依据时，可按断路器的断流容量确定最大短路电流；电压回路：当全部继电保护和安全自动装置动作时（考虑到电网发展，电压互感器的负荷最大时），电压互感器到继电保护和安全自动装置屏的电缆压降不应超过额定电压的 3%；操作回路：在最大负荷下，电源引出端到断路器分、合闸线圈的电压降，不应超过额定电压的 10%。

3）安装在干燥房间里的保护屏、保护柜、开关柜的二次回路，可采用无护层的绝缘导线，在表面经防腐处理的金属屏上直敷布线。保护和控制设备的直流电源、交流电流、电压及信号引入回路应采用屏蔽电缆。

4）当控制电缆的敷设长度超过制造长度，或由于屏、柜的搬迁而使原有电缆长度不够时，或更换电缆的故障段时，可用焊接法连接电缆（通过大电流的应紧固连接，在连接处应设连接盒），也可经屏上的端子排连接。控制电缆宜采用多芯电缆，应尽可能减少电缆根数。在同一根电缆中不宜有不同安装单位的电缆芯。对双重化保护的电流回路、电压回路、直流电源回路、双跳闸绕组的控制回路等，两套系统不应合用一根多芯电缆。

5）在安装各种设备、断路器和隔离开关的联锁接点、端子排和接地线时，应能在不断开 3kV 及以上一次线的情况下，保证在二次回路端子排上安全地工作。

6）发电厂和变电所中重要设备和线路的继电保护和自动装置，应有经常监视操作电源的装置。各断路器的跳闸回路，重要设备和线路的断路器合闸回路，以及装有自动重合装置的断路器合闸回路，应装设回路完整性的监视装置。监视装置可发出光信号或声光信号，或通过自动化系统向远方传送信号。

7）在可能出现操作过电压的二次回路中，应采取降低操作过电压的措施，例如对电感大的线圈并联消弧回路。在有振动的地方，应采取防止导线接头松脱和继电器、装置误动作的措施。保护屏、保护柜和保护屏、保护柜上设备的前面和后面，应有必要的标志，标明其所属安装单位及用途。保护屏、保护柜上的设备，在布置上应使各安装单位分开，不应互相交叉。试验部件、连接片、电流互感器的二次回路不宜进行切换。当需要切换时，应采取防止开路的措施。

8）保护和自动装置均宜采用柜式结构。

“1+X”证书测评

应知部分

一、选择题

1. 继电保护一般由（　　）组成。

A. 测量部分　　B. 逻辑部分　　C. 执行部分　　D. 显示部分

2. 继电保护装置的基本要求包括（　　）。

A. 选择性要求　　B. 速动性要求　　C. 灵敏性要求　　D. 可靠性要求

3. 感应式过电流继电器速断特性动作电流为整定动作电流的（　　）。

A. 2 倍　　B. 5 倍　　C. 10 倍　　D. 20 倍

4. 中间继电器在电路中的作用主要是（　　）。

A. 扩展触点数目　　B. 增大触点容量　　C. 实现远程通信控制　　D. 隔离电源

5. DH 型重合闸继电器主要由（　　）等元器件组成。

A. 时间继电器　　B. 电流继电器　　C. 热继电器　　D. 中间继电器

6. 电流互感器实际上是一种变流器，其作用是（　　）。

A. 将大电流变为小电流　　B. 将小电流变为大电流

C. 提供测量仪表和继电保护装置的电流源　　D. 产生电能

7. 电流互感器两相电流差接线适用于（　　）。

A. 平衡的三相电路中　　B. 三相三线制系统中，供测量或保护用

C. 三相三线制电路的继电器保护装置中　　D. 零序保护

8. 6~10kV 电力线路一般采用放射式供电方式，供电距离较短（通常不超过 2km），可采用的保护方式是（　　）。

A. 定时限过电流保护　　B. 瞬时电流速断保护

C. 带时限电流速断保护　　D. 低电压闭锁的过电流保护

9. 继电保护拒动的原因可能是（　　）。

A. 继电器故障

B. 直流系统多点接地，使出口中间继电器或跳闸线圈励磁动作

C. 保护回路工作的安全措施不当

D. 电压互感器二次断线

10. 过载保护装置瞬时动作电流应比电动机起动冲击电流（　　）。

A. 小　　B. 相等　　C. 略大些　　D. 大很多

二、判断题

1. 继电保护执行部分的作用是根据逻辑部分送来的信号，最后完成保护装置所担负的任务。如发出信号、跳闸或不动作等。（　　）

2. 电压继电器与电流继电器结构完全相同。（　　）

3. 中间继电器的基本结构主要由线圈、电磁铁、动触点、静触点等部件组成，其本质是一电流继电器。（　　）

4. BCH-2 型差动继电器能较好地躲避励磁涌流和外部短路暂态不平衡电流。（　　）

5. 冲击继电器是变配电所常规中央信号系统的核心元件。JC-2 型冲击继电器是利用电容的充放电来起动极化继电器的。（　　）

6. 电流互感器的二次回路不能开路，也不能加装熔断器。其二次回路一般都接有仪表，当不使用仪表时，应通过接线板使其短路并直接接地。（　　）

7. 定时限过电流继电保护动作电流按线路最大运行方式下相邻元件末端三相短路稳态电流来整定，且动作电流还应躲过线路最大负荷电流。整定时间一般为 30ms。（　　）

8. 瞬时电流速断保护只能保护线路首段，而不能保护线路全长。（　　）

9. 差动继电器常用作两绕组或三绕组电力变压器或发电机内部故障点的速断保护。它也能用于设备外部电路短路故障点的保护和切除。（　　）

10. 在 6~10kV 的变配电系统电网中，使用三相五柱式电压互感器构成绝缘监视装置。（　　）

三、简答题

1. 继电保护的基本原理是什么？
2. 电力系统对继电保护的基本要求是什么？什么叫选择性、速动性、灵敏性和可靠性？
3. 继电保护装置由哪几部分组成？各部分的作用是什么？
4. 画出电流互感器的 5 种接线方式并分析其工作原理。
5. 分析三相一次重合闸装置的工作原理。

应会部分

技能试题反时限过电流保护动作特性试验

1. 考核图样

由选题人员根据考核现场条件要求自备。

2. 准备要求

参考器材：感应型反时限过电流继电器 2 台、断路器触点及控制回路模拟箱 2 套、数字式电秒表及开关组件 1 台、可调电阻箱（3.3Ω/16.8A 和 8Ω/6.2A）各 1 台、空气开关组件 1 台、数字式交流电流表和交流电压表各 1 台、交流电源和直流操作电源各 1 路、单相自耦调压器 1 台、变流器 1 台、可调电阻 6.8Ω/10A 和 100Ω/2.4A 各 1 只、信号灯及万能开关组件 2 套、继电器组件（四）2 套。

3. 考核内容

（1）考核要求

1）按图样要求正确接线，并检查无误。

2）根据图样要求及所选继电器的整定范围设置短路点，确定动作电流和动作时限。

3）按规定调整继电器 1LJ 和 3LJ，并调整时限特性曲线。

4）调节自耦调压器 T，使电压表指示为 39.6V，调节负载电阻 R_4 使电流表指示为 1A。按规定的操作步骤完成表 4-3 中所有试验内容，并及时做好记录。

（2）时间定额

180min。

（3）安全文明生产

1）正确执行安全技术操作规程。

2）按企业有关文明生产的规定，做到工作地整洁，工件、工具摆放整齐。

4. 评分标准

由选题人员根据实际考试图样和技术要求编制。

表 4-3　反时限过电流保护试验记录

序号	代号	型号/规格	实际整定值	D 点短路时	D_1点短路时		D_2点短路时		正常负载时
					QS1 断	QS1 闭	QS1 断	QS1 闭	
1	1LJ								
2	HWJ_1								
3	HD_1								

（续）

序号	代号	型号/规格	实际整定值	D点短路时	D_1点短路时		D_2点短路时		正常负载时
					QS1断	QS1闭	QS1断	QS1闭	
4	TWJ_1								
5	LD_1								
6	TQ_1								
7	3LJ								
8	HWJ_2								
9	HD_2								
10	TWJ_2								
11	LD_2								
12	TQ_2								

模块五 供配电系统电气图识读

【教学目标】

【职业认知】

1. 了解电气一次接线图和二次接线图的基本概念。
2. 掌握供配电系统电气图解读方法。
3. 掌握供配电系统一、二次图设计规范。

【职业能力】

1. 能够熟练分析供配电一、二次图的功能、对应关系和控制过程。
2. 能够运用计算机设计一、二次电气图。

任务一 电气一次回路识图

【知识解读】

一、一次回路基本要求

电气一次回路接线的基本要求是要保证安全性、可靠性、经济性和便捷性。

1）安全性。对电气主接线的安全性，主要体现在：隔离开关的正确配置和隔离开关接线的正确绘制。隔离开关的主要用途是将检修部分与电源隔离，以保证检修人员的安全。在电气主接线图中，凡是应该安装隔离开关的地方都必须配置隔离开关，不能有遗漏之处，也不可以为了节省投资而不装。在绘制隔离开关时，电源应接在通过瓷绝缘子与隔离开关的刀片连接处，因为这样在打开和合上隔离开关时，刀片端的带电时间较短，这样可以保证操作人员的安全。

2）可靠性。电气主接线的可靠性不是绝对的。同样的形式对一些发电厂或变电所来说是可靠的，但对另一些发电厂或变电所则不一定能满足可靠性要求。所以在分析主接线图时，要考虑发电厂或变电所在整个系统中的地位和作用，也要考虑用户的负荷性质和类别。

3）经济性。电气主接线的经济性是相对而论的，在资金充足时，对经济性的要求可以放低，如果两种主接线的可靠性和方便性差不多，则选择经济性较好的一种。

4）便捷性。电气主接线应该接线简单，操作方便，尽可能地使操作步骤少，以便于运行人员掌握，不至于在操作过程中出错。电气主接线在正常运行时，要能根据调度要求，方便地改变运行方式，并在发生事故时，要能尽快地切除故障。

二、一次回路基本形式

一次接线图，也叫主接线图，是表示电能输送和电能分配路线的接线图。与一次接线直接相连的电气设备，称为一次设备或一次元件。一次接线图一般用单线绘出，图中的设备（如开关）位置都是无电压时的位置。

一次回路电气接线可分为有母线接线和无母线接线两种基本形式。有母线又可分为单母线和双母线两种形式；无母线通常分为桥式、单元和多角形三种形式，如图 5-1 所示。

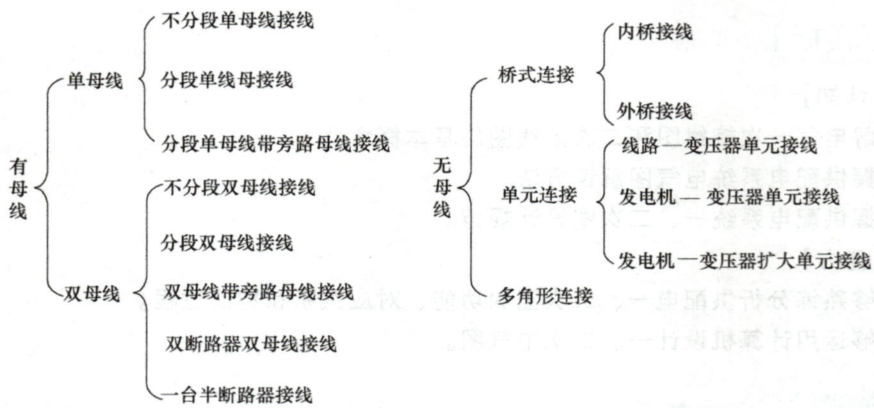

图 5-1 一次回路基本接线形式

三、电气一次回路符号

电气一次回路常见元件符号见表 5-1。

表 5-1 电气一次回路常见元件符号

序号	名称	图形符号	文字符号
1	架空线		
2	变压器 （图中箭头表示可调压）	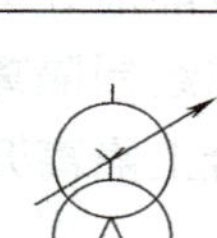	T
3	隔离开关		QS

（续）

序号	名称	图形符号	文字符号
4	断路器		QF
5	电流互感器	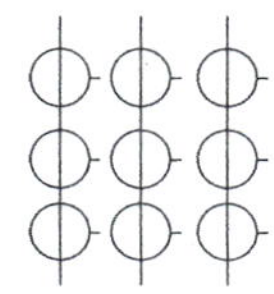	CT
6	接地刀开关		
7	避雷器		F
8	带电显示		
9	地埋电缆		
10	电压互感器	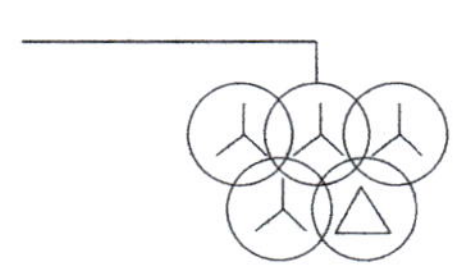	PT
11	跌落式熔断器	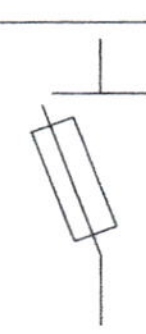	

（续）

序号	名称	图形符号	文字符号
12	过电压保护器	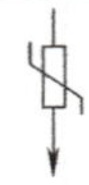	TBP
13	手车式断路器		
14	电动机	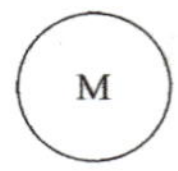	M
15	发电机	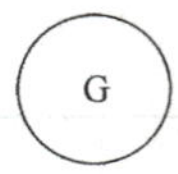	G

四、电气一次回路解读

1. 电气识图要点

1）了解基本情况。了解变电所在系统中的地位和作用，如果全厂或全所停电会造成什么影响。对发电厂要了解它的总容量，对变电所要了解它的供电范围。了解发电厂或变电所的类型。对发电厂，要知道是火力发电厂、水力发电厂还是核电站；对变电所，要知道是枢纽变电所、地区变电所还是用户变电所，是中间变电所还是终端变电所。对新建的或是扩建的发电厂或变电所，要了解该发电厂或变电所之所以要建或扩建的必要性。

2）了解发电机和主变压器的主要技术参数。这些技术参数可能在电气主接线图中，也可能列在设备表内。

3）明确各个电压等级的主接线基本形式。一般发电厂或变电所都有两三个电压等级，读图时应逐个阅读电气主接线图，明确各个主接线的基本形式。对于发电厂，先看发电机电压等级的主接线基本形式；再看主变压器高压侧的主接线基本形式；最后看中压侧的主接线基本形式。对于变电所，先看高压侧主接线基本形式，再看中压侧的主接线基本形式，最后看低压侧的主接线基本形式。

4）检查开关的配置情况。主要有两点：一是对断路器配置的检查。与电源有联系的各侧都应配置断路器，否则，不符合电气主接线图的要求。二是对隔离开关配置的检查。该装隔离开关处是否装有隔离开关，需要检测；检查隔离开关绘制方法是否正确，如有将刀片端与电源相连的，则不符合电气主接线要求。

5）检查互感器的配置情况。互感器主要是能满足测量和继电保护的需要，检查时应注意：该装电流互感器和电压互感器的地方是否都已配置；配置电流互感器的地方，查看配置电流互感器的只数；查看各个电流互感器的铁心数，看是否满足需要。

6）检查避雷器的配置情况。有时不绘出避雷器，如果主接线图中绘出避雷器，则要检查避雷器的配置是否齐全，如不全，应补全。

2. 典型图例解读

这里主要介绍有母线基本一次回路电气原理与接线，典型一次回路图示及解读见表5-2。

表 5-2　典型一次回路图示及解读

<table>
<tr><th>序号</th><th>名　　称</th><th>图　　示</th><th>解　　读</th></tr>
<tr><td>1</td><td>不分段单母线接线</td><td>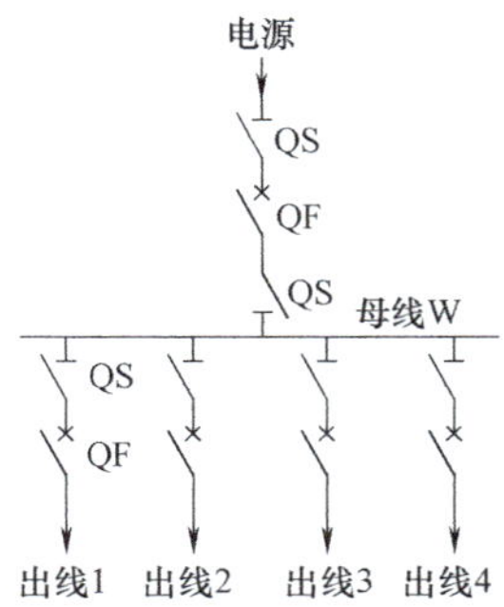

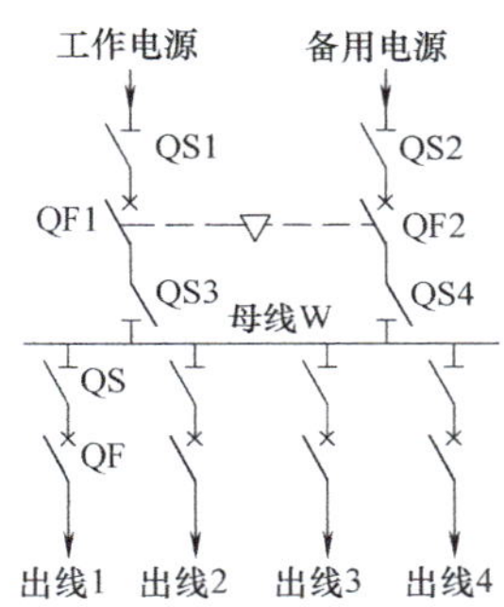
</td><td>为了能在接通或断开电源，并在故障情况下自动切断故障电流，每一个电源回路和出线回路中都装有断路器。为了保证检修人员的安全，断路器侧还装有隔离开关。
不分段单母线接线的优点是：接线简单、操作方便、设备少、经济性好；并且母线便于向两端延伸，扩建方便。
缺点是：
1）可靠性差。出现回路的断路器进行检修时，该回路要停电，直至断路器修好，也可能是长期停电；母线或母线隔离开关检修或故障时，所有回路都要停止工作，也就是造成全厂或全所长期停电；
2）调度不方便。电源只能并列运行，不能分列运行。并且线路侧发生短路时，有较大的电流</td></tr>
<tr><td>2</td><td>分段单母线接线</td><td>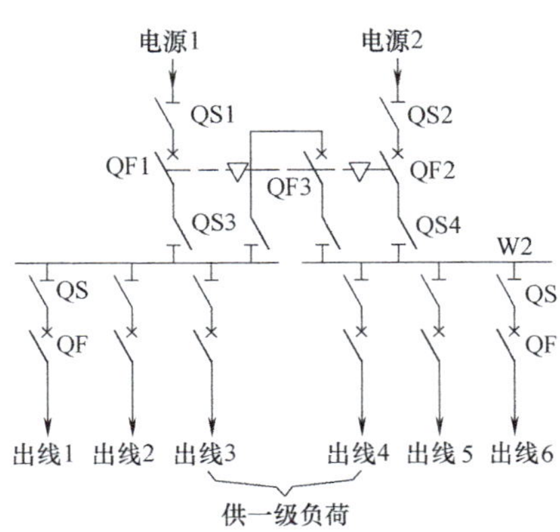
</td><td>为了克服不分段单母线的一些缺点，可以用断路器将母线分段，可根据电源数目和功率分段。分段断路器两侧应装有隔离开关，供该断路器检修用。分段断路器在正常工作时可以投入使用，也可以断开。
如果正常运行时，分段断路器是接通的，则当任一端母线出现故障时，母线继电器保护会断开连在母线上的断路器和分段断路器。这样另一段母线仍能继续工作。如果一条母线上的电源断开了，那么该母线上的出线可以通过分段断路器从另一条母线上得到供电。如果正常工作时分段断路器是断开的，当一段母线出现故障时，连在该母线上的出线会全部停电，非故障母线段仍能照常工作。
分段单母线接线的优点是：接线比较简单，操作方便，可靠性有所提高；且调度方便，扩建也较方便。这种接线方式一般在中、小型变电所中被广泛采用。在重要负荷的出线回路较多、供电容量较大时，一般不采用</td></tr>
</table>

（续）

序号	名　　称	图　　示	解　　读
3	无母线双回路线路—变压器组单元接线	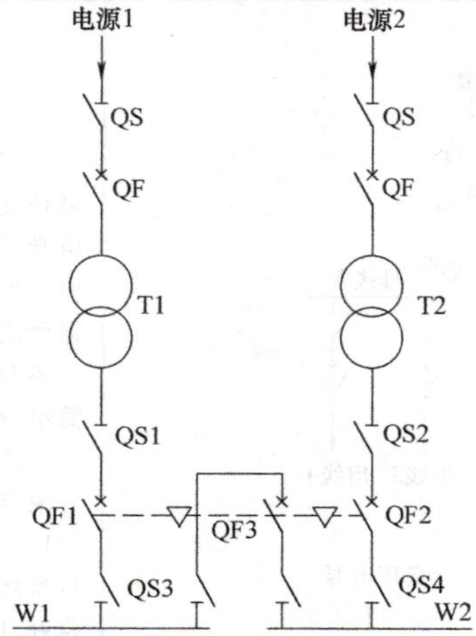	正常运行时，两路电源及主变压器同时工作，变压器二次侧母联断路器QF3断开运行。 任一路电源及主变压器停电，变压器二次侧母联断路器接通运行。 双回线路—变压器组单元接线可供一、二级负荷
4	无母线桥式接线	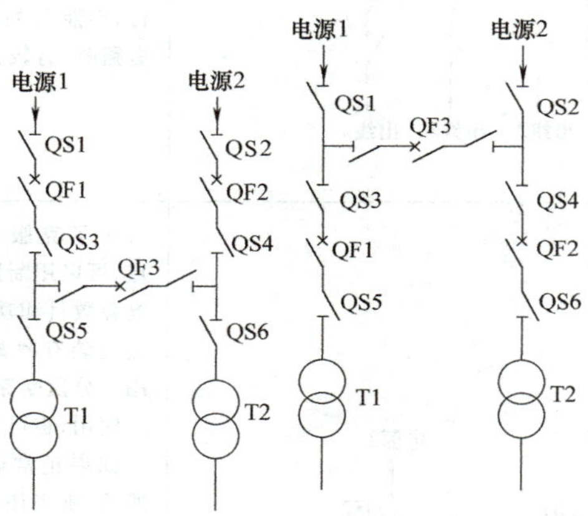 a)　　b)	桥式接线没有母线，因而不会发生由母线故障或检修所引起的停电，经济性和可靠性有所提高。当只有两台变压器和两条线路时，宜采用桥式接线。桥式接线根据断路器的安装位置可分为内桥接线（图a）和外桥接线（图b）两种。无母线桥接能实现电源线路和变压器的充分利用。 内桥接线在线路故障或切除、投入时，不影响其余回路故障，并且操作简单；而在变压器的切换或投入时，要使相应回路停电，且操作复杂，所以这种接线一般用在变压器不需要经常换的线路。 外桥接线的桥断路器接在线路侧，另外两台断路器接在变压器回路中。外桥接线在线路故障或切除、投入时，要使相应变压器短时停电，并且操作复杂；而在变压器故障或切除、投入时不影响其余回路故障，并且操作简单。所以这种接线适用于变压器需要经常切换的情况。 内桥接线适用于电源线路较长、变压器不需经常切换操作的情况

【实践指导】

训练　电气一次回路识读

一、训练目的

了解电气一次回路识图方法，熟悉电气一次回路的电气组成、相互关系、容量配置及控制原理。

二、训练准备

1）熟悉电气一次图的元件组成和电气符号，了解一次图的主要接线形式和用途。

2）准备与实训场所基本一致的变配电中心（所）电气一次图，或选择如图 5-2 所示参考图样训练。

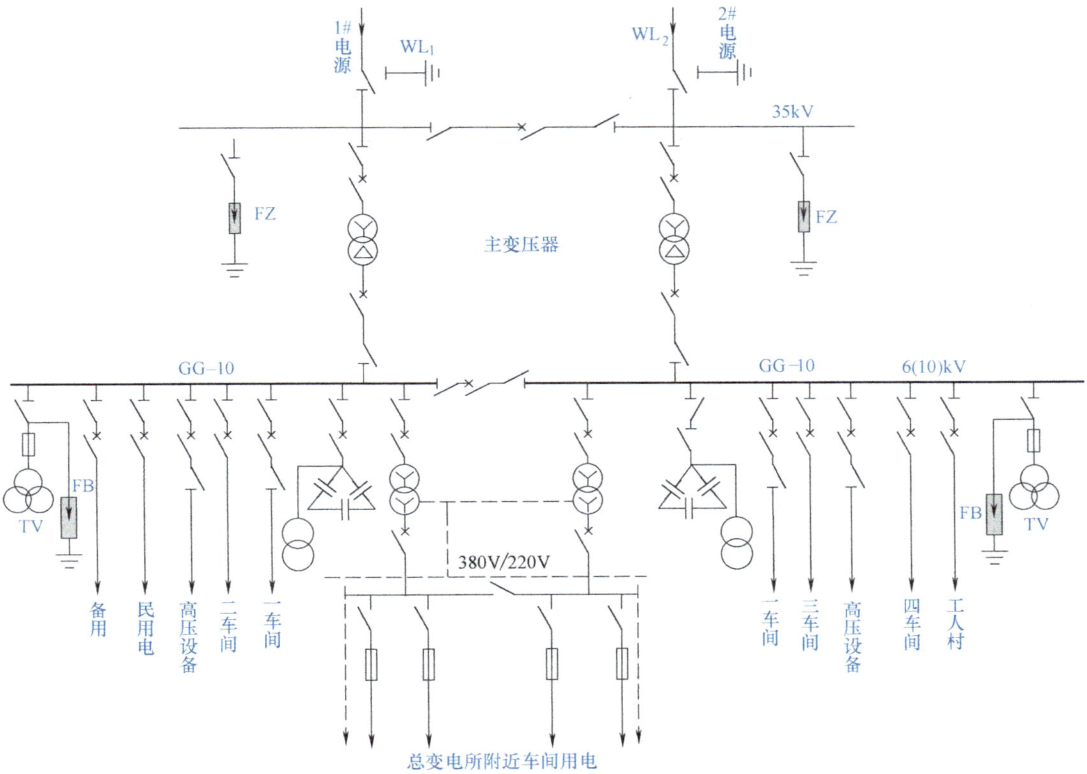

图 5-2 一次接线图

三、训练步骤

1）分析本电路属于哪种接线形式。

2）分析本电路接线优缺点，并提出改进意见。

3）分析本电路各配电支线的结构组成，以及各电气元件在电路中所起的作用。

【四新技术】

认识一次主接线模拟屏

模拟屏是一种应用于配电室、变电所和变电站中的电力设备，属于必配装置之一，其主要功能是用于防止电力误操作，于 20 世纪 90 年代初被引入国内，并迅速成为大型企事业调度监控系统中的重要组成部分。模拟屏上有电气主接线图，有能进行操作前预演的手柄

（俗称钮子开关）和能指示设备状态的指示灯等。

模拟屏面板设计如图 5-3 所示。它主要是由模拟屏架、马赛克拼块、计算机雕刻一次系统图、刀开关钮、开关钮、接地装置、平面灯、电源等组成的。根据用户要求可以另外选配有：安全天数、建站日期、电子时钟、周波表、地线防误报警装置等，对于要求严格的用户还可加装微机闭锁装置或选用带有逻辑预演和报警功能的模拟屏等。

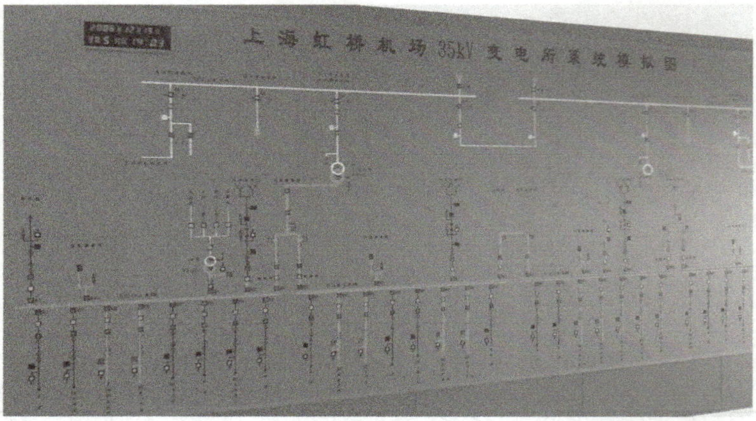

图 5-3　一次主接线模拟屏

模拟屏上的断路器，隔离刀开关分别采用 19mm×19mm、Φ16mm 手动元件，超高亮度电子发光体，发光色泽柔和、醒目，整个灯体面部与屏体保持同一平面。该元件寿命不低于 10 万小时，红绿两种颜色显示，红灯表示运行，绿灯表示断开。

模拟屏设有年月日、时分秒、安全运行天数等智能表计均有单独 CPU 控制，数字显示为动态刷新，数码管寿命不低于 10 万小时，自带日历芯片，独立运行，并有断电保护功能，而且都有三个调整按键，以便进行人工调整。从而校正时间。

模拟屏为配电输出设备，主要用于电力、煤炭、石油等工业。在国家的验收标准中，第一条就是必须要配备模拟屏。模拟屏对安全生产有着重要作用。

任务二　电气二次回路识图

【知识解读】

一、二次回路分类

二次接线图，表明电路的控制、指示、监视、测量和保护电器正常运行的接线图，称为二次接线图，也叫副接线图。与二次接线直接相连的电器，称为二次设备或二次元件。二次接线图往往只绘出一次接线图中的一个单元的某一元件、某一参量或表明某一功能。

1. 二次回路按控制功能和作用分类

二次回路按控制功能和作用不同，可分为控制回路、继电保护和自动装置回路、测量回路、信号回路、调节回路。

1）控制回路。由控制开关与控制对象（如断路器、隔离刀开关）的传送机构、执行（或操作）机构组成。其作用是对一次设备进行“合”“分”操作。

2）继电保护和自动装置回路。由测量回路、比较部分、逻辑部分和执行部分等组成。其作用是根据一次设备和系统的运行状态，判断其发生故障或异常时，自动发出跳闸命令有选择性地切除故障，并发出相应的信号，当故障或异常消失后，快速投入有关断路器（重合闸及备用电源自动投入装置），恢复系统的正常运行。

3）测量回路。由各种测量仪表及其相关回路组成。其作用是指示或记录一次设备和系统的运行参数，以便运行人员掌握一次系统的运行情况，同时也是分析电能质量、计算经济指标、了解系统潮流和主设备运行工况的主要依据。

4）信号回路。由信号发送机构和信号继电器等构成。其作用是反映一、二次设备的工作状态，包括光字牌回路、音响回路（警铃、电笛），是由信号继电器及保护元件到中央信号盘或由操动机构到中央信号盘。

5）调节回路。调节回路是指调节型自动装置。如发电机的励磁调节装置、对电容器进行投切的装置。它由测量机构、传送机构、调节器和执行机构组成，其作用是根据一次设备运行参数的变化，实时在线调节一次设备的工作状态，以满足运行要求。

2. 二次回路按绘制形式分类

按不同的绘制形式可分为：原理图、展开图、接线图。

1）原理图。用以表示测量表计、控制信号、保护和自动装置的工作原理。原理图反映的是整个装置（回路）的完整概念，主要用于了解装置、回路的动作原理。在原理图中，各元件是整块形式，与一次接线有关部分划在一起，并由电流回路或电压回路联系起来。但图中无端子编号、各回路交叉，实际使用常感不便。

2）展开图。展开图是另一种方式构成的接线图，各元件被分成若干部分。元件的线圈、触点分散在交流回路和直流回路中。在展开图中依电流通过的方向，画出按钮、触点、线圈和它们的端子编号，由左至右、由上到下排列起来，最后构成完整的展开图。在图的右侧还有文字说明回路的作用。特点是条理清晰，非常方便对回路的逐一分析与检查。常见的展开图有电流、电压回路图，控制及信号回路图。

3）接线图。常见的有屏柜的端子接线图、开关或端子箱的安装接线图。图中每个设备都有按一定顺序的编号、代号，设备的接线端子（柱）也有标号，此标号完全与产品的实际位置对应。每个接线端子还注明有连接的去向。端子排图还有回路编号（与展开图对应），端子连接的电缆去向、电缆的编号，与现场实际设备的安装情况完全对应。接线图是安装和核对现场不可缺少的图样。

二、二次回路识图

二次回路图的逻辑性很强，在绘制时遵循着一定的规律，看图时若能抓住此规律就很容易看懂。阅图前首先应弄通该张图所绘制装置的动作原理及其功能和图上所标符号代表的设备名称，然后再看图样。

1）“先看一次，后看二次”。一次：断路器、隔离刀开关、电流、电压互感器、变压器等。了解这些设备的功能及常用的保护方式，如变压器一般需要装过电流保护、电流速断保护、过负荷保护等，掌握各种保护的基本原理；再查找一、二次设备的转换、传递元件，一次变化对二次变化的影响等。

2）“先交流、后直流”。指先看二次接线图的交流回路，从一个回路的相线 A、B、C 相开始，按照电流的流动方向，看到中性线（N 极）为止。把交流回路看完弄懂后，根据交流回路的电气量向直流逻辑回路推断，再看直流回路。直流回路从正极到负极，例如：控制回路、信号回路等。从一个回路的直流正极开始，按照电流的方向，看到负极为止。一般说来，交流回路比较简单，容易看懂。

3）“交流看电源，直流找线圈”。指交流回路要从电源入手。交流回路由电流回路和电压回路两部分组成，先找出它们是由哪些电流互感器或哪一组电压互感器来的？在这两种互感器中传来的电流或电压量起什么作用？与直流回路有什么关系？这些电气量是由哪些继电器反应出来的，它们的符号是什么？然后再找与其相应的接点回路。这样把每组电流互感器或电压互感器的二次回路中所接的每个继电器分析完，看它们都用在什么回路，跟哪些回路有关，在头脑中有一个轮廓，再往下看就容易看了。

4）“见接点找线圈，见线圈找接点”。见到接点即要找到控制该接点的继电器或接触器的线圈位置。线圈所在的回路是接点的控制回路，以分析接点动作的条件。见线圈找出它的所有接点，以便找出该继电器控制的所有接点（对象）。

5）看完所有支路：当某一回路，从正极往负极看时，如中间有多个支路连接负极，则每个支路必须看完，否则分析回路就会漏掉部分重要的信息。

6）用设备的实际状态（现场能看到的设备状态）来描述回路或继电器的动作条件：先以回路的接点分、合状态来描述回路的条件，然后根据接点的分、合状态与设备状态的对应关系，替换描述（如用“远方/现地”切换把手在“远方”位置来代替在远方控制回路中的接点状态，与运行中设备状态的监视和操作结合起来）。

三、二次回路基本规定

1. 安装单位符号

1）定义。划分安装单位的目的是便于在回路上分组，便于设计和运行维护，减少接线错误。

2）构成。安装单位的符号一般由序号和文字符号组成，见表 5-3。

表 5-3 安装单位符号约定

序号	电压及线路特征、安装设备名称	符号
一	按电压及线路特征分类	
1	500kV	W
2	220kV	E
3	110kV	Y
4	35kV	U
5	10kV	S
6	低压厂用（站用电）	DC
7	常用照明	CM
8	事故照明	SGM

（续）

序　号	电压及线路特征、安装设备名称	符　号
9	直流(220V)	Z
10	直流(24V、48V)	ZR
二	按一次元件分类	
1	母线	M
2	母线分段	MF
3	母联	ML
4	旁路	P
5	桥路	Q
6	变压器	B
7	消弧线圈	X
8	电阻	R
9	静电电容器	CJ
10	电压互感器	YH

例如：110kV 扩大内桥接线安装单位的划分如下。

#1、#2 进线：1Y、2Y；

#1、#2 内桥：1YQ、2YQ；

Ⅰ、Ⅱ母电压互感器：1YYH、2YYH；

#1、#2 主变高压侧：1BY、2BY；

10kV 母分：1SMF、2SMF。

2. 文字符号

1）定义。为了更加清楚、完整地表示电气设备或元件及其主要特征，电气图中经常在图形符号旁加注文字符号。文字符号是电气图中电气设备或元件的种类代码和功能代码。

2）构成。文字符号有新、旧两种符号，新符号的一般形式如下：

旧符号的结构与新符号相似，区别在于其字母一般采用设备名称的拼音字母组成。由于旧符号仍在业内普遍采用，所以两种符号均可选用，不做强制规定。

例如：1LHa、2LHb。

其中：“1”“2”为数字序号，表示该设备属于同类设备中的第几个

“LH”为文字符号（旧符号），表示该设备属于电流互感器

“a”“b”为附加文字符号，表示该设备装设于 A 相或 B 相

3. 项目代号

1）定义。电气图中每个用图形符号表示的项目，应有能识别其项目种类和提供项目层

次关系、实际位置等信息的项目代号。通过项目代码可以将不同的图或其它技术文件上的图形符号与实际设备一一对应和联系起来。

2）构成。项目代号可分为 4 个代号段，每个代号段应由前缀符号和字符组成，具体构成如下：

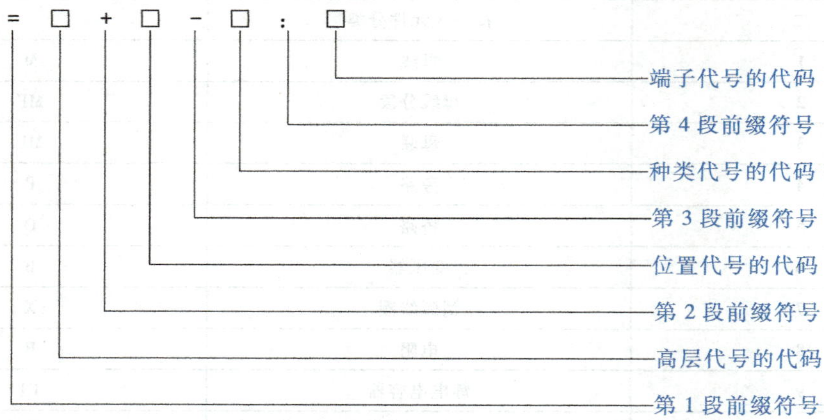

其中，系统或设备中较高层次项目的代号称为高层代号，高层代号的代码可由字母或数字构成，或由字母加数字组合构成。字母可按各类系统或成套设备的简化名称或特征选定。通常相当于原来习惯上的安装单位名称或代号。位置代号的代码可由字母或数字构成，或由字母加数字组合构成。字母可按项目所在区室的简化名称或代号选定。种类代号是项目代号的核心部分，一般由字母加数字组合构成。字母代码必须是符合规定的基本文字符号。端子代号都采用数字或大写字母表示。

例如：

一个项目的完整代号由几个代号段组合而成，组合方式也有多种。在实际电气工程图中全部完整标注“项目代号”的情况并不多见，现列举一种最常用的组合方式：

4. 导线标记

1）定义。导线标记即通常所说的回路标号。电气接线图中连接各设备端子的绝缘导线应有标记。标记可分为主标记和补充标记。

2）构成。

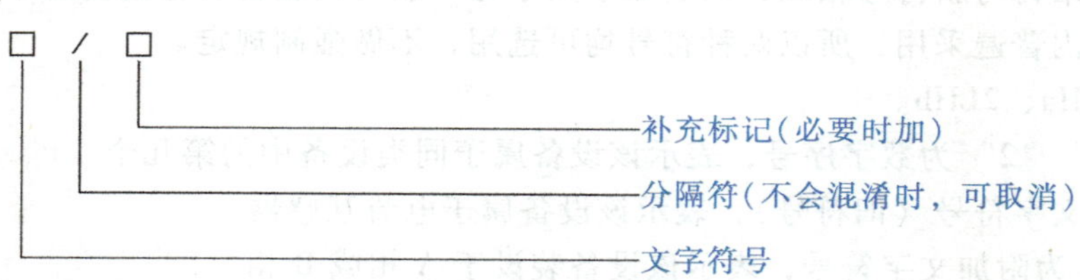

主标记有从属标记和独立标记两种方式。从属标记可采用由数字或字母和数字构成的标记。此标记由导线所连接的端子代号确定，如图 5-4 所示。从属标记多用于屏（柜）、端子箱等内部连接标记。独立标记可采用数字或字母和数字构成的标记，此标记与导线所连接的端子代号无关。通常用于引出屏（柜）、端子箱的电缆芯线的回路编号。

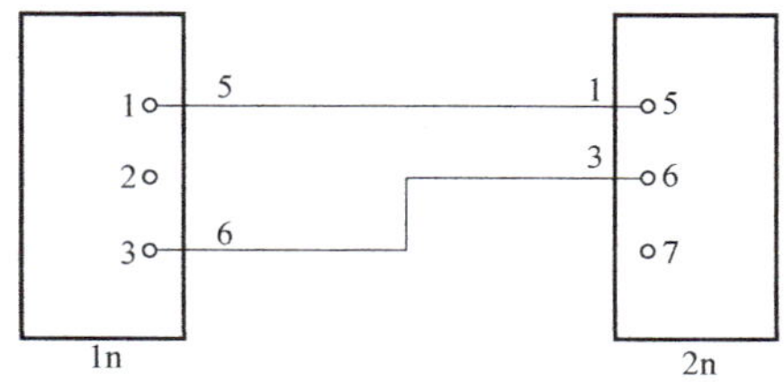

图 5-4 两根导线采用从属标记的示例

导线标记（回路标号）中的文字符号不是必需项，数字标号一般不超过 4 位。交流回路标号一般带有文字符号（A、B、C、N）用于表示所属相别。必要时，可在直流回路标号前加文字符号，常用的文字符号见表 5-4。在保证能表达清楚的情况下，导线标记应力求简单。

表 5-4 直流回路符号约定

序 号	回 路 名 称	约定标识字母或数字
一	按回路性质和用途分类	
1	保护用遥信	B
2	母差用遥信	BM
3	非电量保护	F
4	故障录波	G
5	电能表	DD
6	直流	Z
7	时钟同步	GPS
8	不停电电源	UPS
二	按电压及线路特征分类	
1	220kV	E
2	110kV	Y
3	35kV	U
4	10kV	S
5	直流(220V)	Z

国家相关标准对导线标记（回路标号）制定了统一的标准，对不同性质的回路有不同的标记规则以示区别，见表 5-5。对于比较重要的常见回路（如正、负电源及跳、合闸回路）都给予了固定的标记。工程实施中应按相关标准执行。

表 5-5 导线标记数字标号表

序号	回 路 名 称	数字标号	备注
1	保护装置正负电源	01、02	
2	控制回路正负电源	1~2、101~102、201~202、301~302、401~402	
3	保护回路	01~099(J01~J099)	
4	合闸回路	3、103、203、303、403	

（续）

序号	回 路 名 称	数字标号	备注
5	合闸线圈回路	7、107、207、307、407	
6	跳闸回路	33、133、233、333、433	
7	跳闸线圈回路	37、137、237、337、437	
8	遥信正负电源	801、802	
9	遥信回路	801～869、8011～8099	
10	断路器机构电动机回路	871～879	
11	隔离开关操作闭锁	881～889 或 8810～8899	
12	保护、测量装置电压	A601～A609、B601～B609、C601～C609	YH
13	保护、测量装置电压	A611～A619、B611～B619、C611～C619	1YH
14	保护、测量装置电压	A621～A629、B621～B629、C621～C629	2YH
15	第一组母线电压	A630、B630、C630、L630、N600	
16	第二组母线电压	A640、B640、C640、L640、N600	
17	第三组母线电压	A650、B650、C650、L650、N600	
18	第四组母线电压	A660、B660、C660、L660、N600	

注：变电站有几级电压的小母线时，可用以下标志区分：
110kV 系统为 A630-Y、B630-Y、C630-Y、L630-Y、N600-Y；
35kV 系统为 A630-U、B630-U、C630-U、L630-U、N600-U；
10kV 系统为 A630-S、B630-S、C630-S、L630-S、N600-S。

补充标记可作为主标记的补充，用于表明每一导线的电气功能。在某些情况下，为避免混淆，可用符号（如斜杠“/”）将补充标记和主标记分开。补充标记可根据需要采用下列各类标记方式：功能标记，可用于分别表示每一导线的功能；相别标记，可用于表明导线连接到交流系统的某一相；极性标记，可用于表明导线连接到直流电路的某一级。

例如：

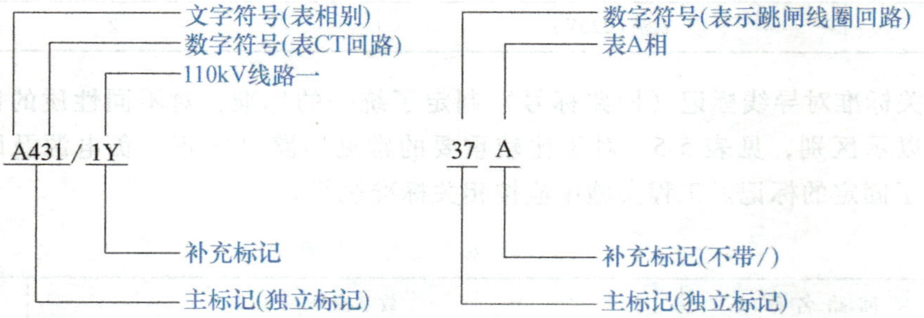

5. 电缆编号

1）定义。电缆编号是识别电缆的标记，要求全站编号不重复，并具有一定的含义和规律，能表达电缆的特征。

2）构成。控制电缆编号由安装单位或安装设备符号及数字组成。一般格式如下：

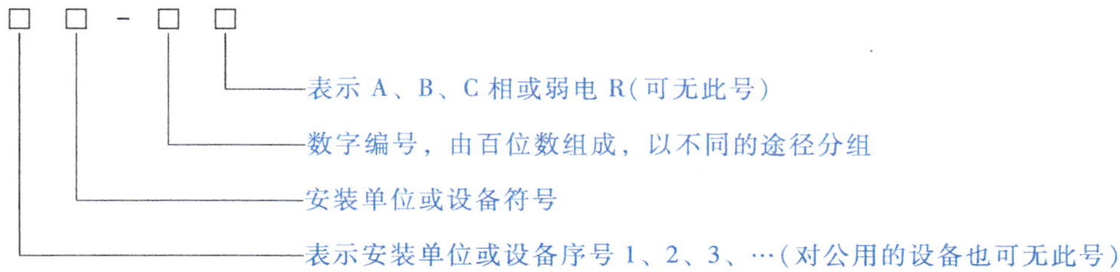

电缆编号的原则应力求模式简明统一，避免引起编号混乱和不直观的感觉。电缆编号宜采用经常用到字母的组合，不宜随意自行编辑新的字母组合，避免名目繁多。一般能采用安装单位表示的尽量采用安装单位表示，也可采用设备符号表示。常用安装设备符号和控制电路数字划分见表 5-6 和表 5-7。

表 5-6　变电站常用安装设备符号

序　号	安装设备	符　号	备　注
1	蓄电池电缆(第一组)	1XDC	
2	蓄电池电缆(第二组)	2XDC	
3	加热回路	J	
4	公用设备	GY	
5	网络设备	WL	
6	微机五防	WF	
7	电能表	DD	
8	故障录波	GL	
9	不停电电源	UPS	
10	功角测量	PMU	
11	时钟同步	GPS	
12	消防	XF	

表 5-7　控制电缆数字划分

序　号	途　径	数字序号
1	二次设备室屏间联络电缆	130~149、230~249、330~349
2	二次设备屏至配电装置电缆	150~159、250~259
3	隔离开关、接地刀开关机构电缆	190~199、290~299、390~399、490~499
4	断路器至端子箱电缆	170~179、270~279、370~379
5	CT、PT 至端子箱电缆	180~189、280~289、380~389
6	主变压器处联络电缆(CT)	180~189
7	主变压器处联络电缆(刀开关)	190~199

例如：

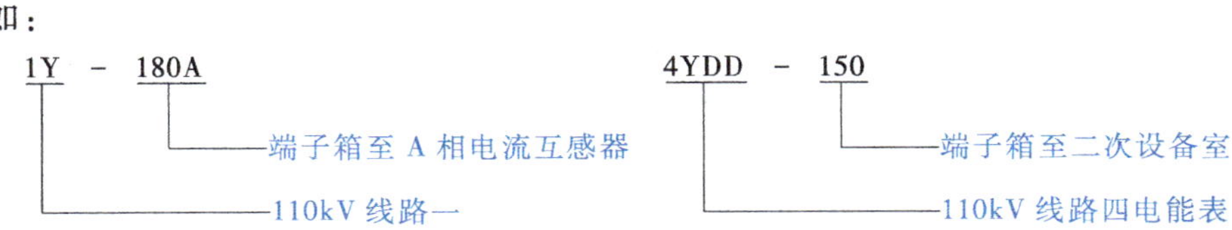

四、典型二次接线图解读

1. 某直流绝缘监视装置接线图

某直流绝缘监视装置接线图如图 5-5 所示。正常时，电压表 1PV 开路，而使 ST1 的触点 5-7、9-11（ST1 的 1-3、2-4 断开）与 ST2 的触点 9-11 接通，投入接地继电器 KA。当正极或负极绝缘下降到一定值时，电桥不平衡使 KA 动作，经 KM 而发出信号（若正、负极对地的绝缘电阻相等时，不管绝缘下降多少，KA 不动作，就不能发出信号）。此时，可用 2PV 进行检查，确定是哪一极的绝缘下降（测“+”对地时，ST2 的 2-1、6-5 接通；测“-”对地时，ST2 的 1-4、5-8 接通。正常时，母线电压表转换开关 ST2 的 2-1、5-8、9-11 接通，电压表 2PV 可测正、负母线间电压，指示为 220V）。

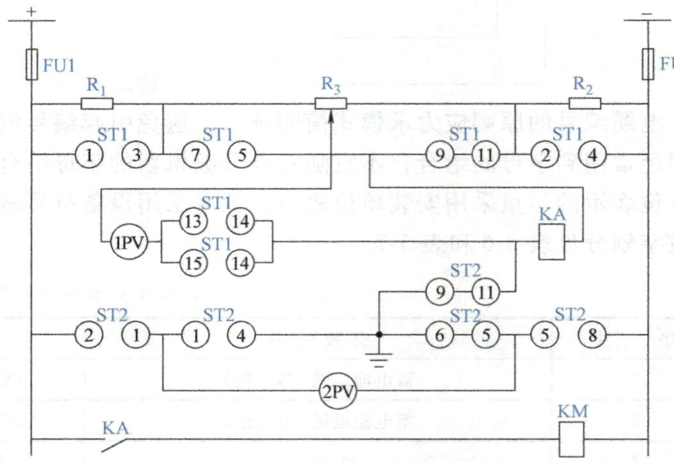

图 5-5　某直流绝缘监视装置接线图

若正极对地绝缘下降，则将 ST1 投至Ⅰ档，其触点 1-3、13-14 接通，调节 R_3 至电桥平衡电压表 1PV 指示为零伏；再将 ST1 投至Ⅱ档，此时其触点 2-4、14-15 接通，即可从 1PV 上读出直流系统的对地总绝缘电阻值。

若为负极对地绝缘下降，则先将 ST1 放在Ⅱ档，调节 R_3 至电桥平衡，再将 ST1 投至Ⅰ档，读出直流系统的对地总绝缘电阻值。假如正极发生接地，则正极对地电压等于零。而负极对地指示为 220V，反之当负极发生接地时，情况与之相反。电压表 1PV 用作测量直流系统的总绝缘电阻，盘面上画有电阻刻度。

由于在这种绝缘监察装置中有一个人工接地点，为防其他继电器误动，要求电流继电器 KA 有足够大的电阻值，一般选 30kΩ，而其起动电流为 1.4mA，当任一极绝缘电阻下降到 20kΩ 时，即发出信号。对地绝缘下降和发生接地是两种情况。

2. 具有灯光监视的断路器控制接线图

具有灯光监视的断路器控制接线图如图 5-6 所示。

图中，+WC、-WC 为控制母线；FU1、FU2 为熔断器（R1-10/6 型，250V）；SA 为控制开关（LW2-1a. 4. 6a. 40. 20. 20/F8 型）；HG 为绿色信号灯具（XD2 型，附 2500Ω 电阻）；HR 为红色信号灯具（XD2 型，附 2500Ω 电阻）；KL 为中间继电器（DZB-115/220V 型）；KMC 为接触器；KOM 为保护出口继电器；QF 为断路器辅助开关；WCL 为合闸小母线；WSA 为事故跳闸小母线；WS 为信号小母线；YT 为断路器跳闸线圈；YC 为断路器合闸线圈，FU3、FU4 为熔断器（RM10-60/25 250V）；R_1 为附加电阻（ZG11-25 型，1Ω）；R_2 为附加电阻（ZG11-25 型，1000Ω）；（+）WTW 为闪光小母线。

1）“跳闸后”位置。SA 手柄在“跳闸后”位置，断路器在跳闸位置时，其常闭触点

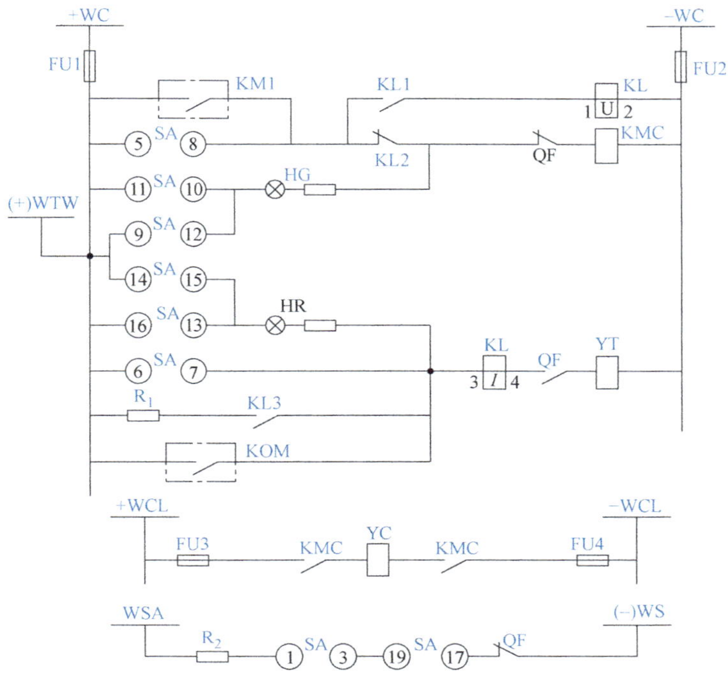

图 5-6　具有灯光监视的断路器控制接线图

闭合，+WC 经 FU1、SA11-10、HG 及附加电阻、QF（常闭）、KMC 线圈、FU2、-WC。此时，绿色信号灯回路接通，绿灯亮，它表示断路器正处于跳闸后位置，同时表示电源、熔断器、辅助触点及合闸回路完好，可以进行合闸操作。但 KMC 不会动作，因电压主要降在 HG 及附加电阻上。

2）“预备合闸”位置 。SA 手柄顺时针方向旋转 90°至“预备合闸”位置，SA9-10 接通，绿灯 HG 回路由（+）WTW、SA9-10、HG、QF（常闭）、KMC、FU2、-WC 导通，绿灯闪光，发出预备合闸信号，但 KMC 仍不会起动，因回路中串有 HG 和附加电阻。

3）“合闸”位置。SA 手柄顺时针方向旋转 45°至“合闸”位置时，SA5-8 触点接通，接触器 KMC 回路由+WC、SA5-8、KL2（常闭）、QF（常闭）、KMC 线圈、-WC 导通而起动，闭合其在合闸线圈回路中的触点，使断路器合闸。断路器合闸后，QF 常闭触点打开，常开触点闭合。

4）“合闸后”位置。松手后，SA 的手柄自动逆时针转动 45°至垂直（即“合闸后”）位置，SA16-13 触点接通。此时，红灯 HR 回路由 FU1、SA16-13、HR、KL 线圈、QF 常开、YT 线圈、FU2、-WC 导通，红灯亮，指示断路器处于合闸位置，同时表示跳闸回路完好，可以进行跳闸。

5）“预备跳闸”位置。SA 手柄在“预备跳闸”位置时，SA13-14 导通，经（+）WTW、HR 、KL、QF 常开触点、YT、-WC 回路，红灯闪光，发出预备合闸信号。

6）“跳闸”位置。将 SA 手柄逆时针转 45°至“跳闸”位置，SA6-7 导通，HR 及附加电阻被短接，经+WC、SA6-7、KL、QF 常开触点、-WC，使 YT 励磁，断路器跳闸。断路器跳闸后，其常开触点断开，常闭触点闭合，绿灯亮，指示断路器已跳闸完毕，放开手柄后，

SA 复位至“跳闸后”位置。

3. 三段式零序电流保护接线图

三段式零序电流保护接线图如图 5-7 所示。

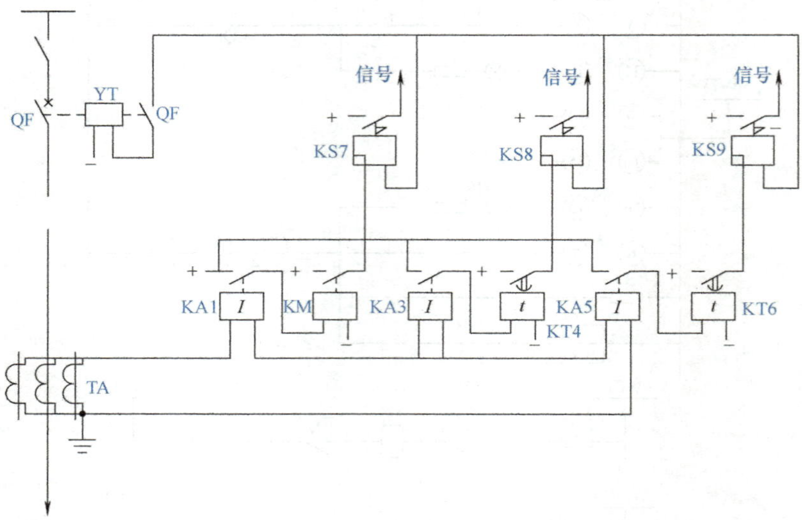

图 5-7　三段式零序电流保护接线图

在被保护线路的三相上分别装设型号和变比完全相同的电流互感器，将它们的二次绕组互相并联，然后接至电流继电器的线圈。当正常运行和发生相间故障时，电网中没有零序电流，故 $I_R=0$，继电器不动作，只有发生接地故障时，才出现零序电流，如其值超过整定值，继电器就动作。实际工作中，由于三只电流互感器的励磁特性不一致，当发生相间故障时，会造成较大的不平衡电流。为了使保护装置在这种情况下不误动作，通常将保护的动作电流按躲过最大不平衡电流来整定。

与相间短路的电流保护相同，零序电流保护也采用阶段式保护，通常采用三段式。目前的“四统一”保护屏则采用四段式。瞬时零序电流速断（零序Ⅰ段由 KA1、KM 和 KS7 构成），一般取保护线路末端接地短路时，流过保护装置 3 倍最大零序电流 $3I_{om}$ 的 1.3 倍，保护范围不小于线路全长的 15%~25%。零序Ⅱ段（由 KA3、KT4 和 KS8 构成）的整定电流，一般取下一级线路的零序Ⅰ段整定电流的 1.2 倍，时限 0.5s，保证在本线末端单相接地时，可靠动作。零序Ⅲ段（由 KA5、KT6 和 KS9 构成）的整定电流可取零序Ⅱ（或Ⅲ）段整定的 1.2 倍，或大于三相短路的最大不平衡电流，其灵敏性要求下一级末端故障时，能可靠动作。

【实践指导】

训练　二次回路接线图分析

一、训练目的

熟悉二次接线图特点，掌握二次回路接线图分析方法。

二、训练准备

1）熟悉二次设备的种类、用途、图形符号和文字符号。

2）变压器中性点直接接地零序电流保护和中性点间隙接地保护接线图一份，如图 5-8 所示。

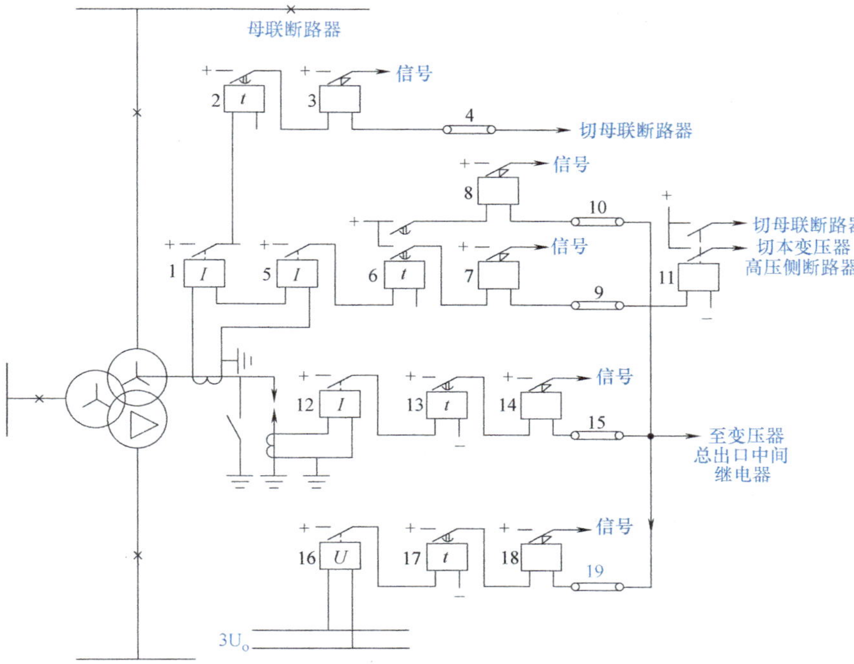

图 5-8 变压器中性点直接接地零序电流保护和中性点间隙接地保护接线图

三、训练步骤

1. 分析中性点直接接地零序电流保护控制原理

中性点直接接地零序电流保护一般分为两段，第一段由电流继电器 1、时间继电器 2、信号继电器 3 及压板 4 组成，其定值与出线的接地保护第一段相配合，0.5s 切母联断路器。第二段由电流继电器 5、时间继电器 6、信号继电器 7 和 8、压板 9 和 10 等元件组成。定值与出线接地保护的最后一段相配合，以短延时切除母联断路器及主变压器高压侧断路器，长延时切除主变压器三侧断路器。

2. 分析中性点间隙接地保护控制原理

当变电站的母线或线路发生接地短路时，若故障元件的保护拒动，则中性点接地变压器的零序电流保护动作将母联断路器断开，如故障点在中性点经间隙接地的变压器所在的系统中，此局部系统变成中性点不接地系统，此时中性点的电位将升至相电压，分级绝缘变压器的绝缘会遭到破坏，中性点间隙接地保护的任务就是在中性点电压升高至危及中性点绝缘之前，可靠地将变压器切除，以保证变压器的绝缘不受破坏。间隙接地保护包括零序电流保护和零序过电压保护，两种保护互为备用。

3. 分析零序电流保护控制原理

零序电流保护由电流继电器 12、时间继电器 13、信号继电器 14 和压板 15 组成。一次起动电流通常取100A左右，时间取0.5s。110kV变压器中性点放电间隙长度根据其绝缘可取115~158mm，击穿电压可取63kV（有效值）。当中性点电压超过击穿电压（还没有达到危及变压器中性点绝缘的电压）时，间隙击穿，中性点有零序电流通过，保护启动后，经0.5s延时切除变压器三侧断路器。

4. 分析零序电压保护控制原理

零序电压保护由过电压继电器16、时间继电器17、信号继电器18及压板19组成，电压定值按躲过接地故障母线上出现的最高零序电压整定，110kV系统一般取150V；当接地点的选择有困难、接地故障母线电压较高时，也可整定为180V，动作时间取0.5s。

【四新技术】

电力远动装置RTU

电力远动装置（RTU）是一种计算机智能化的产品，可广泛应用于电网调度自动化监控系统，电厂、变电站综合自动化系统，以及其他工业自动化监控系统中，完成现场数据采集测量和监控功能。

远动装置综合了计算机、测量、通信和自动化的专业技术，通过对输变电线路及设备的交流电压、电流的数据采集，自行计算出功率、电量、功率因数、频率等参数。同时也具备常规远动装置的遥信、遥测、遥控、遥调功能（简称四遥功能）和数据传输等功能，由于在产品结构及技术上的重大变革，使远动装置具有分散安装并能在零下温度运行的性能，与常规远动装置相比，其综合性能有了突破性的改进，显著地提高了数据的实时性、准确性；提高了抗干扰冲击能力和运行的可靠性，显著地降低了安装、维护、扩容条件和难度；降低了场地环境的运行要求，小型仪表模块化结构和嵌入式分布智能，解决了历史上远动装置无法工厂化生产的难题，使大规模生产和应用成为可能，为产品的商品化、标准化、系列化闯出一条新路。

下面简单介绍下“四遥”概念。

遥信：远方监测变电站或发电厂的断路器（开关）位置、刀开关位置、有载调压变压器分接头的位置、事故变位信号、告警信号等。

遥测：远方监测变电站或发电厂的主变、线路的有功功率、无功功率、电压、电流、功率因数、有功电能、无功电能、主频等。

遥控：远方控制变电站或发电厂的断路器的分、合位置。

遥调：远方控制变电站或发电厂有载调压变压器的分接头位置。

“1+X”证书测评

应知部分

一、选择题

1. 电气一次回路接线的基本要求是要保证（　　）。

A. 安全性　　B. 可靠性　　C. 经济性　　D. 便捷性

2. 分段单母线接线主要应用于（　　）。

A. 中、小型变电所中

B. 在重要负荷的出线回路较多、供电容量较大时

C. 变压器不需要经常换的线路

D. 变压器需要经常切换的情况

3. 二次回路按控制功能和作用不同分（　　）。

A. 控制回路　　B. 继电保护回路　　C. 测量回路　　D. 信号回路

4. 二次回路按形式可分为（　　）。

A. 平面图　　B. 原理图　　C. 展开图　　D. 接线图

5. 国家相关标准对导线标记（回路标号）制定了统一的标准，对不同性质的回路有不同的标记规则以示区别。其中合闸回路通常用（　　）数字标号。

A. 3、103、203、303、403

B. 1-2、101-10、201-202、301-302

C. 01、02

D. 7、107、207、307、407

6. 遥信正负电源通常采用（　　）数字标号。

A. 803、804　　B. 03、04　　C. 01、02　　D. 801、802

7. 补充标记可作为主标记的补充，用于表明每一导线的电气功能。补充标记可根据需要采用的标记方式有（　　）。

A. 功能标记　　B. 相别标记　　C. 极性标记　　D. 其他标记

8. 控制电缆编号一般由（　　）部分组成。

A. 安装单位序号　　B. 安装单位或设备符号

C. 数字编号　　D. 表示 ABC 相

9. 在三段式零序电流保护接线图中，零序Ⅱ段（由 KA3、KT4 和 KS8 构成）的整定电流，一般取下一级线路的零序Ⅰ段整定电流的（　　）倍。

A. 0.5　　B. 1.2　　C. 5　　D. 7

10. 电力远动控制中的“四遥”指（　　）。

A. 遥信　　B. 遥测　　C. 遥控　　D. 遥调

二、判断题

1. 一次回路电气接线可分为有母线接线和无母线接线两种基本形式。（　　）

2. 不分段单母线接线的优点是：接线简单、操作方便、设备少、经济性好；并且母线便于向两端延伸，扩建方便。（　　）

3. 不分段单母线接线，电源既可并列运行，也可分列运行。并且线路侧发生短路时，有较大的电流。（　　）

4. 无母线桥接能实现电源线路和变压器的充分利用。（　　）

5. 内桥接线适用于电源线路较长、变压器不需经常切换操作的情况。（　　）

6. 信号回路由信号发送机构和信号继电器等构成。其作用是反映一、二次设备的工作状态。包括光字牌回路、音响回路（警铃、电笛），是由信号继电器及保护元件到中央信号盘或由操动机构到中央信号盘。

7. 电气图中每个用图形符号表示的项目，应有能识别其项目种类和提供项目层次关系、实际位置等信息的项目代号。(　　)

8. 导线标记（回路标号）中的文字符号不是必需项，数字标号一般不超过5位。(　　)

9. 电缆编号是识别电缆的标记，要全站编号可以有重复；控制电缆编号由安装单位或安装设备符号及数字组成。(　　)

10. 电力控制中的“遥调”概念是指远方控制变电站或发电厂有载调压变压器的分接头位置。(　　)

三、简答题

1. 什么是一次设备？什么是一次回路？一次回路有哪几种形式？

2. 什么是二次设备？什么是二次回路？二次回路有哪几种形式？

3. 如图5-9所示，试回答下列问题：

(1) 当 d_1 点短路时，根据选择性要求应由哪些保护动作并跳开哪些断路器？如此时保护6拒动或6QF因失灵而拒跳，保护又将如何动作？

(2) 当 d_2 点短路时，根据选择性要求应由哪些保护动作并跳开哪些断路器？如此时保护3拒动或3QF拒跳，但保护1动作并跳开1QF，问此种动作是否有选择性？如果拒动的为2QF，对保护1的动作又应做何评价？

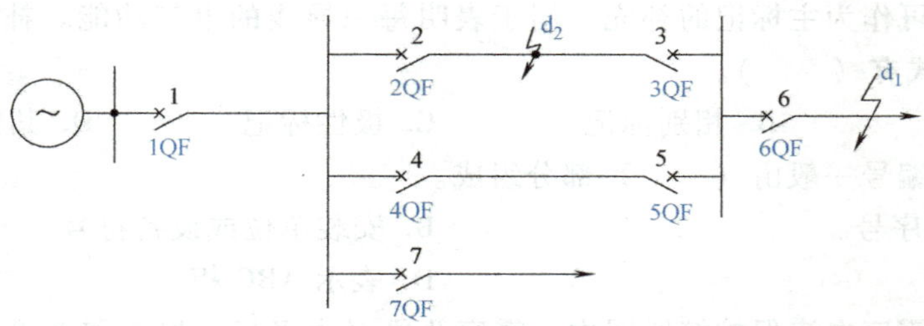

图5-9　简答题3

4. 简述二次回路识图要领。

5. 项目代号由哪几部分构成？简述各部分所表达的含义。

应会部分

技能试题　供配电系统电气图识读

1. 考核图样

如图5-10所示。

2. 准备要求

阅读下面这段文字，完成考核内容。

架空线路的短路故障多为瞬时性的，当保护跳闸切除故障后，短路点的绝缘经常可恢复，便可利用自动重合闸继电器KAC，使断路器自动再合闸，即可恢复再送电，这种重合闸的成功率多不低于70%。110kV线路一般均应装设三相一次重合闸装置。

3. 考核内容

(1) 考核要求

1）列表说明各元件的名称和作用。

2）根据给定图样和文字描述，完成动作过程分析。

3）保护及联锁功能分析。

（2）时间定额

90min。

（3）安全生产

服从考试环境安排。

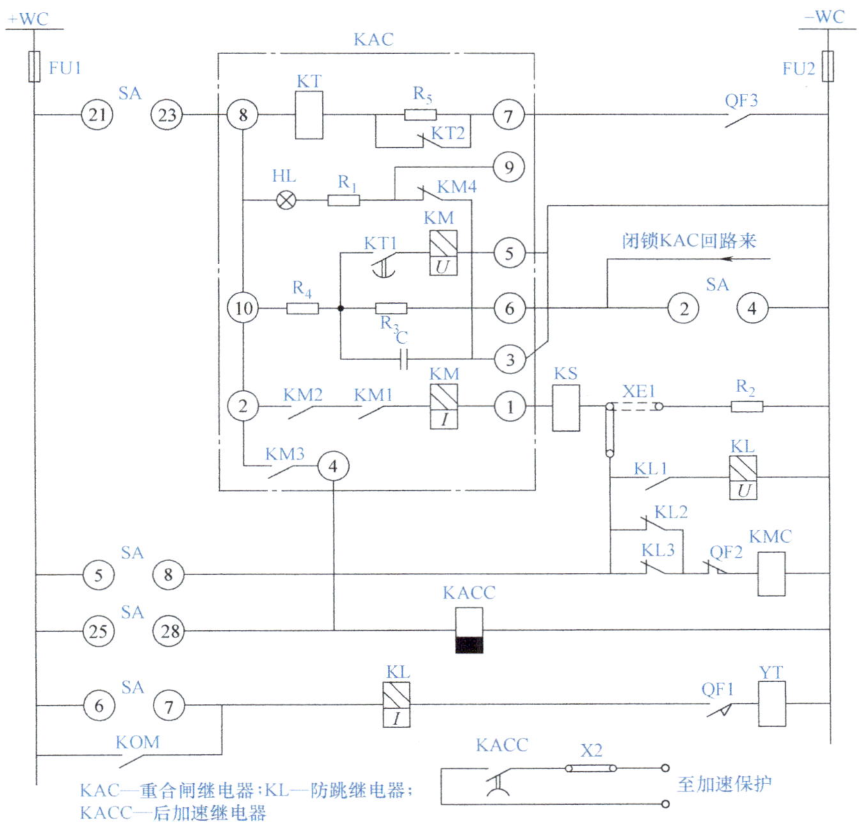

图 5-10　三相一次自动重合闸装置的展开图

动作过程答题分析如下：

1）线路正常运行分析。线路正常运行，开关处于________状态，QF3 常闭触点________，控制开关 SA 在________位置，其触点 21、23 接通，信号灯 HL ________，电容 C 经充电电阻 R_4 充电，经 20s 时间，充电至额定的________电压，这时 KAC 处于准备动作状态。

2）线路故障一次重合闸分析。线路发生瞬间故障，保护动作使开关跳闸，其辅助常闭触点 QF3 闭合，由于 SA 还处于“________”位置，其触点 21、23 仍________，所以重合闸由开关的辅助触点与 SA 触点不对应起动，时间继电器 KT 经本身的瞬时常闭触点 KT2 瞬时断开，使限流电阻 R_5 串入 KT 线圈电路中，这时 KT 继续保持动作状态，经整定的延时，以保证线路故障点的绝缘恢复和开关准备再次合闸，当 KT 的常开触头 KT1 接通时，构成了电容 C 对中间继电器 KM 电压线圈的________回路。KM 动作，其常开触点闭合，使操作电源经________、KM 电流自保持线圈、信号继电器 KS 和压板 XE1 向合闸接触器 KMC 发出________脉冲，断路器合闸。

3）线路重合复归分析。断路器合闸后由________给出重合闸动作信号。断路器合上后，若是________性故障，重合闸成功。辅助触点 QF2、QF ________，继电器 KS、KT ________，其触点打开。电容 C 重新充电，经________时间充好电，准备下一次动作。

4. 评分表

评分表见表 5-8。

表 5-8 评分表

序号	作业项目	考核内容	配分	评分标准	考核记录	扣分	得分
1	元件识别	列表说明电路中主要元件名称、电气符号、文字符号、主要作用	20	漏 1 处扣 1 分			
2	动作过程分析	1)线路正常运行分析,将正确答案写在空格上 2)线路发生故障时,一次重合闸过程分析,将正确答案写在空格上 3)故障排除后自动复归过程分析,将正确答案写在空格上	30	分析完整、科学,每小题 10 分,其他情况酌情扣分			
3	保护及联锁功能分析	1)永久性故障保证单次重合 2)手动跳闸不重合 3)手动合闸线路故障不起动重合闸 4)防止断路器多次重合故障线路 5)双侧电源重合闸装置防止两侧电源非同期合闸	30	分析完整、科学,每小题 6 分,其他情况酌情扣分			
4	安全生产	服从考试安排,遵守考场纪律	20	违反本项规定,酌情扣分			
5	分数合计		100				

模块六

变配电系统设计、操作与运行维护

【教学目标】

【职业认知】

1. 了解变电所设计的主要内容，掌握企业变电所典型接线形式及其应用。
2. 能够根据负荷性质、用电容量和运行方式等条件确定变压器台数和容量。
3. 熟悉 6~10kV 变电所布置的基本原则和常见形式。
4. 了解变配电所的值班制度和值班职责。

【职业能力】

1. 掌握供配电系统负荷计算、补偿电容计算、短路电流计算和设备校验方法。
2. 熟练掌握一次设备的操作要领，并能准确填写倒闸操作票，熟悉倒闸操作过程。
3. 学会供配电所日常运行维护和常见故障的分析排除。

任务一　变配电所设计

【知识解读】

变电所设计内容通常包括变电所的电气主接线方案设计、短路电流计算、主要电气设备选择、高压侧配电装置设计、继电保护和自动装置配置、直流系统设计、主变各侧线路测量仪表的配置及主变压器保护整定计算等内容。这里重点介绍企业变电所主接线方案选择和主变压器的台数及容量的确定等相关技术。

一、企业变电所接线选择

企业车间变电及农村电网广泛使用着具有低压母线和一台变压器的变电所接线形式，如图 6-1 所示。图 6-1a 中，变压器经熔断器 FU1 和隔离开关 QS 接到 6~35kV 馈电线上。隔离开关 QS 用来将变压器接通和开断。熔断器 FU1 用于短路保护。变压器二次侧熔断器 FU2 保护变压器防止过载。低压侧设刀开关 QK 的原因是为了防止从低压网中有电倒送过来。操作 QS 前，变压器低压侧的刀开关 QK 必须断开，且变压器容量在 6/10kV 时不超过320kV · A，35kV 时不超过 1000kV · A；或者说，此时要操作 QS，必须将变压器低压母线上所有电路断开。很显然，这种接线方式的缺点是受变压器容量的限制，更换熔件时要停电，而且不能应用于变压器的气体保护。

图 6-1b 中，变压器高压侧装设断路器 QF，使变压器可以得到可靠的过载与内部故障保护。

图 6-1c 中，变压器经负荷开关 QS2、熔断器 FU1 和断路器 QS1 接到高压馈电线上。隔离开关 QS1 断开后可方便修理负荷开关 QS2。熔断器 FU1 用于变压器的短路保护，而负荷开关用于变压器的过载保护和正常运行时开断与合上负荷电流。

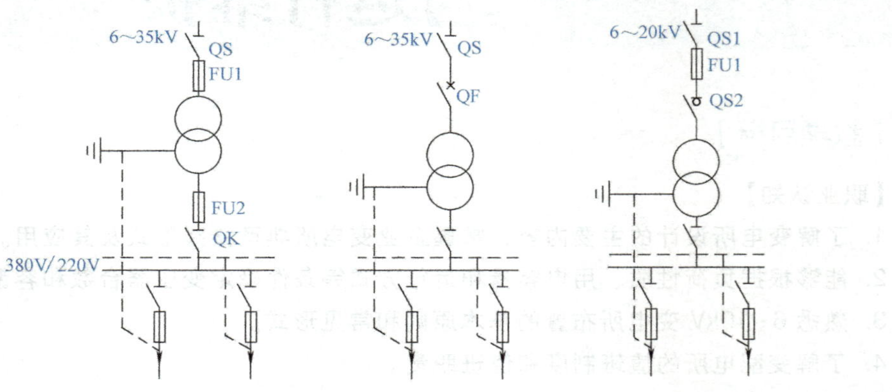

图 6-1　单变压器接线的几种形式

重要负荷的工业企业变电所的接线常采用图 6-2 所示的三台工作变压器 T1、T3、T4 与一台备用变压器 T2 的变电站。系统正常工作时，高压母线分段断路器 QF5 断开，当 1#进线或 2#进线停电时分段断路器均可以自动闭合。备用变压器 T2 低压侧经不同的低压断路器 QF9 或 QF10、QF12 可分别接到三个低压母线上，这些断路器平时都开断。假设变压器 T1 发生故障时，QF3 与 QF8 断开，而 QF4 与 QF9 自动接通，备用变压器 T2 自动投入以确保向用户 1 持续供电。

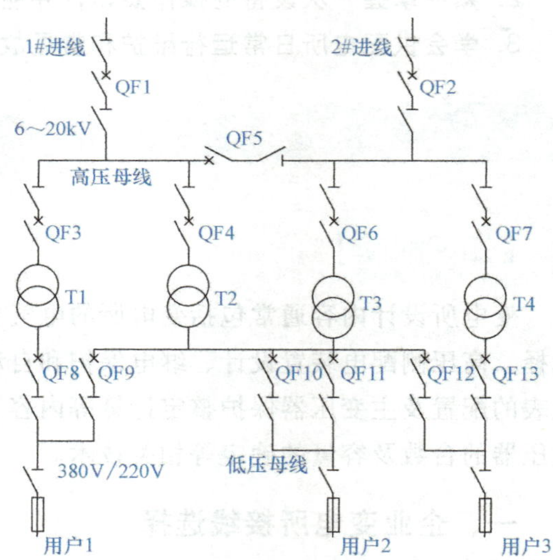

图 6-2　有备用变压器的接线形式

二、供配电系统负荷计算

电力负荷计算方法一般主要有利用系数法、需要系数法和二项式系数法。当用电设备台数较多、各台设备容量相差不太悬殊时，特别在确定车间和工厂的计算负荷时，宜采用需要系数法。

1. 需要系数法的概念

用电设备组的计算负荷，是指用电设备级从供电系统中取用的半小时最大负荷 P_{30}，设用电设备组的设备容量为 P_e，它指用电设备组所有设备（不含备用设备）的额定容量之和。由于用电设备组的设备实际上不一定都同时运行，运行的设备也不可能都同时满负荷，同时设备本身存在功率损耗，因此，用电设备组的有功计算负荷应为

$$P_{30}=\frac{K_{\Sigma}K_{L}P_{e}}{\eta_{e}\eta_{L}} \tag{6-1}$$

式中 K_{Σ}——设备组的同时系数，即设备组在最大负荷时运行的设备容量与全部设备容量之比；

K_L——设备的负荷系数，即设备组在最大负荷时的输出功率与运行的设备容量之比；

η_e——设备组的平均效率，即设备组在最大负荷时的输出功率与取用功率之比；

η_L——配电线的平均效率，即配电线路在最大负荷时的末端功率与首端功率之比。

令 $K_{\Sigma}K_L/(\eta_e\eta_L)=K_d$，则 K_d 称为需要系数。

2. 需要系数法的计算

企业工厂、车间等用电设备的计算负荷可分为单组设备、多组设备和吊车设备三种。计算方法如下：

（1）单组设备的计算负荷

当分组后同一组中设备台数>3 时，计算负荷应考虑其需要系数，即

$$P_{30}=K_d\sum_{i=1}^{n}P_M \tag{6-2}$$

$$S_{30}=\sqrt{P_{30}^2+Q_{30}^2} \tag{6-3}$$

$$Q_{30}=P_{30}\tan\varphi \tag{6-4}$$

$$I_{30}=\frac{S_{30}}{\sqrt{3}U_N} \tag{6-5}$$

式中 ΣP_M——总设备功率，单位为 kW；

K_d——需要系数；

P_{30}——计算有功功率，单位为 kW；

Q_{30}——计算无功功率，单位为 kvar；

S_{30}——计算视在功率，单位为 kV·A；

$\tan\varphi$——功率因数角的正切值；

U_N——电气设备额定电压，单位为 kV；

I_{30}——计算电流，单位为 A。

当每组电气设备台数≤3 时，考虑其同时使用率非常高，将需要系数取为 1，其余计算与上述公式相同。

（2）多组设备的计算负荷

当供电范围内有多个性质不同的电气设备组时，先将每一组都按上述步骤计算，在各自负荷曲线上不可能同时出现时，以一个同时系数来表达这种不同时率，因此其计算负荷为

$$P_{30}=K_{\Sigma P}\Sigma P_{30} \tag{6-6}$$

$$Q_{30}=K_{\Sigma Q}\Sigma Q_{30} \tag{6-7}$$

$$S_{30}=\sqrt{P_{30}^2+Q_{30}^2} \tag{6-8}$$

$$I_{30}=\frac{S_{30}}{\sqrt{3}U_N} \tag{6-9}$$

式中 $K_{\Sigma P}$——有功同时系数，对于用电设备组计算负荷直接相加，$K_{\Sigma P}$取值范围一般都在0.8~0.9；对于车间干线计算负荷直接相加，$K_{\Sigma P}$取值范围一般在0.85~0.95；

$K_{\Sigma Q}$——无功同时系数，对于用电设备组计算负荷直接相加，$K_{\Sigma Q}$取值范围一般都在0.90~0.95；对于车间干线计算负荷直接相加，$K_{\Sigma Q}$取值范围一般在0.93~0.97。

（3）吊车电动机组的计算负荷

对于吊车电动机容量要求统一换算到$\varepsilon=25\%$，因此可得换算后的设备容量为

$$P_e=2P_M\sqrt{\varepsilon_N} \tag{6-10}$$

式中 P_M——吊车电动机的铭牌容量；

ε_N——与P_M对应的负荷持续率。

三、供配电系统无功补偿

1. 无功补偿方案确定

无功补偿具有改善设备利用率、减少电压损失、减少线路损耗、提高电网传输能力及减少用电户供电容量、降低生产成本等突出优点，因此采用无功补偿，提高功率因数对于供配电系统经济运行具有重要意义。

无功补偿可采用电力电容或容性负荷装置补偿。电力电容器作为补偿装置，具有安装方便、建设周期短、造价低、运行维护简便、自身损耗小（每kvar无功功率损耗为0.3%~0.4%）等优点，是当前国内外广泛采用的补偿方法，但这种方法的缺点是电力电容器使用寿命较短。利用调相机作无功功率电源，这种装置调整性能好，在电力系统故障情况下，也能维持系统电压水平，可提高电力系统运行的稳定性，但造价高，投资大，损耗也较高。每kvar无功的损耗为1.8%~5.5%，运行维护技术较复杂，宜装设在电力系统的中枢变电所，一般用户很少应用。

无功补偿方案常用串联补偿或并联补偿。串联补偿是把电容器直接串联到高压输电线路上，以改善输电线路参数，降低电压损失，提高其输送能力，降低线路损耗。这种补偿方法的电容器称作串联电容器，应用于高压远距离输电线路上，用电单位很少采用。并联补偿是把电容器直接与被补偿设备并接到同一电路上，以提高功率因数。这种补偿方法所用的电容器称作并联电容器，用电企业都是采用这种补偿方法。常见的并联电容无功补偿有三种方法，见表6-1。

表 6-1　并联电容无功补偿方法

补偿方式	装设地点	原理电路	主要特点	适应范围
高压集中补偿	接变电所 6~10kV 高压母线，其电容柜一般装设在单独的高压电容室内	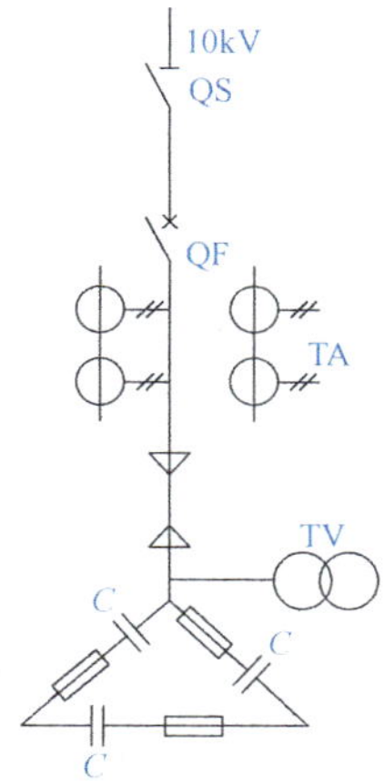	初步投资少，运行维护方便，但只能补偿高压母线以前的无功功率	适于中型工厂变配电所做高压无功补偿
低压集中补偿	接变电所低压母线，其电容器柜装设在低压配电室内	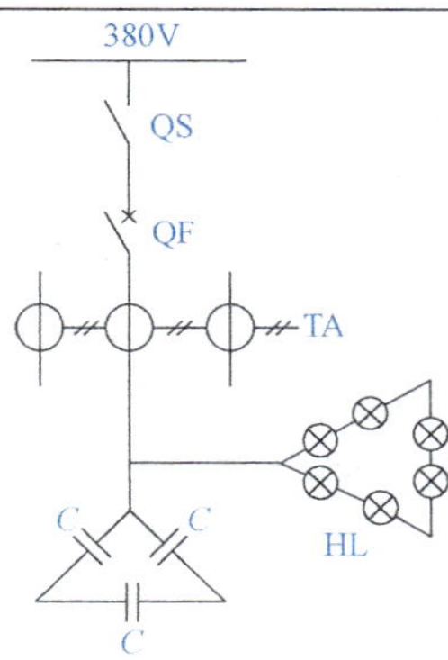	能补偿低压母线以前的无功功率，可使变压器的无功功率得到补偿。从而有可能减小变压器容量，且运行维护方便	适于中、小型工厂或车间变电所做低压侧基本无功补偿
单独就地补偿	装设在用电设备附近，与用电设备并联	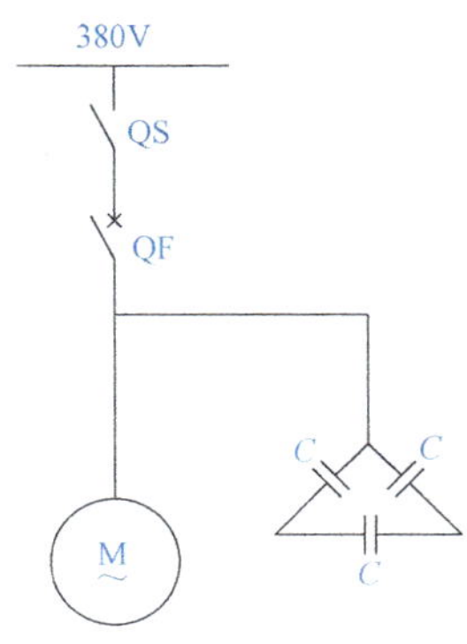	补偿范围最大，补偿效果最好。可缩小配电线路截面积，减小有色金属消耗能。但电容的利用率不高，且初投资和维护费用较高	适于负荷相当平稳且长时间使用的大容量用电设备，及容量虽小但数量多的用电设备

2. 无功补偿容量确定

(1) 按提高功率因数确定补偿容量

采用一组固定补偿电容器时，补偿容量按下式计算，但在负荷较轻时不应发生过补偿。

$$Q_B = P_{av}(\tan\varphi_1 - \tan\varphi_2) \tag{6-11}$$

式中　P_{av}——补偿装置安装点负荷的平均有功功率；

$\tan\varphi_1$——补偿前的平均功率因数的正切值；

$\tan\varphi_2$——补偿后希望达到的平均功率因数的正切值。

采用分组自动投切的电容器组补偿时，补偿容量按下式计算。

$$Q_B = P_{30}(\tan\varphi_1 - \tan\varphi_2) \tag{6-12}$$

式中　P_{30}——最大有功负荷。

（2）按抑制电压波动和闪变确定补偿容量

$$Q_B \geqslant \Delta Q_{30} - d_{lim} S_k \tag{6-13}$$

式中　ΔQ_{30}——负荷无功功率的最大变化量；

d_{lim}——允许补偿后的最大电压变动；

S_k——补偿安装点的短路容量。

四、主变压器台数及容量确定

1. 一般性规定

变压器的台数一般根据负荷性质、用电容量和运行方式等条件综合考虑确定。考虑变压器在故障和检修时，保证一、二级负荷的供电可靠性。当季节性负荷变化较大时，投入变压器的台数可根据实际负荷而定，做到经济运行，节约电能。

一级和二级负荷突然停电后将造成比较严重的损失，因此在考虑变压器容量和台数时，应满足退出1台变压器以后仍能保证对一级负荷和二级负荷的供电。

一般情况下，单台变压器的容量不宜大于1000kV·A，一方面是由于选用1000kV·A及以下的变压器对一般车间的负荷密度来说更能接近负荷中心，另一方面低压侧总开关的断流容量也较容易满足。但近几年来有些厂家已能生产大容量的ME、AH型低压断路器及限流低压断路器，在民用建筑中采用1250kV·A及1600kV·A的变压器比较多，特别是1250kV·A更多些，故推荐变压器的单台容量不宜大于1250kV·A。

因IT系统的带电部分与大地不直接连接，因此照明不能和动力共用变压器，必须设专用照明变压器（详见《交流电气装置的接地设计规范》GB/T 50065—2011）。

目前国内已生产干式及SF_6变压器，因此对防火要求高的车间内或建筑物内变电所，应尽可能不采用可燃油油浸变压器。

2. 主变压器台数与容量选择

（1）主变压器台数的选择

为保证供电，变电所一般不少于两台变压器。当只有一个电源或变电所的重要负荷另有备用电源时才可装设一台变压器。

（2）变压器型式的选择

一般选用三相变压器，只有当制造或运输条件限制时，大容量变压器才考虑用单相变压器。一般当用一组单相变压器时应考虑设备用相。只有当主变压器超过一组，且每组容量满足全负荷的75%时才不用备用相。在10~20kV中压配电网中当负荷较小时也可以考虑采用单相配电变压器。但在布置上应尽量做到三相平衡。当系统有调压要求时应选用有载调压变压器。

（3）主变压器容量的确定

应按变电所的负荷曲线确定综合用电负荷，同时还应按负荷曲线考虑变压器的过负荷能力。例如，若装设两台变压器时总安装容量为

$$\sum S_C = 2\times(0.7P_M) = 1.4P_M \qquad (6\text{-}14)$$

式中　P_M——变电所的最大负荷。

式（6-14）说明，当一台变压器停运时，考虑变压器的过负荷能力为40%，则可保证98%的负荷供电。当变电所装设两台以上变压器时，每台容量的选择应考虑一台停运时可保证重要负荷的供电。对于一次降压变电所，重要负荷约占全负荷的75%，二次降压变电所约占60%。

（4）主变压器电能损耗的计算

在选择不同的主变压器台数和容量方案时，除应考虑上述的技术条件外也需进行经济比较，其中包括投资费用与年运行费用的计算。

五、短路电流计算

1. 短路电流计算目的

为了正确选择和校验电气设备，准确计算继电保护装置的整定值，就需要计算短路故障发生时通过元件的最大可能的短路电流。由于在发电机附近短路的两相短路电流和在靠近中性点接地的变压器短路的单相短路电流可能大于三相短路电流。因此，应根据不同的供电系统模型求出最大短路电流和最小短路电流。其中：最大短路电流主要用来确定电器设备容量或额定参数；最小短路电流可作为选择熔断器、整定继电保护装置的依据。

2. 短路电流计算的方法

短路电流计算常用方法有欧姆法和标幺值法。具体应用在相关电力设计手册里有详细介绍，这里做简单说明。

（1）欧姆法。

欧姆法也叫有名制法，具体步骤如下：

1）绘制计算电路图，选择短路计算点。计算电路图上应将短路计算中需计入的所有电路元件的额定参数都表示出来，并将各元件依次编号。短路计算点应选择在使需要进行短路校验的电气元件有最大可能的短路电流通过处。

2）计算短路回路中各主要元件的阻抗，包括电力系统、电力线路和变压器的阻抗。

3）绘制短路回路等效电路，并计算总阻抗。等效电路图上标注的元件阻抗值必须换算到短路计算点。

4）计算短路电流。分别对各短路计算点计算其三相短路电流周期分量、短路次暂态短路电流、短路稳态电流和短路冲击电流。

（2）标幺值法。

标幺值法也叫相对单位制法，具体步骤如下：

1）绘制计算电路图，选择短路计算点，与前面欧姆法相同。

2）设定基准容量 S_d 和基准电压 U_d，计算短路点基准电流 I_d。

3）计算短路回路中各主要元件的阻抗标幺值，一般只计算电抗。

4）绘制短路回路等效电路，并计算总阻抗。采用标幺值法计算时，无论有几个短路计算点，其短路等效电路都只有一个。

5）计算短路电流，与欧姆法相同。

总之，标幺值法相对于欧姆法有三个主要的特点：采用标幺值易于比较电力系统各元件的特性及参数；能够简化计算公式，在一定程度上简化计算工作。

六、变电所布置

变电所的布置和变电所的电压等级、配电装置的形式、变电所的性质、变电所周围的环境等都有密切关系。变电所布置要求综合考虑主控制室或值班室、各级电压的配电装置、辅助建筑、搬运通道、运行巡视小道、电缆沟，以及地下管线、避雷针等的相对位置，合理布局，便于运行、维护与检修，节约用地。各电压级变电所设计规范等有关国家标准对变电所的布置有着明确的规定。35~110kV变电所设计遵循规范《GB 50059—2011》；10kV及以下变电所设计遵循规范《GB 50053—2013》。

1. 35~110kV变电所布置

35~110kV变电所位置的选择，应根据下列要求经技术、经济比较后确定：

1）靠近负荷中心。

2）节约用地，不占或少占耕地及经济效益高的土地。

3）与城乡或工矿企业规划相协调，便于架空和电缆线路的引入和引出。

4）交通运输方便。

5）周围环境宜无明显污秽，如空气污秽时，所址宜设在受污源影响最小处。

6）具有适宜的地质、地形和地貌条件（例如避开断层、滑坡、塌陷区、溶洞地带、山区风口和有危岩或易发生滚石的场所），避免选在有重要文物或开采后对变电所有影响的矿藏地点，若必须选在此处应征得有关部门的同意。

7）所址标高宜在50年一遇高水位之上，否则，所区应有可靠的防洪措施或与地区（工业企业）的防洪标准相一致，但仍应高于内涝水位。

8）应考虑职工生活上的方便及水源条件。

9）应考虑变电所与周围环境、邻近设施的相互影响。

中型企业的总降压变电所负荷较大，多为35kV进线。由于35kV屋内配电装置具有节约土地、便于运行维护、防污性能好等优点，且投资也不高于屋外配电装置，故现在企业中的35kV变电所，大都为室内布置。

35kV屋内配电装置中的断路器，一般在控制室内控制；屋外配电装置中的断路器，则一定在控制室内控制，故35kV及以上电压级的变电所一般都设置有主控室。主控室应位于运行方便、操作电缆最短和便于观察屋外主要设备的地方。

2. 6~10kV变电所布置

6~10kV变电所位置的选择，应根据下列要求经技术、经济比较后确定：

1）接近负荷中心。

2）进出线方便。

3）接近电源侧。

4）设备运输方便。

5）不应设在有剧烈振动或高温的场所。

6）不宜设在多尘或有腐蚀性气体的场所，若无法远离时，不应设在污染源盛行风向的下风侧。

7）不应设在厕所、浴室或其他经常积水场所的正下方，且不宜与上述场所相邻。

8）不应设在有爆炸危险环境的正上方或正下方，且不宜设在有火灾危险环境的正上方或正下方，当与有爆炸或火灾危险环境的建筑物毗连时，应符合现行国家标准《爆炸和火灾危险环境电力装置设计规范》的规定。

9）不应设在地势低洼和可能积水的场所。

此外，还应注意的是，10kV 变电所或配电所不设置主控制室。值班人员应有单独的值班室，值班室也可以与低压配电室合并。值班室应直接或经走廊与高压配电室相通。为了减少有色金属消耗与电能损耗，主变压器室应毗邻低压配电室。电容器室（若有）可与高压室毗邻。变压器室和电容器室应尽量避免暴晒。

主控制室到各级电压配电室都应很方便、畅通。在无主控制室的变配电所，可先确定低压配电室和主变压器室的位置，再确定高压配电室等的位置。主变压器室等有火灾、爆炸危险的房间，门都应能向外打开。

当周围环境较好，符合变压器露天布置时，可采用露天放置主变压器的形式，以减少占地面积，降低建设成本。布置形式如图 6-3 所示。当露天或半露天变压器供给一级负荷用电时，相邻的可燃油油浸变压器的防火净距不应小于 5m，若小于 5m，应设置防火墙。防火墙应高出储油柜顶部，且墙两端应大于挡油设施各 0.5m。

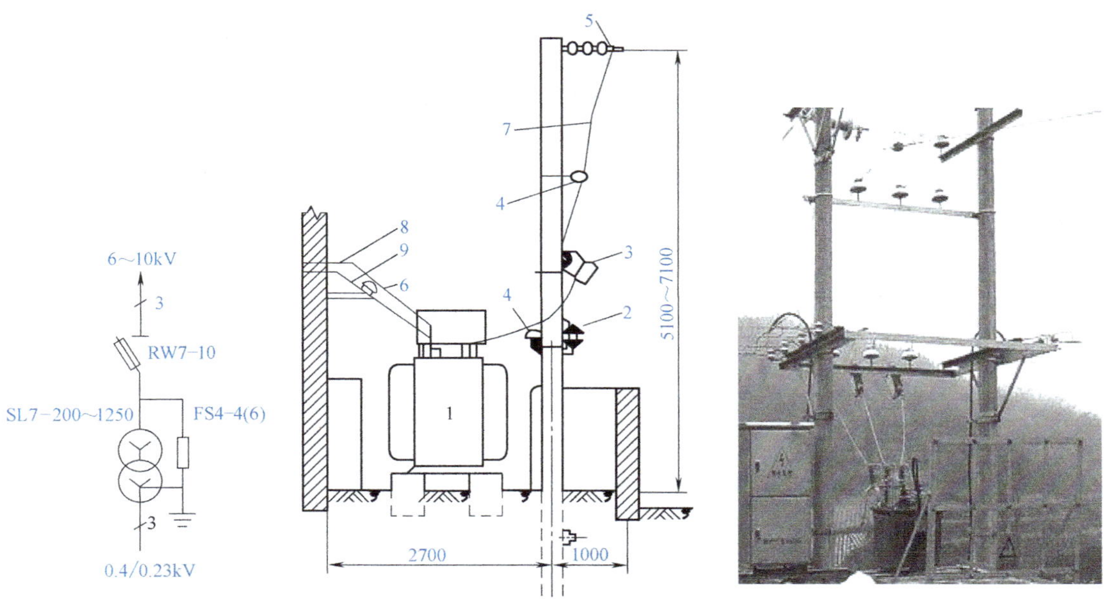

a)　　b)　　c)

图 6-3　6~10kV 变压器户外露天布置

a）电气系统图　b）露天布置示意图　c）现场图片

1—电力变压器　2—避雷器　3—跌落式熔断器　4—悬式绝缘子　5—耐张绝缘子

6—支柱绝缘子　7—高压引线　8—低压母线　9—中性母线

采用 2 台主变压器的 6~10kV 变电所布置示例如图 6-4 所示。图 6-4a 为独立式变电所，它可以是工厂的总降压变电所，也适用于负荷小而分散的用户。图 6-4b 为车间外附式变电所。

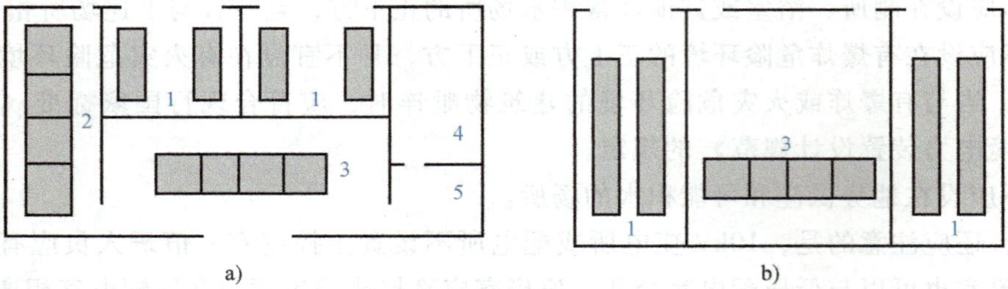

图 6-4　2 台主变压器变电所布置

a）独立式变电所　b）车间外附式变电所

1—变压器室　2—高配室　3—低配室　4—维修室　5—休息室

七、箱式变电站布置

现代城市商业街、小区、车站、港口、码头等用户的电力建设都要求以高电压深入负荷中心建变电所，以缩短低压供电半径，提高供电质量，节约有色金属，降低电能损耗。尤其是在负荷中心最适宜建设箱式变电站。箱式变电站除了具有上述优点外，还具有运输、迁移、安装方便，施工周期短，运行费用低，占地面积小，无污染、免维护等优点。

变电站箱体内一次设备采用单元真空开关柜、干式变压器、干式互感器、真空断路器（弹簧操作机构）等先进设备，产品无裸露带电全绝缘结构，完全能达到零触电事故，全站可实现无油化运行，安全性高，二次采用微机综合自动化系统，可实现无人值守。

箱式变电站按结构不同主要有欧式箱变和美式箱变，如图 6-5 所示。欧式箱变体积大，造价低；而美式箱变体积小，结构紧凑，为同容量欧式箱变的 1/5～1/3，外形美观，尽管造价略高，但美式箱变具有供电可靠、结构合理、安装快捷、灵活、操作方便等特点，既可用于户外，又可用于户内。

图 6-5　箱式变电站

a）YBW 系列欧式箱变　b）ZGS9 系列美式箱变

图 6-5a 是 YBW 系列欧式箱变，适用于户外，用箱体将 12kV 高压系统、变压器和 0.4kV 低压系统组合在一起的成套变配电装置。它广泛用于城市电网改造、工厂、企业、城

乡生活区、矿山、油田、建筑工地、公路交通、铁路和港口。

图 6-5b 是 ZGS9 系列美式箱变，它是一种将变压器器身、高压负荷开关、熔断器及高低压连线放置在全密封的油箱内，用变压器油作为带电部分相间及对地的绝缘介质的一种新型配电设备。产品满足国家 GB 17467—2010《高压/低压预装式变电站》、DL/T 537—2002《高压/低压预装箱式变电站选用导则》等标准的要求。产品适用于额定电压为 35kV 以下，额定容量为 80-1000kV · A 的电力系统。产品的高压部分采用了全绝缘的高压进出线端子和电缆附件，使高压间隔内没有任何裸露的带电部分，具有安全可靠的运行特点；采用双级熔体保护，插入式熔丝具有温度、电流双敏保护特性，后备熔丝对变压器故障进行保护；同时，具有齐全的运行检视仪器仪表，如压力表、压力阀、油位计、油温表等。

【实践指导】

训练　动力车间供配电系统设计举例

一、训练目的

通过设计动力车间供配电系统部分项目的训练，掌握供配电系统设计过程中主要的负荷计算、无功计算和短路电流计算。

二、训练任务

这里主要完成工厂车间供配电系统设计中的主要项目设计、计算和方案设计。设计依据是：按照国家标准《工业与民用供配电系统设计规范》《10kV 及以下变电所设计规范》及《低压配电设计规范》等的规定。

1）车间供配电系统负荷计算。

2）供配电系统无功补偿计算。

3）确定变电所主变压器台数和容量及主接线方案。

4）短路电流计算，完成一次设备选择和校验。

三、训练步骤

1. 车间供配电系统负荷计算

根据车间动力平面布置图，统计车间设备容量，利用需要系数公式分别计算各组的计算负荷。这里直接给出计算结果，见表 6-2，以方便下面的计算应用。

表 6-2　车间供配电系统负荷计算表

序号	车间名称	供电回路代号	设备容量	计算负荷			
			kW	P_{30}/kW	Q_{30}/kvar	S_{30}/kV · A	I_{30}/A
0	机加工一车间	NO. 1　供电回路	131. 45	26. 29	45. 48	52. 53	79. 91
		NO. 2　供电回路	89	62. 3	0	62. 3	94. 77
		NO. 3　供电回路	160. 71	32. 14	55. 61	64. 23	97. 7
		NO. 4　供电回路	10	8	0	8	12. 15

（续）

序号	车间名称	供电回路代号	设备容量	计算负荷			
			kW	P_{30}/kW	Q_{30}/kvar	S_{30}/kV·A	I_{30}/A
1	机加工二车间	NO.5 供电回路	155	46.5	54.4	71.57	108.73
		NO.6 供电回路	120	36	42.1	55.39	84.16
		NO.7 照明回路	10	8	0	8.00	12.15
2	铸造车间	NO.8 供电回路	160	64	65.3	91.43	138.92
		NO.9 供电回路	140	56	57.1	79.98	121.51
		NO.10 供电回路	180	72	73.4	102.82	156.22
		NO.11 照明回路	8	6.4	0	6.40	9.72
3	铆焊车间	NO.12 供电回路	150	45	89.1	99.82	151.66
		NO.13 供电回路	170	51	101	113.15	171.91
		NO.14 照明回路	7	5.6	0	5.60	8.51
4	电修车间	NO.15 供电回路	150	45	78	90.05	136.82
		NO.16 供电回路	146	44	65	78.49	119.26
		NO.17 照明回路	10	8	0	8.00	12.15
总计			1797.16	616.23	726.49	952.64	937.37
变压器低压侧总计算负荷			585.42	704.70	916.14	1393.58	

2. 系统无功补偿计算

（1）补偿前的变压器容量和功率因数

变压器低压侧的视在计算负荷为

$$S_{30(1)}=\sqrt{585.42^2+704.7^2}\text{kV}\cdot\text{A}=916.14\text{kV}\cdot\text{A}$$

主变压器容量选择条件为 $S_{N.T}\geqslant S_{30}$，因此未进行无功补偿时，主变压器容量应选容量为 630 kV·A 的变压器两台。这时变电所低压侧的功率因数为

$$\cos\varphi_{(2)}=585.42/916.14=0.639$$

（2）无功补偿容量

按规定变电所高压侧的 $\cos\varphi\geqslant0.9$，考虑到变压器本身的无功功率损耗 ΔQ_T 远大于其有功功率损耗 ΔP_T，一般 $\Delta Q_T=(4\sim5)\Delta P_T$，因此在变压器低压侧进行无功补偿时，低压侧补偿后的功率因数应略高于 0.90，这里取 $\cos\varphi'=0.92$。

要使低压侧功率因数由 0.63 提高到 0.92，低压侧需装设的并联电容器容量为

$$Q_C=585.42\times[\tan(\arccos0.639)-\tan(\arccos0.92)]\text{kvar}=455.31\text{kvar}$$

取：$Q_c=480\text{kvar}$

（3）补偿后变压器的容量和功率因数

补偿后变电所低压侧的视在计算负荷为

$$S'_{30(2)}=\sqrt{585.42^2+(704.7-480)^2}\text{kV}\cdot\text{A}=627.1\text{kV}\cdot\text{A}$$

因此每台主变压器容量可改选为 500 kV·A，比补偿前容量减少 130 kV·A。

变压器的功率损耗为

$$\Delta P_T \approx 0.015S'_{30(2)} = 0.015\times627.1\text{kW} = 9.41\text{kW}$$

$$\Delta Q_T \approx 0.06S'_{30(2)} = 0.06\times627.1\text{kvar} = 37.626\text{kvar}$$

变电所高压侧的计算负荷为

$$P'_{30(1)} = 585.42\text{kW}+9.41\text{kW} = 594.83\text{kW}$$

$$Q'_{30(1)} = (704.7-480)\text{kvar}+37.63\text{kvar} = 262.33\text{kvar}$$

$$S'_{30(1)} = \sqrt{594.83^2+262.33^2}\text{kV}\cdot\text{A} = 650.1\text{kV}\cdot\text{A}$$

无功功率补偿，工厂的功率因数为

$$\cos\varphi = P'_{30(1)}/S'_{30(1)} = 594.8/650.1 = 0.915$$

这一功率因数满足规定（0.90）要求。

（4）无功补偿前后比较

$$S'_{N.T}-S_{N.T} = 630\text{kV}\cdot\text{A}-500\text{kV}\cdot\text{A} = 130\text{kV}\cdot\text{A}$$

（5）补偿装置的选择

本设计选用的并联电容器的型号为 CLMD 53 低压并联电容器。

3. 确定变电所主变压器台数和容量及主接线方案

本设计为有两台变压器的小型变电所。根据本车间的情况，负荷量不大，但属于二级负荷，可靠性要求较高，有 10kV 高压电进线供电，故选定如图 6-6 所示变电所主接线方案。

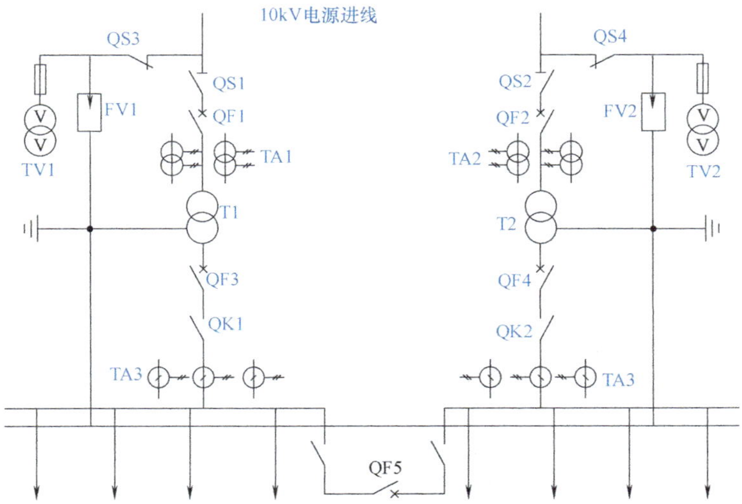

图 6-6　单母线分段的双台变压器变电所主接线图

4. 短路电流计算，完成一次设备选择和校验

（1）短路电流计算

图 6-7 所示为根据变电所主接线方案绘制的短路等效电路，图中标出各元件的电抗标幺值，并标明了短路计算点。

按供电工程设计说明，短路计算点的短路电流见表 6-3。

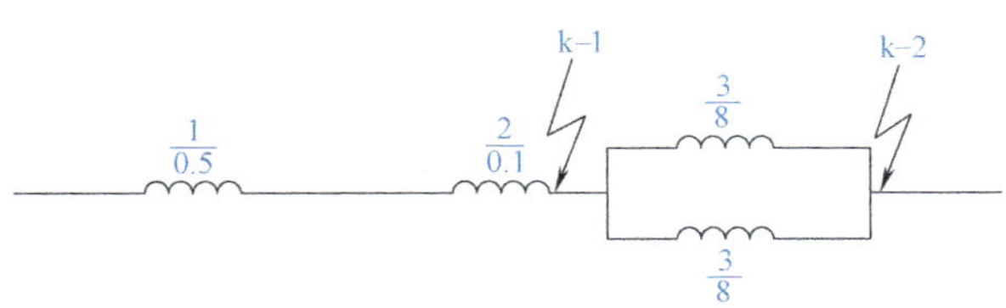

图 6-7　短路电流计算等效电路

表 6-3 短路计算表

短路计算点	运行方式	三相短路电流/kA			电压/kV	三相短路容量 S_k/MV·A
		$I_k(3)$	$I_{sh}(3)$	$I_{sh}(3)$		
k-1		9.17	23.38	13.84	10.5	166.7
k-2	最大运行	31.3	57.8	34.1	0.4	21.74
	最小运行	13.25	24.4	14.45	0.4	11.63

（2）一次设备校验说明

一次设备校验通常包括：电压、电流、断流能力、动稳定性和热稳定性等指标，见表 6-4。

表 6-4 一次设备校验指标

序号	设备名称	电压/kV	电流/A	断流能力	短路稳定度校验	
					动稳定	热稳定
1	高压断路器	√	√	√	√	√
2	高压负荷开关	√	√	√	√	√
3	高压隔离开关	√	√	—	√	√
4	熔断器	√	√	√	—	—
5	电流互感器	√	√	—	√	√
6	电压互感器	√	—	—	—	—
7	套管绝缘子	√	√	—	√	√
8	母线	—	√	—	√	√
	电缆	√	√	—	—	√
9	低压断路器	√	√	√	—	—
10	限流电抗器	√	√	—	√	√
11	应满足的条件	$P_e \geqslant$ 装置地的 P_E	I_{av} 设备的计算电流	设备的 $I_{开断max} >$ $I_{可能开断max}$	按三相短路冲击电流校验	按三相短路稳态电流校验
备注		1. 表中“√”表示必须校验，“—”表示不要校验 2. 选择变电所高压侧的设备和导体时，其计算电流应取主变压器高压侧额定电流 3. 对高压断路器，其最大开断电流应不小于实际开断时间				

1）短路热稳定校验。短路热稳定校验就是要求所选的电器，当短路电流通过它时，其最高温度不应超过制造厂规定的短路时发热允许温度，即

$$I_{\infty}^2 R t_j \leqslant I_t^2 R t \quad 或 \quad I_{\infty}^2 t_j \leqslant I_t^2 t$$

式中 $I_{\infty}^2 R t_j$——短路电流所产生的热量；

$I_t^2 R t$——电器在短路时的允许发热量，制造厂通常以 t 时间（通常为 1、4、5s）内通过的电流 I_t 所产生的热量表示；

t_j——短路延续时间，单位为 s。

经计算：

$$t_j = t_d + 0.05 = t_b + t_{fd} + 0.05\text{s}$$

式中 t_d——短路延续时间，单位为 s；

t_b——主保护动作时间，单位为 s；

t_{fd}——断路器分闸时间，单位为 s。

注意：如果缺乏断路器分闸时间数据，当主保护为速动时，短路电流可取下列数据；对于快速及中速断路器，$t_d=0.15s$。对于低速断路器 $t_d=0.2s$。此外，当 $t_d>1s$ 时，可认为 $t_d=t_j$。

2）动稳定校验。动稳定是指电器承受短路电流引起机械效应的能力，在校验时，用短路电流的最大幅值与制造厂规定的最大允许电流进行比较，即

$$i_{ch}\leqslant i_{max} \quad 或 \quad I_{ch}\leqslant I_{max}$$

式中　i_{ch}，I_{ch}——短路冲击电流及其有效值；

i_{max}，I_{max}——电器极限通过电流的最大值及有效值。

注意，这样几种情况下可不进行短路校验：用熔断器保护的电器和导体可不校验热稳定；装设在电压互感器回路内的电器和裸导线可不校验动、热稳定；架空线可不校验动、热稳定；在非重要用电场所的导体，当变压器容量在 1250kV · A 以下，高压侧电压为 10kV 以下，且不致因短路故障损坏导体而产生严重后果者，可不校验动、热稳定。

（3）校验高压开关柜和其他主要一次设备

代入前面的校验计算公式，可得出以下校验结果。

1）校验高压开关柜，根据主接线方案，选择 GG-1A（F）-11 型作为进线开关柜，其设备型号、规格的选择及校验见表 6-5。

表 6-5　GG-1A（F）-11 进线开关柜一次设备选择及校验结果

选择项目	装置地点数据		设备的型号规格			
	参数	数据	参数	高压断路器 SN10-10 I	高压隔离开关 GN8-10/400	电流互感器 LQJ-10-200/5
电压	U_N	10kV	U_N	10kV	10kV	10kV
电流	I_{30}	37.58A	I_N	630A	400A	200/5A
断流能力	I_K	9.17kA	I_{oc}	16kA	/	/
动稳定	i_{ch}	23.38kA	i_{max}	40kA	40kA	$160\times2^{(1/2)}\times0.4=90.5$kA
热稳定	$I_\infty^2 t_{ima}$	172.4kA	$I_\infty^2\cdot t$	$16^2\times2=512$kA	$14^2\times5=980$kA	$(75\times0.4)^2\times1=900$kA
校验结论				合格	合格	合格

2）校验其他主要一次设备。GG-1A-J 高压计量柜一次设备选择及校验结果见表 6-6。

表 6-6　GG-1A-J 高压计量柜一次设备选择及校验结果

选择项目	装置地点数据		设备的型号规格				
	参数	数据	参数	高压隔离开关 GN8-10/400	高压熔断器 RN2-10	电流互感器 LQJ-10-200/5	电压互感器 JDZ-10
电压	U_N	10kV	U_N	10kV	10kV	10kV	10kV
电流	I_{30}	37.58A	I_N	400A	0.5	200/5A	/
断流能力	I_K	9.17kA	I_{oc}	/	50kA	/	/
动稳定	i_{ch}	23.38kA	i_{max}	40kA	/	$160\times2^{(1/2)}\times0.4=90.5$kA	/
热稳定	$I_\infty^2 t_{ima}$	172.4kA	$I_\infty^2\cdot t$	$14^2\times5=980$kA	/	$(75\times0.4)^2\times1=900$kA	/
校验结论				合格	合格	合格	合格

【四新技术】

三维变电站设计软件

一种综合采用二、三维图形信息与数据库信息将工程对象按照工程设计的要求作为一个实物进行全面描述三位变电站设计软件 IStation，大大提高了变电站设计的效率。软件以配电装置间隔模型为基础，只需给定工程设计的设备类型及相关参数，自动生成配电装置的间隔断面图和平面图、总平面布置图，并能完成设备安全净距校验、导线力学计算、防雷及接地设计、设备材料统计等工作。

软件运用数字技术将变电站间隔、设备、附件、附属物的型号、尺寸、间距等信息以模型方案保存，在图形界面中可以直接对变电站各个间隔进行引用和修改，操作直观、便捷。图形与数据库同步联动，保证工程设计的一致性。数字化的设计成果实现了设计、采购、施工一直到运营维护的全生命周期管理，使设计院拥有了数字化移交的能力。

IStation 设计流程如图 6-8 所示。

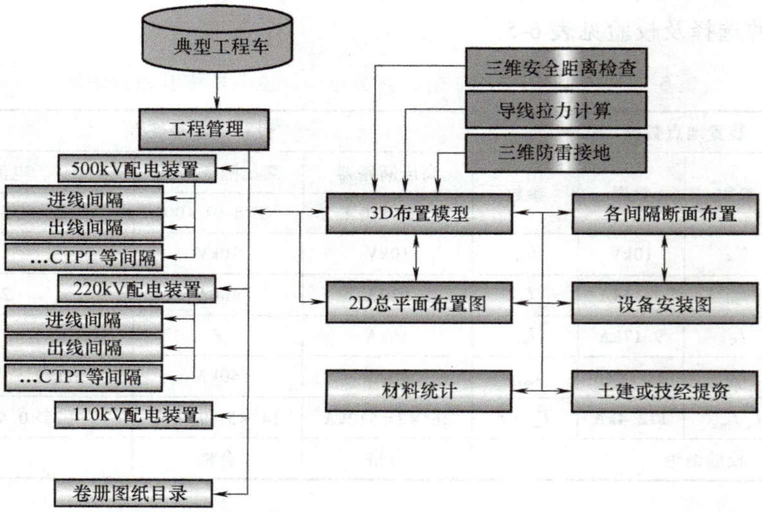

图 6-8 IStation 设计流程

任务二 变配电所值班

【知识解读】

一、变配电所的值班制

工厂变配电所的值班制度常采用轮班制或无人值班制。

所谓轮班制，是指工厂变配电所采用以三班轮换的值班制度为主，即全天 24h，分早、中、晚三班，由值班员轮流值班。这种制度对于保证变配电所的安全运行有很大好处，但人员编制较多。

所谓无人值班制，是指一些小厂的变配电所及大中型厂的一些车间变配电室，仅由厂部或车间维修电工或厂部总变配电所的值班电工定期巡视检查。这种值班制度，虽然节省了人员配备，但难以及时处理用电过程中的突发事故。

二、变配电所值班职责

1）遵守变配电所值班制度，做好变配电所的安全保卫工作，确保变配电所的安全运行。

2）认真学习、贯彻执行有关操作规程，熟悉变配电所的一、二次接线和设备分布、机构性能、操作要求及维护保养方法等，掌握安全用具和消防设备的使用方法及触电急救法，了解变配电所现在的运行方式、负荷情况及负荷调整、电压调节等措施。

3）监视所内各种设备的运行情况，定期巡视检查，按照规定抄、报各种运行数据，记录运行日志。发现设备缺陷和运行不正常时，及时处理，或请示有关部门。

4）按上级调度命令进行操作，发生事故时应进行紧急处理，并做好有关记录以备查考。

5）保管好变配电所内各种资料图表、工具仪器和消防器材等，并做好所内设备及环境的清洁卫生。

6）按规定进行交接班。值班员未办完交接手续时，不得离开岗位。在处理事故时，一般不得交接班，接班的值班员可在当班的值班员的主持下协助处理事故。如事故一时难以处理完毕，在征得接班员同意或经上级同意后，方可进行交接班。

三、变配电所值班操作

1. 一次设备的操作要领

一次设备主要包括高压熔断器、隔离开关、负荷开关和断路器等电气设备，其操作要领及注意事项见表 6-7。

表 6-7　一次设备的操作要领及注意事项

一次设备	操作要领	注意事项
高压熔断器	为了防止事故，高压熔断器的操作顺序为：拉开时应先拉中间相，后拉两边相；合上时应先合两边相，后合中间相	操作高压熔断器多采用绝缘杆单相操作。分或合高压熔断器时，不允许带负荷，如发生误操作，产生的电弧会危及人身及设备安全
隔离开关	1）在手动合隔离开关时必须迅速果断，在合到底时不能用力过猛，以防合过头和损坏支柱绝缘子。操作时如发生弧光或误合时，则应将隔离开关迅速合上。隔离开关一经合上，不得再进行拉开 2）在手动拉开隔离开关时，应该按照“慢—快—慢”的过程进行。刚开始应慢，其目的是：操作连杆刚一动就要看清它是否为该拉的隔离开关；再看触头刚分开时有没有电弧产生，有电弧则应立即合上，防止带负荷拉隔离开关，若无电弧就应迅速拉开。在切断小容量变压器的空载电流、一定长度架空线路和电缆线路的充电电流、少量的负荷电流以及用隔离开关解环操作时，均会有小的电弧产生，此时应迅速地将隔离开关断开，以利于灭弧。当隔离开关即要全部拉开时，也应慢，以防止不必要的冲击使绝缘子等损坏	1）当隔离开关装有电气（电磁）联锁装置或机械联锁装置，而装置未开、隔离开关不能操作时，不能任意解除联锁装置进行分、合闸 2）隔离开关操作后，必须检查其开合的位置。因为有时操动机构有故障或调整得不好，可能出现操作后未全部拉开或未全部合上的现象 3）禁止带负荷拉隔离开关。因为如果带负荷拉开隔离开关，则会使开断电弧扩大，造成设备损坏等。误合时只能用断路器切断该回路后，才能允许将隔离开关拉开

（续）

一次设备	操作要领	注意事项
负荷开关	1)负荷开关合闸时主接触处应该良好,接点没有发热现象 2)负荷开关在运行中,绝缘子、拉杆等表面应没有尘垢、外伤裂纹、缺损或闪络痕迹 3)负荷开关的操作一般比较频繁,因此在运行期间应保持各运动部件的润滑良好,防止生锈。注意检查并预防紧固零件在多次操作后松动。当操作次数达到规定限度时,必须检修 4)对油浸式负荷开关要定期检查油面,缺油时要及时注油,以防操作时引起爆炸	1)负荷开关只能开断和关合一定的负荷电流,一般不允许在短路的情况下操作 2)要定期停电检查负荷开关灭弧室烧毁情况
断路器	1)遥控操作断路器时,扳动控制开关不要用力过猛以免损坏控制开关。控制开关返回也不要太快,以防断路器来不及合闸 2)断路器经操作后,应查看有关的信号装置和测量仪表的指示,以判别断路器动作的正确性。不能只以信号灯及测量仪表的指示来判别断路器实际的分、合位置,还应到现场检查断路器的机械位置指示装置来确定其实际的分、合位置	当断路器合上,控制开关返回后,合闸电流的指示应返回到零位,否则应断开合闸电源,以防止因合闸接触器打不开,而烧毁合闸线圈

2. 电气倒闸操作

（1）电气倒闸操作的四种状态

使电气设备从一种状态转换到另一种状态的过程叫倒闸，所进行的操作叫倒闸操作。变电所的电气设备有四种状态：运行状态、热备用状态、冷备用状态和检修状态。

运行状态是指电气设备的隔离开关及断路器都处在合闸位置带电运行。热备用状态是指电气设备的隔离开关在合闸位置，只有断路器在断开位置。冷备用状态是指电气设备的隔离开关及断路器都在断开位置。检修状态是指电气设备的所有隔离开关及断路器均在断开位置。

（2）倒闸操作的主要内容

1）电力线路的停、送电操作。

2）电力变压器的停、送电操作。

3）发电机的起动、并列和解列操作。并列操作是指发电机与系统经检查同期后并列运行；解列操作是指发电机与全系统解除并列运行方式。

4）电网的合环与解环。电网的合环是指电气回路或电网上开口处经操作或隔离开关合上后形成闭合回路。解环是指在电气回路或电网回路上某处，经操作将回路分断。

5）母线接线方式的改变（倒母线操作）。

6）中性点接地方式的改变。

（3）倒闸操作的基本要求

1）运行值班人员必须要有高度责任心，严格按照倒闸操作的要求，严肃认真地进行操作，确保倒闸操作万无一失。

2）倒闸操作必须两人同时进行。通常由技术水平较高、经验丰富的值班员担任监护，另一人担任操作。每个监护权人和操作权人，需考试合格后由相关领导以书面形式正式公布，并取得合格证。

3）经过“三审”批准生效的操作票，在正式操作前，应在“电气模拟盘”上按照操作票的内容和顺序模拟预演，对操作票的正确性进行最后检查、把关。

4）每进行一项操作，都应遵循“唱票—对号—复诵—核对—操作”这 5 个程序进行。也就是每操作一项操作，监护人按照操作票的内容、顺序先“唱票”；然后操作人按照操作命令核对设备名称、编号及自己所站的位置无误后，复诵操作命令；监护人听到复诵的操作命令，再次核对设备编号无误后，最后下达“对，执行”的命令，操作人方可进行操作。

5）操作必须按操作票的顺序执行，不得跳项和漏项，也不准擅自更改操作票的内容及操作顺序。每操作一项，做一个记号“√”。

6）操作中发生疑问或发现电气闭锁装置报警，应立即停止操作，报告值班负责人，查明原因后，再决定是否继续操作。

7）全部操作结束后，对操作过的设备进行复查，并向发令人回令。

8）操作过程中，除特殊情况，不得随意更换操作人和监护人。

（4）倒闸操作的方法

1）接受主管人员的预发命令。倒闸操作必须根据调度人员命令进行，接受操作命令应由值长接令，接令时应双方互通姓名，接受操作命令人员应根据调度命令做好记录，同时应使用录音机做好录音，记录好后对调度人员进行复诵。如有疑问应及时向调度人员提出，对于有计划的复杂操作和大型操作应在操作前一天下达操作命令，以便操作人员提前做好准备。

2）宣布命令。值长接令后应对当值值班员宣布操作命令，并指定操作人和监护人，并由操作人填写操作票。原则上值长一般不担任监护人，只有在复杂的大型操作中担任监护人。

3）填写操作票。变电所倒闸操作票的格式见表 6-8。电力线路倒闸操作票格式见表 6-9。

表 6-8　变电所倒闸操作票

单位＿＿＿＿＿＿＿＿＿＿　编号＿＿＿＿＿＿＿＿＿＿

发令人		受令人		发令时间：　年　月　日　时　分
操作开始时间：　年　月　日　时　分				操作结束时间：　年　月　日　时　分
承上页　　号				接下页　　号
（　）监护下操作		（　）单人操作		（　）检修人员操作
操作任务：				

顺序	操作项目	√

备注：		
操作人：	监护人：	值班负责人（值长）：

表 6-9 电力线路倒闸操作票

单位________ 编号________

<table>
<tr><td>发令人</td><td></td><td>受令人</td><td></td><td colspan="2">发令时间： 年 月 日 时 分</td></tr>
<tr><td colspan="3">操作开始时间： 年 月 日 时 分</td><td colspan="3">操作结束时间： 年 月 日 时 分</td></tr>
<tr><td colspan="3">承上页 号</td><td colspan="3">接下页 号</td></tr>
<tr><td colspan="6">操作任务：</td></tr>
<tr><td>顺序</td><td colspan="4">操作项目</td><td>√</td></tr>
<tr><td></td><td colspan="4"></td><td></td></tr>
<tr><td></td><td colspan="4"></td><td></td></tr>
<tr><td></td><td colspan="4"></td><td></td></tr>
<tr><td></td><td colspan="4"></td><td></td></tr>
<tr><td colspan="6">备注：</td></tr>
<tr><td colspan="6">操作人： 监护人：</td></tr>
</table>

值班人员根据主管人员的预发命令，核对模拟图，核对实际设备，参照典型操作票认真填写，在操作票上逐项填写操作项目。填写操作票的顺序不可颠倒，字迹要清楚，不得涂改，要使用蓝色的钢笔或圆珠笔填写，不得用铅笔填写。在填写中应使用统一的操作术语，操作票每页错误不得超过三个字，并在修改处应加盖名章，名章应清晰。

4）审核操作票。操作票填写好后应由操作人进行检查，确认无误后再由监护人和变电所正值进行审核，检查后再由电气调度或所长进行最终审核。审核后在操作票的最后一行加盖“以下空白”章。对上一班预填的操作票，即使不在本班执行，也需要根据规定进行审查。审查中发现错误应由操作人重新填写。

5）模拟操作。操作人、监护人应先在模拟图上按照操作票所列操作顺序进行预演。由操作人员再次对操作票的正确性进行核对，并相互提醒操作时的注意事项。

6）核对设备。到达操作现场后，操作人应先站准位置核对设备名称和编号，监护人核对操作人所站立的位置、操作设备名称及编号。检查核对后，操作人员穿戴好安全用具，立正姿势，眼看铭牌，准备操作。

7）唱票操作。监护人看到操作人准备就绪，按照操作票上的顺序高声唱票，每次只准唱一步。严禁凭记忆不看操作票唱票，严禁看铭牌唱票。此时，操作人员应仔细听监护人唱票，并看铭牌，核对监护人所发命令的正确性。操作人认为正确无误后，开始高声复诵，并用手指铭牌，做操作手势。严禁操作人不看铭牌胡乱复诵，严禁凭记忆复诵。在两人一致认为无误后，监护人发出“对，执行”的命令，操作人方可进行操作，并记录操作开始的时间。

8）检查。每一步操作完毕后，应由监护人在操作票上打一个“√”符号。同时两人应到现场检查操作的正确性，如检查设备的机械指示、信号指示灯、表计变化情况等，以确定设备的实际分合位置。监护人勾票后，应告诉操作人下一步的操作内容。

9）汇报。操作结束后，应检查所有操作步骤是否完全执行，然后由监护人在操作票上填写操作结束时间，并向主管部门汇报。

【实践指导】

训练　电力线路送电操作

一、训练目的

熟悉电力线路倒闸操作基本过程和操作要领，能够准确填写线路送电操作票。

二、训练准备

1）线路送电操作票

2）准备好线手套、绝缘手套、电磁锁、绝缘靴、高压验电器、放电棒、绝缘电阻表、护目镜等。

3）同时做好以下检查：

① 线手套要清洁、干燥。

② 绝缘手套应在检定期限内、外表无破损，并检查有无漏气。

③ 绝缘电阻表应在检定期限内、外表清洁无破损。

④ 高压验电器应选用 10kV 电压等级、实验合格并在使用期限内的验电器。

⑤ 放电棒外表应干燥、清洁无破损，使用实验合格并在使用期限内的验电器。

⑥ 电磁锁应完整、好用。

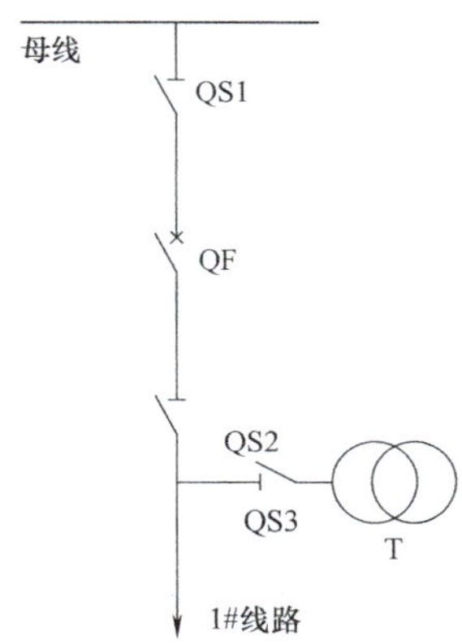

图 6-9　线路送电操作接线

三、训练内容

根据图 6-9 所示的线路送电接线图，填写线路送电操作票（见表 6-10）并模拟完成操作。

表 6-10　线路送电操作票

单位＿＿＿＿＿＿＿＿　编号＿＿＿＿＿＿＿＿

发令人		受令人		发令时间：　年　月　日　时　分
操作开始时间：　年　月　日　时　分				操作结束时间：　年　月　日　时　分
承上页　　号				接下页　×　号
操作任务： 1#线路送电				

顺序	操 作 项 目	√
1	收回 1#线路的检修工作票	
2	拆除 1#线路出线侧隔离开关 QS2 外侧的×号接地线	
3	拆除 1#线路母线侧隔离开关 QS1 与断路器之间的×号接地线	
4	检查 1#停电线路的断路器确在断开位置	
5	合上 1#停电线路母线侧隔离开关 QS1	

（续）

顺序	操 作 项 目	√
6	检查1#停电线路母线侧隔离开关QS1应在合闸位置	
7	合上1#停电线路出线侧隔离开关QS2	
8	检查1#停电线路出线侧隔离开关QS2应在合闸位置	
9	合上1#线路的电压互感器的隔离开关QS3	
10	检查1#线路的电压互感器的隔离开关QS3应在合闸位置	
11	放好1#线路的断路器QF的合闸熔断器	
12	放好1#线路的电压互感器二次侧的熔断器	
13	放好1#线路的断路器QF的操作熔断器	
14	合上1#线路的断路器QF	
15	检查1#线路的断路器QF确在合闸位置	
16	投入1#线路的有关联锁跳闸压板	

备注：

操作人：　　　　监护人：

四、注意事项

1）本次实践应以不妨碍生产秩序和安全为前提，所有操作必须严格执行倒闸操作制度。

2）实践活动应以观摩为主，学生填写的操作票只能是练习性质，不能作为模式操作或实践操作的依据。

3）操作人填好操作票后应由监护人审查后由电气调度复审无误，方可由监护人和操作人在模拟盘上进行模拟操作。

4）模拟操作结束后应在操作票的最后一项加盖“以下空白”章，在得到电气调度的复令信号后方可进行倒闸操作。

【四新技术】

微机操作票系统

目前的五防系统有模拟屏系统、微机闭锁系统等，模拟屏系统可以简单地模拟设备操作，比较直观，但必须通过其他手段拟写操作票，也无法在模拟操作时防止误拉开关；目前的微机闭锁系统，有的也具有拟写操作票的功能，但生成的操作票不完整，或者拟票比较繁琐，也缺乏操作票的审核、管理等功能。

微机操作票系统采用图形开票，所有一次二次操作项均通过模拟操作产生，将拟票过程与模拟操作结合，微机自动判断每一步操作的准确性，其操作规则通过对接线图的拓扑分析自动实现，只要接线图准确、设备运行状态准确，即可完全避免错误操作，无须任何人为干预，从根本上解决操作安全问题，操作票拟写并审核后可以直接传输给电脑钥匙，避免中间环节，从而避免出错，同时自动闭锁远方操作，给操作提供安全保障。

本系统将倒闸操作的整个过程：拟票、模拟、审核、闭锁等环节组合成有机整体，减少中间环节，避免误操作，系统同时自动闭锁远方操作，给操作提供安全保障；同时操作票的拟写完全通过鼠标模拟操作完成，大大减轻工作强度，提高票面的规范性；该系统的一个突出优点在于采用拓扑分析实现五防闭锁，避免其他系统容易出现的漏写的或错误的逻辑规则，并且使系统维护大为简化，扩容时只要增添间隔即可，无需编制逻辑规则。该系统的另一个突出优点在于拟写的操作票可以直接传入计算机钥匙，进行现场操作，避免拟票与操作在思路上的分离。该系统同时具有操作票管理、操作统计、开关分合记录等各种功能，并可以结合工作票系统，构成完整的变电运行作业系统。

该系统分为三个功能单元：变电站和主站构成的操作站，远动网关，管理人员的浏览站。系统配置具有可伸缩性。最简单的情况，即系统只配置一个变电站工作站，安装数据库、本系统及远动接口，完成拟票、审核、传输、回传、管理等所有功能。对于集控站模式，可以安装移动平台或配置多个变电站现场操作站，通过统一网关与远动接口，并提供管理人员浏览，可以在任意工作站上拟票，相互之间保持实时同步。

任务三　变配电所运行

【知识解读】

一、变配电设备巡视

1. 变配电设备巡视的一般性要求

为了动态监视变电所电气设备的运行情况，及时发现和消除变电所电气设备存在的缺陷，预防事故的发生，确保设备长期、安全、平稳地运行，必须对变电所的电气设备，按巡视检查规定进行认真的巡视检查。

变电所值长应按照电气规程规定，安排定期性巡视检查和特殊性巡视检查。巡视检查的主要内容见表 6-11。

表 6-11　巡视检查的主要内容

项目	巡视主要内容
定期性巡视检查	1)变压器、调相变压器、电抗器每 4h 检查一次。内冷泵、外冷泵、油泵水箱每 2h 检查一次 2)控制室设备、操作过的设备，带有紧急或重要缺陷的设备，在交接班时应检查 3)变电所所有设备每 24h 检查 3 次 4)每周一次关灯巡视检查导线接点及绝缘子的异常情况。对污秽严重的变电所户外设备，在雨天、雾天放电严重时要增加巡视次数 5)每天检查、测量蓄电池温度、密度 6)继电保护的保护压板每月核对一次 7)生产负责人每周对变电所设备进行检查

（续）

项目	巡视主要内容
特殊性巡视检查	1)冬季应重点检查充油设备油面是否过低,导线是否过紧,接头有无开裂、发热等现象,绝缘子有无积雪结冰,管道有无冻裂等现象。修复破损门窗缝隙,电缆沟竖井室内出口封堵要严密,控制室、电缆沟封墙、电缆出线孔封堵要严密。进入高压室要随手关门 2)夏季重点检查充油设备油面是否过高,油温是否超过规定。检查变压器有无油温过高(允许油温 85℃;允许温升 55℃)及接头发热、蜡片熔化等现象,检查变压器冷却装置,断路器室、母线室、蓄电室排风机是否正常,检查导线是否松动 3)大风时,重点检查户外设备底部附近有无杂物。导线上有无大风刮来的杂物,接头有无异常情况 4)大雨时,检查门窗是否关好,屋顶、墙壁有无漏渗水现象 5)雷击后检查绝缘子、套管有无闪络痕迹,检查避雷器动作情况,填入专用记录本中 6)事故后重点检查信号和继电保护动作情况,故障录波器动作情况,检查事故范围内的设备情况,如导线有无烧损、断股,设备的油位、油色、油压等是否正常,有无喷油异常情况,绝缘子有无烧闪、断裂等情况 7)高峰负荷期间重点检查主变线路等回路的负荷是否超过额定值,检查过负荷设备有无过热现象。主变压器严重过负荷时,应每小时检查一次油温,监视回路触点示温片是否熔化,根据主变压器规程监视主变压器,汇报电气调度,开启备用冷却器,转移负荷,监视发热点等

2. 电力变压器的正常巡视主要内容

1）检查声音应正常。正常声响是均匀的嗡嗡声，如比正常沉闷，说明变压器过负荷；如声音尖锐，说明电源电压过高。

2）储油柜油位和气体继电器的油位及油色应正常，各密封处无渗油现象。

3）三相负荷应平衡且不超过额定值。

4）引线不应过松、过紧，连接处接触应良好，无发热现象。

5）防爆管玻璃应完好，无裂纹，无存油。防爆器红点应不弹出。

6）冷却、通风装置运行应正常。

7）绝缘套管应清洁，无裂纹和放电打火现象。

3. 主要配电装置的巡视要点

（1）断路器巡视要点

断路器巡视可分为常规巡视和故障巡视，巡视内容见表 6-12。

表 6-12　断路器巡视内容

项目	巡视内容
常规巡视	1)断路器的油位应正常,本体应无渗漏油现象 2)瓷绝缘子表面应清洁,无放电、打火和闪络痕迹 3)操动机构位置指示正确 4)接地应良好 5)各接头应接触良好,不过热,用蜡片试温不熔化,用测温仪测温在正常范围内 6)运行中的断路器内部应无异常声音和异味 7)机构箱内应清洁,销子完整,机构箱门应关好,密封良好,防止进水和小动物 8)液压操动机构应无渗漏油,压力应正常,一天正常启动不超过三次,限位断路器位置正确
故障巡视	1)检查油位、油色、气味及有无喷油现象 2)检查断路器位置指示及保护动作正常 3)检查液压或 SF_6 压力是否正常 4)检查支柱绝缘子有无破损、裂缝及放电闪络

（2）隔离开关巡视

1）隔离开关的动、静触头应接触良好。绝缘子表面应清洁，无放电现象，无裂纹、破损。

2）对在开位的隔离开关，检查拉开隔离开关的断口空间距离应符合规定。

3）隔离开关的机构联锁、闭锁装置应良好，连动切换辅助接点动作应正确，接触良好。

4）对隔离开关的转轴、齿轮、框架、连杆、拐臂、十字头、销子等部件，应无开焊、变形、锈蚀、位置不正确、歪斜、卡涩等不正常现象。

5）操作箱应密封良好，不漏油。加热器应动作正常。

6）隔离开关的基础应良好，无损伤、下沉和倾斜等现象。

（3）互感器巡视

互感器巡视包括电压互感器巡视和电流互感器巡视，主要内容见表 6-13。

表 6-13　互感器巡视主要内容

项目	巡视主要内容
电压互感器巡视	1）瓷件有无裂纹损坏或异音放电现象 2）油标、油位是否正常，是否漏油 3）接线端子是否松动。接头有无过热变色 4）吸潮剂是否变色 5）电压指示无异常
电流互感器巡视	1）瓷质部分应清洁，无破损，无裂纹，无放电现象和放电闪络痕迹 2）干式（树脂）电流互感器外壳应无裂纹，无炭化、发热熔化现象，无烧痕和冒烟现象，无异味 3）充油电流互感器的油位、油色应正常，呼吸器应完整，内部吸潮剂不潮解 4）电流互感器正常运行中声音均匀，应无异常声音

（4）母线巡视

母线巡视的主要内容如下：

1）各接触部分是否接触良好，试温蜡片是否熔化。

2）检查软母线是否有断股、散股现象。

3）每次接地故障后，检查支柱绝缘子是否有放电痕迹。

4）大雪天应检查母线的积雪及融化情况。

5）雷雨后应检查绝缘子是否有破损、裂纹及放电痕迹。

6）大风前应清除杂物。

（5）电容器巡视

电容器巡视的主要内容如下：

1）电容器在使用中，电压不应超过厂家规定的电压和电流。

2）电容器投入和退出应根据调度命令确定。

3）电容器箱体应无鼓肚、渗漏油，内部应无异音等现象，测量温度不应超过规定温度。电容器瓷质部分应清洁、完整，无裂纹、电晕和放电现象，无松动和过热现象。引线不应过紧、过松，接头应不过热。

4）与之相关的电抗器、放电装置、熔断器、避雷器、引线等均应良好，接地完好。

5）户内电容器的门窗应完整，关闭应严密，通风装置良好。

二、变配电所故障排除

变配电所发生的每一次事故都有其一定的原因。设计、安装、检修和运行中存在的问题及设备缺陷都会引起事故。除此以外，由于值班人员业务不熟悉或违反操作规程也会造成事故。变配电所常见事故有：电气设备误操作引起的事故；由于配电变压器渗、漏油，高、低压套管处引出线松动，温升过高而引起的事故；电气设备的绝缘损坏事故；电缆头与绝缘套管的损坏事故；继电保护装置及自动装置的误动作或缺少这些必要的装置而造成的事故；高压断路器与操动机构的机械或触头损坏事故；由于雷电所引起的事故等。

变配电所常见事故的处理原则可以概括为以下四点。

1）发生事故后，值班人员必须沉着、果断、正确地进行处理，切忌匆忙或未经慎重考虑即行处理。事故发生后应尽快限制事故的发展，消除事故的根源，并及时解除对人身及设备安全的威胁。此外，对重要设备或危及人身安全的设备应保证不停电，对已停电的车间和部门应迅速恢复供电。视具体情况适当停用或减少非重要部门的用电负荷，也可暂时采用备用电源供电。

2）改变运行方式，保持正常供电。例如，装有两台主变压器供电的变电所，当任一主变压器（包括本变压器开关等控制设备）或任一电源停电检修或发生故障时，该变电所可通过闭合低压母线的分段空气开关，迅速恢复对整个变电所供电。

3）发生事故后，应及时向有关部门报告，听从上级直属部门的命令，及时进行处理。对解救触电人员、扑灭火灾、挽救危急设备，值班人员有权先处理后报告。

4）在事故处理过程中，值班人员和有关工作人员应有明确的分工。事故发生和处理的过程应有真实、详细的记录。

【实践指导】

训练 1　变压器过负荷故障分析和排除

一、训练目的

熟悉变压器过负荷现象的表现，并能对这一典型故障做定性分析和初步判断，在电工技师的指导下完成故障的逐步排除。

二、训练准备

在变电所值班员的指导下穿戴好绝缘靴、绝缘手套等安全用具，准备好护目镜及测温仪等。

三、训练内容

1. 现象描述

预告信号（铃）响。变压器过负荷光字牌亮。掉牌未复归光字牌亮。变压器一次 U、V、W 三相电流表指示为 360A，超过变压器额定电流（变压器一次额定电流为 330A，变压器二次额定电流为1835A)。在对变压器温度进行检查时，变压器的温度明显上升（已由过负荷前的53℃上升到61℃，当时的环境温度为32℃，温升由21℃上升到29℃）。

2. 故障分析

对现象初步判断是高峰用电和下级变电所倒负荷共同作用所引起的过负荷，在同电气调度联系汇报时得以确认。

3. 处理步骤

1）联系电气调度，减负荷。

2）开启变压器的冷却装置全部投入。

3）对变压器的温度进行检查，变压器上层油温为61℃，温度未超过变压器允许值85℃。当时的环境温度为32℃，温升为29℃，未超过变压器允许温升值45℃。

4）对变压器的声音进行检查。变压器的声音正常，为均匀的“嗡嗡”声，未见异常。

5）检查变压器一、二次引出接线端子连接部位是否发热。

6）当变压器负荷降到额定负荷后，应对变压器进行全面检查，无异常后，再按正常情况进行巡视检查。

7）对变压器的一/二次断路器、隔离开关及电流互感器等设备进行检查，没有发现过热情况发生，特别是电气设备的各连接部位。

8）如一/二次断路器、隔离开关及电流互感器有发热情况，应联系电气调度，倒负荷。

四、注意事项

1）严格执行电气安全操作规程，安全员应全程监护。

2）未取得电工操作证不得独立作业；故障排除应以值班电工或电工技师为主要责任人。

3）故障分析和故障排除均应做好记录。

训练2　变电所带负荷拉隔离开关分析

一、训练目的

熟悉变电所停送电操作制度，养成严格按操作规程操作电气开关的良好职业习惯，培养变配电设备紧急事故处置能力。

二、训练准备

准备电工常用工具及仪表；熟悉值班记录表和操作票等档案资料；在变电所值班员的指导下穿戴好绝缘靴、绝缘手套等安全防护用品等。有条件时，本操作也可在模拟屏上练习。

三、训练内容

1. 现象描述

变电所当时的运行方式如图6-10所示。变电所值班员在接到电网调度命令“停电厂2#线”操作命令后，填写好操作票并经审核合格，操作人和监护人一起前往变电所高压室进行操作。

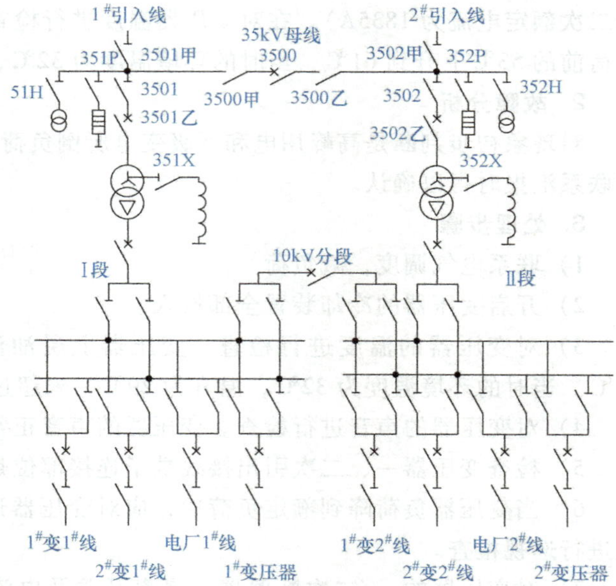

图 6-10　变电所运行方式

操作人走在监护人前面，操作人在监护人没有到场的情况下，自己进行操作，由于没有核对停电设备位置，走错位置，在没有检查断路器确在开位的情况下，将正在运行的某变电所 $2^{\#}$线的Ⅱ段母线隔离开关拉开，拉隔离开关时产生弧光短路使该母线引入线过电流保护动作，将该段母线所带负荷全部停电，造成大面积停电事故。

2. 故障分析

变电所在进行停电操作时，操作人员在没有监护人到场进行监护的情况下，走错位置造成带负荷拉隔离开关事故，使该段母线所带负荷全部停电。显然，这起事故是由于操作人员违反操作技术规程规定，带负荷拉隔离开关造成的。

3. 处理步骤

1）汇报电气调度，带负荷拉隔离开关事故，$2^{\#}$变压器过电流保护动作造成 10kV Ⅱ段母线停电。

2）检查 $2^{\#}$变压器主一次 3502 断路器确在开位。

3）拉开 $2^{\#}$变压器主一次 3502 甲隔离开关。检查 $2^{\#}$变压器主一次 3502 甲隔离开关确在开位。

4）检查 35kV 联络 3500 确在开位。

5）拉开 35kV 联络 3500 乙隔离开关。检查 35kV 联络 3500 乙隔离开关确在开位。

6）拉开 35kV 联络 3500 甲隔离开关。检查 35kV 联络 3500 甲隔离开关确在开位。

7）拉开 $2^{\#}$变压器 352P 避雷器隔离开关。检查 $2^{\#}$变压器 352P 避雷器隔离开关确在开位。

8）拉开 $2^{\#}$变压器 352H 电压互感器隔离开关。检查 $2^{\#}$变压器 352H 电压互感器隔离开关确在开位。

9）拉开 $2^{\#}$变压器 352X 消弧线圈隔离开关。检查 $2^{\#}$变压器 352X 消弧线圈隔离开关确在开位。

10）检查 $2^{\#}$变压器主二次断路器确在开位。

11）拉开 $2^{\#}$变压器主二次Ⅱ段 1 列隔离开关。检查 $2^{\#}$变压器主二次Ⅱ段 1 列隔离开关确在开位。

12）检查电厂 $2^{\#}$线、$1^{\#}$变 $2^{\#}$线、$2^{\#}$变 $2^{\#}$线、$2^{\#}$变压器断路器。

13）依次拉开电厂 $2^{\#}$线Ⅱ段 1 列隔离开关、$1^{\#}$变 $2^{\#}$线Ⅱ段 1 列隔离开关、$2^{\#}$变 $2^{\#}$线Ⅱ段 1 列隔离开关、$2^{\#}$变压器Ⅱ段 1 列隔离开关。

14）拉开 10kV Ⅱ段 1 列电压互感器隔离开关。检查 10kV Ⅱ段 1 列电压互感器隔离开关在开位。

15）汇报电气调度，已将 10kV Ⅱ段负荷全部停下。

【四新技术】

变电站综合自动化

变电站综合自动化系统是利用先进的计算机技术、现代电子技术、通信技术和信息处理技术等实现对变电站二次设备（包括继电保护、控制、测量、信号、故障录波、自动装置及远动装置等）的功能进行重新组合、优化设计，对变电站全部设备的运行情况执行监视、测量、控制和协调的一种综合性的自动化系统。

通过变电站综合自动化系统内各设备间相互交换信息，数据共享，完成变电站运行监视和控制任务。变电站综合自动化替代了变电站常规二次设备，简化了变电站二次接线。变电站综合自动化是提高变电站安全稳定运行水平、降低运行维护成本、提高经济效益、向用户提供高质量电能的一项重要技术措施。

综合自动化实现的两个原则：一是中低压变电站采用自动化系统更好地实施无人值班，达到减人增效的目的；二是对高压变电站（220kV 及以上）的建设和设计来说，是要求用先进的控制方式，解决各专业在技术上分散、自成系统、重复投资的现象。

典型的微机控制变电站综合自动化系统结构如图 6-11 所示。系统从整体结构上分为三层：变电站层、通信层和间隔层。变电站层由本地后台服务器、保护工程师站和五防系统等构成，通信采用 100M 工业以太网；通信采用 RS485 现场总线；通信层包括通信控制器、保护管理机以及规约转换器等；间隔层主要由保护单元和测控单元等组成。

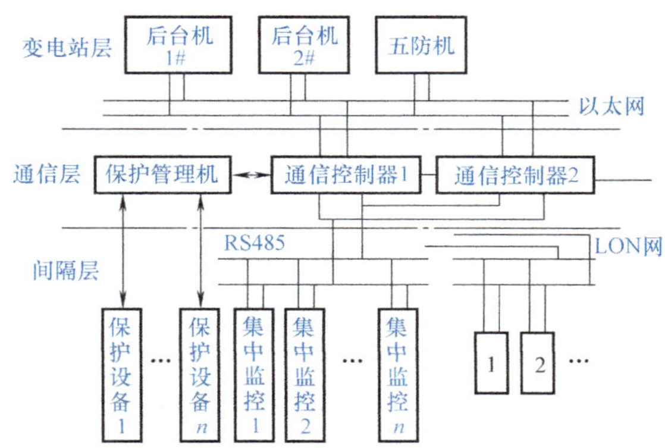

图 6-11　微机控制变电站综合自动化系统

间隔层测控装置将实时采集的各种测量数据发送到通信层，并由通信层向变电站层转发；同时，通信层接收来自变电站层的各种操作数据，对间隔层进行一定的控制。通信层的核心部件是通信控制器，通信控制器通过 RS485 网与各测控单元互联，经以太网与主站层设备连接。

“1+X”证书测评

应知部分

一、选择题

1. 变电所设计内容主要包括变电所的（　　）。

A. 电气主接线方案设计　　　　　　　　B. 短路电流计算

C. 高压侧配电装置设计　　　　　　　　D. 继电保护和自动装置配置

2. 用电设备组的计算负荷，是指用电设备级从供电系统中取用的（　　）最大负荷。

A. 半小时　　　　B. 每小时　　　　C. 30s　　　　D. 30ms

3. 用电设备组的有功计算负荷与（　　）有关。

A. 同时系数　　　B. 负荷系数　　　C. 平均效率　　　D. 总功率

4. 无功补偿具有（　　）及减少用户供电容量、降低生产成本等突出优点。

A. 改善设备利用率　　　　　　　　B. 减少电压损失

C. 减少线路损耗　　　　　　　　　D. 提高电网传输能力

5. 短路电流的计算目的是（　　）。

A. 正确选择和校验电气设备　　　　B. 准确计算继电保护装置的整定值

C. 防止短路事故发生　　　　　　　D. 确定变压器容量

6. 下面属于一次设备的是（　　）。

A. 高压熔断器　　B. 隔离开关　　C. 负荷开关　　D. 继电器

7. 下面属于二次设备的是（　　）。

A. 高压熔断器　　B. 直流电源　　C. 监视仪表　　D. 继电器

8. 使电气设备从一种状态转换到另一种状态的过程叫倒闸，所进行的操作叫倒闸操作。变电所的电气设备有四种状态，即（　　）。

A. 运行状态　　　B. 热备用状态　　C. 冷备用状态　　D. 检修状态

9. 每进行一项操作，都应遵循（　　）这 5 个程序进行。

A. 唱票—对号—复诵—核对—操作

B. 对号—唱票—复诵—核对—操作

C. 唱票—对号—复诵—操作—核对

D. 唱票—对号—核对—复诵—操作

10. 变配电所常见事故的处理原则是（　　）。

A. 发生事故后，值班人员必须沉着、果断、正确地进行处理

B. 改变运行方式，保持正常供电

C. 发生事故后，应及时向有关部门报告，听从上级直属部门的命令，及时进行处理

D. 在事故处理过程中，值班人员和有关工作人员应有明确的分工

二、判断题

1. 变压器高压侧装设断路器 QF1，使变压器可以得到可靠的过载与内部故障保护。（　　）

2. 用电设备组的计算负荷，是指用电设备级从供电系统中取用的半小时最大负荷 P_{30}。（　　）

3. 当每组电气设备台数≤3 时，考虑其同时使用率非常高，将需用系数取为 1。（　　）

4. 无功补偿可采用电力电容或感性负荷装置补偿。（　　）

5. 串联补偿是把电容器直接串联到高压输电线路上，以改善输电线路参数，降低电压损失，提高其输送能力，降低线路损耗。（　　）

6. 并联补偿是把电容器直接与被补偿设备并接到同一电路上，以提高功率因数。（　　）

7. 值班员未办完交接手续时，不得离开岗位。在处理事故时，一般不得交接班，接班的值班员可在当班值班员的主持下协助处理事故。(　　)

8. 热备用状态是指电气设备的所有开关都在合闸位置。(　　)

9. 电力变压器三相负荷应平衡且不超过额定值。(　　)

10. 电容器投入和退出应根据调度命令确定。(　　)

三、简答题

1. 变电所设计的主要内容有哪些？常见的接线形式有哪几种？分别适用在什么场合？

2. 如何根据负荷性质、用电容量和运行方式等条件确定变压器台数和容量？

3. 6~10kV 变电所布置应遵循哪些基本原则？常见形式有哪几种？

4. 简述变配电所的值班制度和值班职责。

5. 简述高压熔断器、隔离开关、负荷开关和断路器等的操作要领及注意事项。

6. 名词解释：运行状态、热备用状态、冷备用状态、检修状态。

7. 倒闸操作的内容是什么？有哪些基本要求？

8. 变配电所电气设备巡视的主要内容有哪些？

9. 简述变电所常见事故处理的基本原则。

10. 简述变压器过负荷处理的基本步骤。

应会部分

技能试题　10kV 线路送电操作

1. 考核图样

如图 6-12 所示。

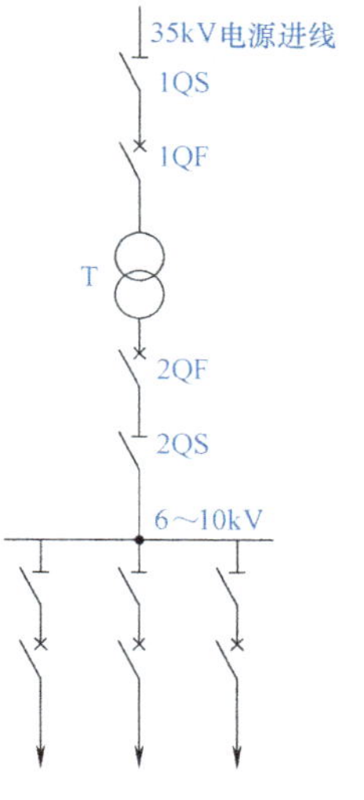

图 6-12　单电源进线总降压变电所主接线图

2. 准备要求

1）线路送电操作票

2）准备好线手套、绝缘手套、电磁锁、绝缘靴、高压验电器、放电棒、绝缘电阻表、护目镜等。

3）同时做好以下检查：线手套要清洁、干燥；绝缘手套应在检定期限内、外表无破损，并检查有无漏气；绝缘电阻表应在检定期限内、外表清洁无破损；高压验电器应选用 10kV 电压等级、实验合格并在使用期限内的验电器；放电棒外表应干燥、清洁无破损；电磁锁应完整、好用。

3. 考核内容

（1）考核要求

1）做好送电前的检查和准备工作。

2）正确填写线路送电操作票。

3）模拟送电操作。

4）送电操作。

（2）时间定额

90min。

（3）安全生产

服从考试环境安排。

4. 评分表

评分表见表 6-14。

表 6-14　评分表

序号	作业项目	考核内容	配分	评分标准	考核记录	扣分	得分
1	送电检查	1）做好送电前的安全防护工作 2）检查送电器材准备和质量检查	10	不按规定完成全部检查，1 项扣 5 分			
2	填操作票	根据送电操作规程，认真填写送电操作每个步骤	20	不按规定填写操作票，漏填或错填 1 处扣 5 分，扣完为止			
3	模拟操作	在电工指导下认真完成模拟盘上的送电操作步骤	30	模拟盘上操作无误，错误操作发生 1 次扣 5 分，扣完为止			
4	送电操作	模拟操作结束后在操作票的最后一项加盖“以下空白”章，得到电气调度复令信号后依次完成送电操作每个工作任务	20	操作屏（柜）前操作无误，错误操作发生 1 次扣 5 分，扣完为止			
5	安全生产	1）服从现场指挥 2）严格遵守送电操作规程和操作票规定 3）现场操作无人为事故，遇突发情况要及时汇报，按程序处理	20				
	分数合计		100				

模块七

电气安全技术

【教学目标】

【职业认知】

1. 了解人体触电基本常识。
2. 掌握预防间接触电和直接触电的电气技术。
3. 了解雷电形成的过程和几种典型危害的特点。
4. 熟悉《中华人民共和国国家标准建筑物防雷设计规范》中关于防雷分类的规定，掌握基本防雷措施和电源防雷措施的具体内容和技术要求。
5. 熟悉人工接地装置技术要求和安装工艺流程。
6. 掌握电气安全技术管理的主要内容和实施方法。
7. 熟悉电气安全组织管理的主要内容。掌握工作许可制度、工作监护制度和工作间断、转移和终结制度的具体内容和要求。
8. 了解企业确保安全生产的“三级安全教育”意义。

【职业能力】

1. 学会心肺复苏救护技术。
2. 能在老师指导下安装、测试接地体，熟悉验收记录的内容。
3. 学会接地电阻测量的几种方法。
4. 能够正确使用电气安全操作用具。
5. 掌握两种工作票的适用对象、格式和填写要求。

任务一 触电和急救

【知识解读】

一、触电基本知识

1. 人体触电分析

人体触电的本质，是有电流通过人体。因此，触电对人体的伤害程度，主要与通过人体电流的大小、持续时间、途径、电流频率以及人体的状况等因素有关，见表 7-1。

表 7-1　人体触电分析

序号	因素	原理解释
1	电流大小	通过人体的电流越大，致命的危险性越大，一般可分为感知电流、摆脱电流和致命电流三个级别。使人体有感觉的最小电流，称为感知电流。成年男性的感知电流约为 1.1mA，成年女性约为 0.7mA。人体发生触电后能自行摆脱带电体的最大电流称为摆脱电流。成年男性的摆脱电流约为 16mA 以下，成年女性约为 10mA 以下。人体发生触电后在较短时间内危及生命的最小电流称为致命电流。在低压触电事故中，心室颤动是触电致命的原因，当电流大于 30mA 时就有发生心室颤动的危险，故剩余电流断路器漏电脱扣电流设定为 30mA
2	电流频率	电流的频率对触电者伤害程度有直接影响。50～60Hz 的交流电对人体的伤害程度最大，当低于或高于以上频率范围时它的伤害程度就会显著减轻
3	触电时间	电流通过人体的持续时间是影响电击伤害程度的又一重要因素。人体通过电流的时间越长，人体电阻就越低，流过的电流就越大，后果就越严重
4	电流路径	电流通过人的头部，会使人立即昏迷；电流通过脊髓，会使人半截肢体瘫痪；电流通过心脏、呼吸系统和中枢神经，会引起神经失常或心脏停止跳动，中断全身血液循环，造成死亡。上述伤害中，以心脏伤害的危险性为最大
5	人体状况	人体状况的不同，对同样的电流各人的生理反应不完全相同。患有心脏病、神经系统疾病的人，触电时危险性比健康人严重；儿童触电的危险性比成年人大；此外皮肤干燥电阻大，通过的电流小，皮肤潮湿电阻小，通过的电流就大，危害也大

2. 人体触电形式

经常发生的触电形式有接触电压触电、单相触电、两相触电、跨步电压触电 4 种。

（1）接触电压触电

当设备外壳带电，人站在设备附近，手触及外壳，在人的手与脚之间承受一个电位差，其电位差超过人体允许安全电压时的触电，称为接触电压触电。国际电工委员会规定接触电压的极限值为交流（50～500Hz）50V；我国一般采用安全电压为交流 36V 和 12V。

（2）单相触电

人体在无绝缘的情况下，直接触及三相火线中任何一相，称为单相触电。当中性点接地时，人体将承受 220V 电压，如图 7-1a 所示。

（3）两相触电

人体同时触及三相相线中任何两相，人体将承受 380V 电压，如图 7-1b 所示。

（4）跨步电压触电

当带电设备发生某相接地时，接地电流流入大地。在距接地点不同的地表面呈现不同电

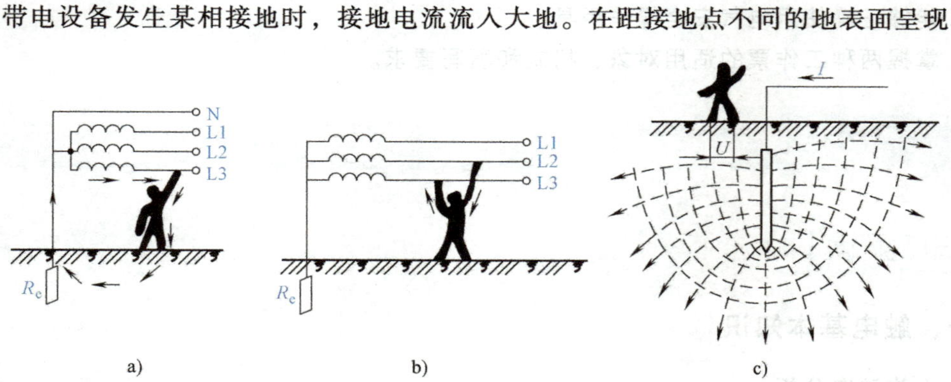

图 7-1　触电方式

a）单相触电　b）两相触电　c）跨步电压触电

位，距接地点越近电位越高。当人的两脚间同时踩在带有不同电位的地面两点时，就引起跨步，当电压超过人体允许的安全电压时就会触电，如图 7-1c 所示。

3. 触电事故的一般规律

触电事故的发生往往很突然，而且在极短的时间内造成严重的后果。但触电事故也有一些规律，见表 7-2。根据这些规律，可以减少和防止触电事故的发生。

表 7-2 触电事故的一般规律

序号	触电事故一般规律	事故产生原因
1	6~9 月触电事故多	统计资料表明，每年 6~9 月份触电事故最为集中。主要原因是这段时间天气炎热，人体衣单而多汗；且这段时间多雨、潮湿、地面导电性增强，电气设备的绝缘电阻降低；其次，这段时间在大部分农村都是农忙季节，农村用电量增加，触电事故增多
2	低压设备触电事故多	国内外统计资料表明，低压触电事故远远多于高压触电事故。其主要原因是低压设备远远多于高压设备，与之接触的人比与高压设备接触的人多得多，而且都比较缺乏电气安全知识
3	携带式设备和移动式设备触电事故多	这些设备是在人的紧握之下运行，不但接触电阻小，而且一旦触电就难以摆脱电源；另一方面，这些设备需要经常移动，工作条件差，设备和电源线都容易发生故障或损坏；此外，单相携带式设备的 PE 线与 N 线容易接错，造成触电事故
4	电气连接部位触电事故多	大量触电事故的统计资料表明，很多触电事故发生在接线端子、缠接接头、压接接头、焊接接头、电缆头、灯座、插销、插座、控制开关、接触器、熔断器等分支线、接户线处。主要是由于这些连接部位机械强度较差、接触电阻较大、绝缘强度较低以及可能发生化学反应
5	非专业电工、合同工和临时工触电事故多	这些人经验不足，缺乏电气安全知识，其中有的责任心还不够强，以致触电事故多
6	错误操作和违章作业造成的触电事故多	生产过程中，“违章指挥”“违章操作”“违反劳动纪律”（简称“三违”），是人的不安全行为所导致的各类事故的罪魁祸首。反“三违”是各行各业面临的一项艰巨任务，是安全生产工作的当务之急，是遏制事故的强有力措施之一，也是安全生产工作者面临的重要课题。造成“三违”的主要原因是安全教育不够、安全制度不严和安全措施不完善

二、触电预防

1. 预防直接接触触电

直接接触触电击预防技术分为绝缘、屏护和间距三类。

（1）绝缘

绝缘是用绝缘物把带电体封闭起来。电气设备的绝缘应符合其相应的电压等级、环境条件和使用条件。电气设备的绝缘不得受潮，表面不得有粉尘、纤维或其他污物，不得有裂纹或放电痕迹，弹性不得消失，运行时不得有异味。绝缘的电气指标主要是绝缘电阻。任何情况下绝缘电阻不得低于每伏工作电压 1000Ω，并应符合专业标准的规定。

（2）屏护

屏护是一种对电击危险因素进行隔离的手段，即采用遮栏、护罩、护盖、箱匣等把危险的带电体同外界隔离开来，以防止人体触及或接近带电体所引起的触电事故。尽管屏护装置是简单装置，但为了保证其有效性，须满足如下的条件：

1）屏护装置所用材料应有足够的机械强度和良好的耐火性能。

2）屏护装置应有足够的尺寸，与带电体之间应保持必要的距离。遮栏高度不应低于 1.7m，下部边缘离地不应超过 0.1m，栅栏的高度规定：户内不应小于 1.2m，户外不应小于

1.5m，栏条间距离不应大于0.2m。户外变配电装置围墙的高度一般不应小于2.5m。

3）遮栏、栅栏等屏护装置上应有“止步，高压危险！”等标志。

4）必要时应配合采用声光报警信号和联锁装置。

（3）间距

间距是将可能触及的带电体置于可能触及的范围之外，其安全作用与屏护的安全作用基本相同。带电体与地面之间、带电体与树木之间、带电体与其他设施和设备之间、带电体与带电体之间均应保持一定的安全距离。安全距离的大小决定于电压高低、设备类型、环境条件和安装方式等因素。架空线路的间距须考虑气温、风力、覆冰和环境条件的影响。

2. 预防间接接触触电

设备的金属外壳采用保护接地、保护接零、安全电压、漏电保护等防止间接接触触电击的安全措施。

低压配电系统按接地方式的不同分为三类，即TT、IT和TN系统，其中，第一个大写字母T表示电源变压器中性点直接接地；I则表示电源变压器中性点不接地（或通过高阻抗接地）。第二个大写字母T表示电气设备的外壳直接接地，N表示电气设备的外壳与系统的中性线相连。

（1）TT系统

如图7-2所示（忽略接地电阻），TT系统为三相四线制，电源与电气装置的外露可导电部分（金属外壳）均直接接地的系统。它的中性线在电源侧接地后引出，并只做工作零线，用电器外露可导电部分在现场直接接地。

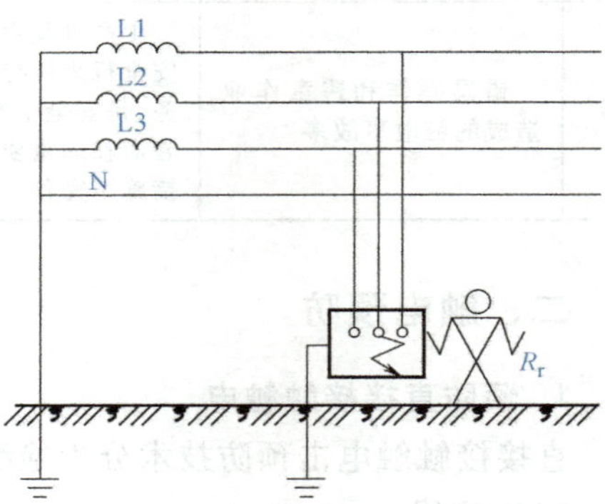

图7-2 TT系统

TT方式供电系统在供电距离不是很长时，供电的可靠性高、安全性好。一般用于不允许停电的场所，或者是严格要求连续供电的地方，例如电力炼钢、大医院的手术室等处。但是，如果用在供电距离很长时，供电线路对大地的分布电容就不能忽视了。在负载发生短路故障或漏电使设备外壳带电时，漏电电流经大地形成回路，保护设备不一定动作，这是很危险的。

TT系统一个明显的优点是单相接地的故障点对地电压较低，故障电流较大，使剩余电流断路器迅速动作切断电源，有利于防止触电事故发生。

TT系统在国外被广泛应用，在国内仅限于局部对接地要求高的电子设备场合，目前在施工现场一般不采用此系统。但如果是公用变压器，而有其他使用者使用的是TT系统，则施工现场也应采用此系统。

TT系统也存在如下缺点：

1）当电气设备的金属外壳带电（相线碰壳或设备绝缘损坏而漏电）时，由于有接地保护，可以大大减少触电的危险性。但是，低压断路器不一定能跳闸，造成漏电设备的外壳对地电压高于安全电压，属于危险电压。

2）当漏电电流比较小时，即使有熔断器也不一定能熔断，所以还需要剩余电流断路器作保护，因此TT系统难以推广。

3）TT 系统接地装置耗用钢材多，而且难以回收、费工时、费料。

（2）IT 系统

IT 系统是电源变压器中性点不接地（或通过高阻抗接地），而电气设备外壳采用保护接地的系统。

地下矿井内供电条件比较差，电缆易受潮。运用 IT 方式供电系统，即使电源中性点不接地，一旦设备漏电，单相对地漏电流很小，不会破坏电源电压的平衡，所以比电源中性点接地的系统还安全。

这种系统主要用于 10kV 及 35kV 的高压系统和矿山、井下的某些低压供电系统，以及适用于不准停电的场所、易发生单相接地或火灾爆炸的场所，如煤矿、化工厂、纺织厂，不适用于施工现场。

1）中性点不接地方式。中性点不接地方式，即是中性点对地绝缘，结构简单，运行方便，不需任何附加设备，投资省，适用于农村 10kV 架空线路为主的辐射形或树状形的供电网络。

中性点不接地运行方式如图 7-3 所示。

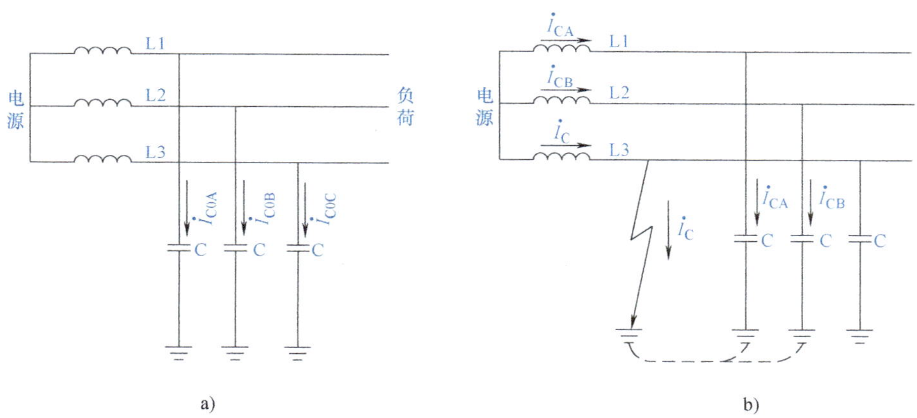

图 7-3 中性点不接地运行方式

a）正常运行 b）单相接地

系统正常运行时，电压、电流对称。当发生单相接地故障时，另两相对地电压升高为原来的$\sqrt{3}$倍。单相接地电容电流为正常运行时相线对地电容电流的 3 倍。

可见，该接地方式在运行中若发生单相接地故障，其流过故障点电流值很小，需装设绝缘监察装置，以便及时发现单相接地故障，迅速处理。

中性点不接地系统发生单相接地故障时，其接地电流很小，仅为电网对地的电容电流。若是瞬时故障，一般能自动熄弧，非故障相电压升高不大，不会破坏系统的对称性，故可带故障连续供电 2h，从而获得排除故障时间，相对地提高了供电的可靠性。

中性点不接地方式在发生弧光接地时，电弧反复熄灭与重燃，给电容反复充电。由于电网对地电容中储存的能量没有释放通路，造成电压升高，从而产生弧光接地过电压或谐振过电压，其值可高达数倍，对设备绝缘造成严重威胁。

此外，由于电网存在电容和电感元件，在一定条件下，因倒闸操作或故障，容易引发线性谐振或铁磁谐振，这时馈线较短的电网会激发高频谐振，产生较高谐振过电压，导致电压互感器击穿。对馈线较长的电网却易激发起分频铁磁谐振，在分频谐振时，电压互感器呈较小阻抗，其通过电流将成倍增加，引起熔丝熔断或电压互感器过热而损坏。

2）中性点经电阻接地方式。即在中性点与大地之间接入一定电阻值的电阻，原理如图 7-4 所示。该电阻与系统对地电容构成并联回路，由于电阻是耗能元件，也是电容电荷释放元件和谐振的阻压元件，对防止谐振过电压和间歇性电弧接地过电压有一定优势。在系统单相接地时，控制流过接地点的电流在 500A 左右，也有的控制在 100A 左右，通过流过接地点的电流来起动零序保护动作，切除故障线路。其缺点是一方面由于接地点的电流较大，当零序保护动作不及时或拒动时，将使接地点及附近的绝缘受到更大的危害，导致相间故障发生。另一方面当发生单相接地故障时，无论是永久性的还是非永久性的，均作用于跳闸，使线路的跳闸次数大大增加，严重影响了用户的正常供电，使其供电的可靠性下降。

常用的中性点接地电阻器外形如图 7-5 所示，该电阻器的电压范围为 0.24 ~72kV，故障电流为 1 ~5000A，阻值范围为 0.01 ~ 1500Ω，额定时间有 10~60s、10min 连续工作。

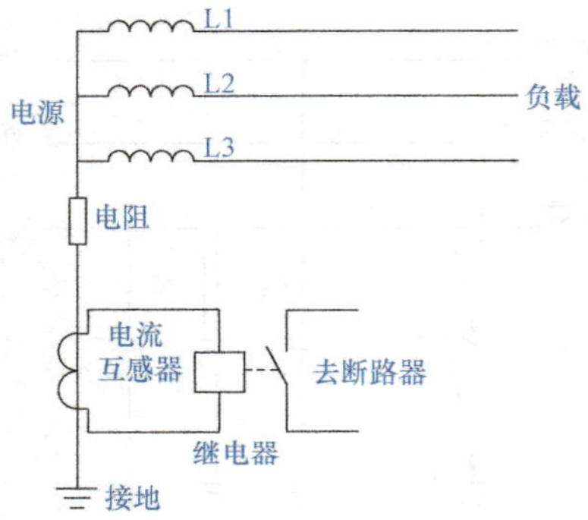

图 7-4　中性点经电阻接地

图 7-5　中性点接地电阻器

电力行标 DL/T 620—1997《交流电气装置的过电压保护和绝缘配合》第 3.1.4 条规定："6~35kV 主要由电缆线路构成的送、配电系统，单相接地故障电容电流较大时，可采用低电阻接地方式，但应考虑供电可靠性要求、故障时瞬态电压、瞬态电流对电气设备的影响、对通信的影响和继电保护技术要求以及本地的运行经验等。"第 3.1.5 条规定："6kV 和 10kV 配电系统以及发电厂用电系统，单相接地故障电容电流较小时，为防止谐振、间隙性电弧接地过电压等对设备的危害，可用高电阻接地方式。"

3）中性点经消弧线圈接地方式。中性点经消弧线圈接地运行方式正常运行时三相电压、电流对称；发生单相接地时另两相对地电压升高为原来的$\sqrt{3}$倍，减小了接地电流。在单相接地电容电流大于一定值的电力系统中，电源中性点必须采取经消弧线圈接地的运行方式。中性点经消弧线圈接地运行方式发生单相接地故障如图 7-6 所示。

一种自动跟踪补偿消弧线圈装置可以自动适时地监测跟踪电网运行方式的变化，快速地调节消弧线圈的电感值，以跟踪补偿变化的电容电流，使失谐度始终处于规定的范围内。自动跟踪补偿消弧线圈按改变电感方法的不同，大致可分为调匝式、调气隙式、调容式、调直流偏磁式、晶闸管调节式等。消弧线圈接地补偿装置如图 7-7 所示。

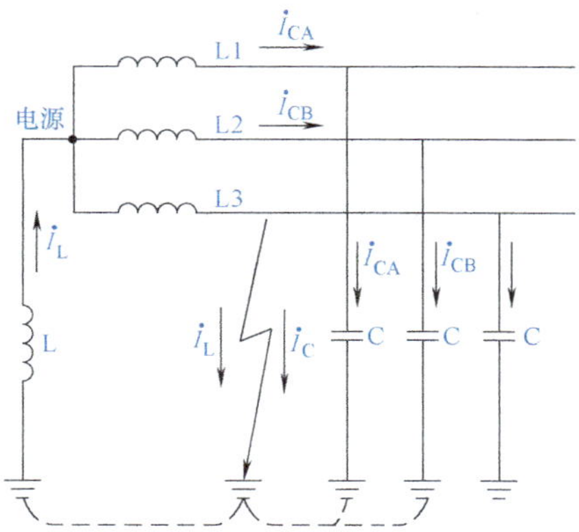

图 7-6　中性点经消弧线圈接地发生单相接地故障

图 7-7　消弧线圈接地补偿装置

(3) TN 系统

TN 系统即系统电源中性点直接接地，负载采用保护接零的系统。根据中性线和保护线的布置，TN 系统的形式有以下三种：

1) TN-C 系统

在 TN-C 系统中，中性线（N）与保护线（PE）共用一根导线，如图 7-8 所示。这根导线可以称作保护中性线，也可称为“零线”，用 PEN 表示。当负载发生相线碰撞故障时（即绕组对外壳短路或击穿），故障电流大，可采用过电流保护电器迅速切断电源，防止人身触电事故发生。但对于单相负荷或三相不平衡负荷以及有谐波电流负荷的线路，正常 PEN 线有电流，其所产生的压降呈现在电气设备的金属外壳和线路金属套管上，这对敏感的电子设备不利。另外，PEN 线上的微弱电流在爆炸危险环境也能引起爆炸，同时由于 PEN 线在同一建筑物内往往相互有电气连接，当 PEN 线断线或相线直接与大地短路时，都将呈现相当高的对地故障电压，这时可能扩大事故范围。

TN-C 系统的特点如下：

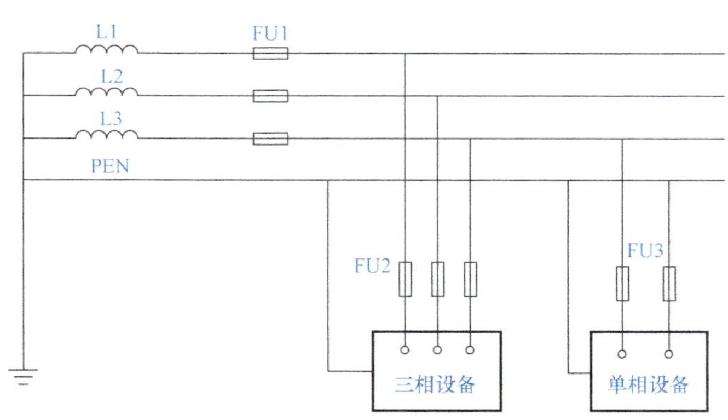

图 7-8　TN-C 系统

① 电源变压器中性点接地，保护零线（PE）与中性线（N）共用。

② 它是利用中性点接地系统的中性线（零线）作为故障电流的回流导线，当电气设备相线碰壳时，故障电流经零线回到中性点，由于短路电流大，因此可采用过电流保护器切断电源。TN-C 系统一般采用零序电流保护。

③ TN-C 系统适用于三相负荷基本平衡场合，如果三相负荷不平衡，则 PEN 线中有不平衡电流，再加一些负荷设备引起的谐波电流也会注入 PEN，从而中性线 N 带电，且极有可能高于 50V，它不但使设备机壳带电，对人身造成不安全，而且还无法取得稳定的基准电位。

④ TN-C 系统应将 PEN 线重复接地，其作用是当接零的设备发生相与外壳接触时，可以有效地降低零线对地电压。

2）TN-S 系统

TN-S 系统为三相五线制系统，电源中性点直接接地，整个系统的中性线 N 和保护线 PE 分开，系统接线如图 7-9 所示。

在 TN-S 系统中，由于保护线与中性线分开，具有 TN-C 系统的优点，但价格较贵。由于正常情况下 PE 线不通过负荷电流，与 PE 线相连的电气设备金属外壳不带电位，所以适用于数据处理和精密电子仪器设备的供电，也可用于有爆炸危险的环境中。在民用建筑中，家用电器大都有单独接地的插头，采用 TN-S 供电，既方便又安全。

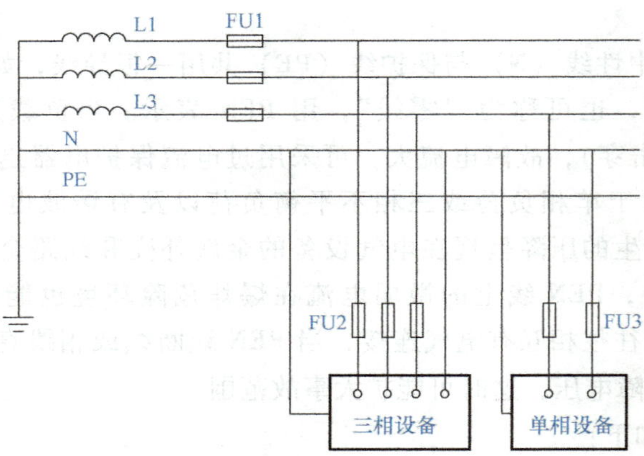

图 7-9　TN-S 系统

TN-S 方式供电系统的特点如下：

① 系统正常运行时，专用保护线上没有电流，只是中性线上有不平衡电流。PE 线对地没有电压，所以电气设备金属外壳接零保护是接在专用的保护线 PE 上，安全可靠。

② 中性线只用作单相照明负载回路。

③ 专用保护线 PE 不许断线，也不许进入漏电开关。

④ 干线上使用剩余电流断路器，中性线不得有重复接地，而 PE 线有重复接地，但是不经过剩余电流断路器，所以 TN-S 系统供电干线上也可以安装剩余电流断路器。

⑤ TN-S 方式供电系统安全可靠，适用于工业与民用建筑等低压供电系统。

《施工现场临时用电安全技术规范》（JGJ 46—2005）规定：建筑施工现场临时用电工

程专用电源中性点直接接地的220V/380V的低压系统必须采用TN-S接零保护系统。

3）TN-C-S系统

TN-C-S系统如图7-10所示，它由两部分组成，前一部分是TN-C系统，后一部分是TN-S系统。

PE线连接的设备外壳在正常运行时始终不会带电，所以TN-C-S系统提高了操作人员及设备的安全性。施工现场一般当变电台距现场较远或没有施工专用变压器时可采取TN-C-S系统。

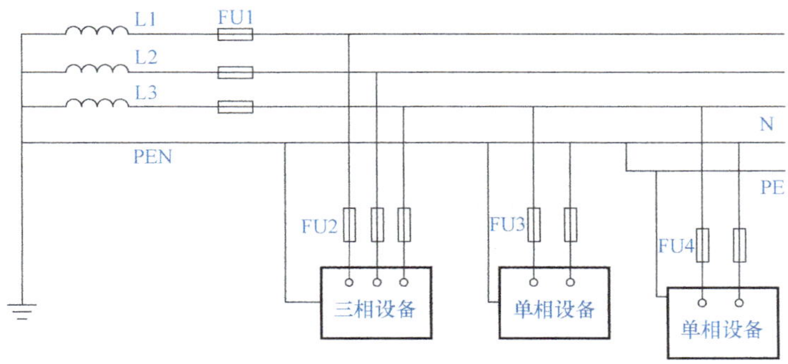

图7-10　TN-C-S系统

TN-C-S是民用建筑中广泛采用的配电系统。电源进户线一般采用TN-C系统，进入建筑物内改为TN-S系统。这种系统线路结构简单，又能保证一定的安全水平。TN-C-S系统的特点如下：

① 中性线N与专用保护线PE连通，如果一段线路不平衡电流比较大，电气设备的接零保护受到影响。所以要求负载不平衡电流不能太大，而且在PE线上应做重复接地。

② PE线在任何情况下都不能进入剩余电流断路器，因为线路末端的剩余电流断路器如果拒动作，会使前级剩余电流断路器跳闸造成大范围停电。

③对PE线除了在总箱处必须和N线相接以外，其他各分箱处均不得把N线和PE线相连，PE线上不许安装开关和熔断器。

TN-C-S方式供电系统典型应用如图7-11所示。在建筑施工临时供电中，前部分是TN-C方式供电，施工现场采用TN-S方式供电系统，在现场总配电箱分出PE线。

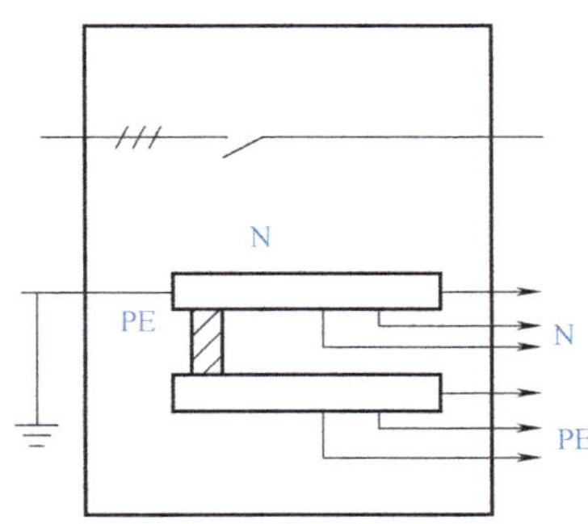

图7-11　总配电箱分出PE线

可见，TN-C-S供电系统是在TN-C系统上临时变通的做法。当三相电力变压器工作接地情况良好、三相负载比较平衡时，TN-C-S系统在施工用电实践中效果还是可行的。但是，在三相负载不平衡、建筑施工工地有专用的电力变压器时，必须采用TN-S方式供电系统。

上述三种系统的应用可以简单地概括如下：

TN-C系统：适用于三相负荷比较平衡、电路中三次谐波电流不大并有专业人员维护管理的一般性工业厂房和场所；不适用于对低压敏感的电子设备和爆炸危险环境。

TN-S 系统：适用于单相负荷比较集中的场所、设有精密电子和数据处理设备的场所、对防火防爆有要求的场所、三次谐波电流设备较多的场所。

TN-C-S 系统：是一个广泛采用的配电系统，适合工业和民用建筑中，电源线路采用 TN-C 系统，进入建筑后 PEN 线重复接地分成 PE 线和 N 线。这种线路系统简单，又能保证一定的安全水平。

三、触电急救

发现有人触电，首先应采取安全、有效的方法使触电者迅速脱离电源，紧接着组织现场急救。

(1) 脱离电源

对于低压触电事故，若触电地点附近有电源开关应立刻切断电源，若无电源开关可用绝缘工具切断或挑开电线，使触电者脱离电源；对于高压触电事故，应立即通知有关部门停电并带上绝缘手套，穿上绝缘靴，用相应电压等级的绝缘工具拉开开关，或者将金属线的一端可靠接地，然后抛掷另一端使线路短路接地，保护装置动作，从而切断电源。

(2) 现场急救

当触电者脱离电源后，应立即组织抢救。如果条件许可，组织抢救具体应做好这样几方面的工作：一是安排人员正确救护；二是派人通知有资格的医务人员到触电现场；三是做好将触电者送往医院的一切准备工作；四是维护现场秩序，防止无关人员妨碍现场救护工作。参加急救者可根据触电者受伤程度不同，采取相应措施。

【实践指导】

训练　人工呼吸和胸外按压

一、训练准备

1) 熟悉触电急救的基本过程。

2) 准备心肺急救复苏模拟人（带语音提示）一具。

二、训练要领

触电事故的处理一般按照脱离电源、组织抢救、现场急救的过程开展迅速有效的救援工作。初学者可以选择准备好的模拟人反复练习。

现场参加急救者可根据触电者受伤程度不同，采取相应措施。

(1) 有知觉

触电者伤势不重，神志清醒，但有些四肢发麻、心悸头晕、全身无力。应使触电者安静休息、严密观察，并待医生前来或送医院诊治。

(2) 无知觉，但心肺正常

触电者伤势较重，已失去知觉，但心跳、呼吸正常。急救者可用手或薄纸片放在触电者的鼻孔处，判断是否有呼吸；用手触摸其颈动脉，如感觉有搏动，说明有心跳。急救者可使其舒适平躺，松开衣服，以利呼吸，保持空气流通，冷天注意保暖；同时立即请医生前来，或送医院诊治。

（3）无呼吸，但有心跳

可采用口对口人工呼吸法及时抢救。具体操作如下：

① 将触电者向天仰卧，把头侧向一边，使其嘴巴张开，清除口腔中的血块、异物、假牙等，如果舌根下陷，应将其拉出来，使呼吸道畅通，同时解开衣领，拉开紧身衣服，使胸部可以自由扩张，如图 7-12a 所示。

② 抢救者一只手紧捏触电者的鼻孔，并将该手掌的外缘压住其额部，扶正头部使鼻孔朝天，另一只手托住触电者的颈后，将颈部略向上抬，一般病人的嘴巴都能自动张开，准备进行吹气。抢救者做深呼吸，然后紧凑触电者的嘴巴，向他大口吹气，如图 7-12b 所示。

③ 吹气完毕，立即离开触电者的口腔，待病人胸部自动回缩，进行呼气，如图 7-12c 所示。

按照上述步骤不断重复进行，每分钟 12 次。对幼童施行此法时，鼻子不必捏紧，使其漏气，同时注意胸部不至过分膨胀，以免肺泡破裂。如果张口有困难，可用口对准其鼻孔吹气，效果与口对口吹气相似。

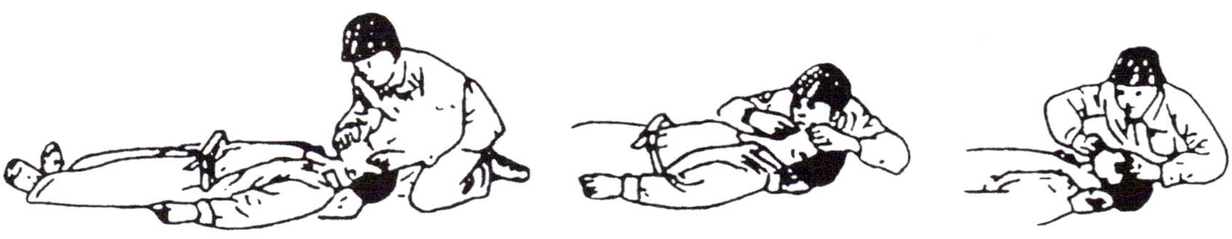

a)　　b)　　c)

图 7-12　人工呼吸法施救

（4）无心跳，但有呼吸

可采用胸外按压法及时抢救，要领如下：

① 使触电者仰卧于硬板上或地上；救护者跪在触电者的胸侧，如图 7-13a 所示。

② 确定按压位置时，首先触及触电者上腹部，以食指及中指沿触电者肋弓处中间移滑

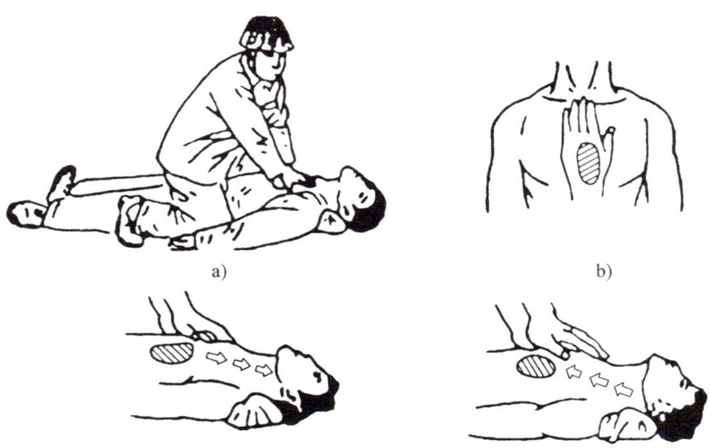

a)　　b)

c)　　d)

图 7-13　胸外按压法施救

到胸骨下切迹处。再用此手掌的中指固定于胸骨切迹处，食指紧靠中指作为定位标志，食指上方的胸骨正中部即为按压部位，将另一手的掌根部紧靠食指边，即掌根部置于按压部位，如图 7-13b 所示。

③ 将原用于定位的手掌，放在已位于按压部位的一手的手背上，两手手指交叉抬起，使手指脱离胸壁。救护者双臂绷直，双肩在触电者胸骨上方正中，靠自身重量直向下按压，按压深度为 3~5cm，如图 7-13c 所示。

④ 按压至最低点后，突然放松，但手掌根部不能离开胸壁，依靠胸部的弹性，使胸骨复位，胸腔内压力下降，心脏得以舒张，大静脉内的血液得以回到心脏，如图 7-13d 所示。

按压频率应保持在 80~100 次/min，绝对不能低于 60 次/min。

(5) 无心跳，无呼吸

可将人工呼吸法和胸外按压法同时进行。如果只有一人抢救，可先吹气两次，再按压 15 次，如此交替进行，直到触电者恢复正常的心肺功能或医务人员赶来接替抢救工作。习惯上把对触电者急救时采取的通畅气道、口对口（鼻）人工呼吸、胸外按压等措施又称作心肺复苏法。

三、注意事项

1）救护人不可直接用手或其他金属及潮湿的物件作为救护工具；

2）防止触电者脱离电源后从高处摔伤；

3）如事故发生在夜间，应迅速解决临时照明问题。

4）在医务人员未来接替抢救前，不得放弃现场抢救。

5）移动触电伤员或将伤员送往医院，应使用担架并在其背部垫以木板；移送途中应继续抢救，在医务人员未接替救治前不可中断抢救。

6）严密监护触电人，要随时准备再次抢救。

7）人工呼吸和胸外挤压是对触电“假死”者的主要急救措施，任何药物都不可替代。

8）着重防止救护不当和二次伤害。

【四新技术】

心肺急救复苏模拟人应用

心肺复苏，国际代称 CPR。在生活中，健康人由于心脏骤停而必须采取胸外按压、人工口鼻呼吸、心内注射、气道放开等抢救过程，使病人最短时间内得救。在抢救过程中胸外按压位置，按压强度是否正确，人工呼吸吹入的吹气量是否足够等规范动作是否正确，是能否成功抢救病人的关键。因此，在系列抢救过程中，必须要掌握心肺复苏技术。

模拟胸外按压、人工呼吸、心内注射、颈动脉模拟搏动、瞳孔有一只放大与一只缩小的比较认识，达到掌握操作训练心肺复苏术的基本要求。对操作正确与否，有光电信号显示、数码显示等功能，它是训练抢救人员进行心肺急救技术训练的理想的模拟机，外形如图 7-14 所示。

1. 训练准备

将模拟人从箱内取出仰卧躺平于操作台上或平地上，取出 9V 稳压器（或用胸腔内电池

图 7-14 心肺急救复苏模拟人

盒装入 6 节 1 号电池），将稳压器一端的插头插入显示器的底部插孔内，另一端插头插入 220V 电源插座上，接通电源，按下开关和复位开关，使全部数码复位到零，起动频率开关，定时器开始工作，根据训练需要可选用频率 80～100 次/min，将胸骨按下 4～5cm，黄灯亮，数码同步计数 1 次，按压错位或超深红灯亮，有鸣音报警。人工吹气要达到 800～1200ml 吹气量，绿灯亮，数码同步计数 1 次，否则不予计数。

2. 单人训练操作要领

接通电源，按下开关和复位开关，使全部数码复位到零，起动频率开关，选好频率。令模拟人平躺，操作人一只手两指捏鼻，另一只手伸入后颈或下巴将头托起往后仰 70°～90°，形成气道放开，人工口吹气 2 次。然后找准胸部按压位置，再按单人抢救标准即 15∶2（胸外按压 15 次，口吹气 2 次），要求在规定的 2min 时间连续操作 4 个循环，即可成功完成单人训练过程。训练约 2min 后频率节拍停止，即训练结束。接着，进行颈动脉模拟，一只手捏皮囊，另一只手触摸颈动脉，模拟颈动脉跳动。然后，翻开双眼皮，进行双眼瞳孔放大与缩小的比较认识。

3. 双人训练操作要领

接通电源，按下开关和复位开关，使全部数码复位到零，起动频率开关，选好频率。令模拟人平躺，操作人一只手两指捏鼻，另一只手伸入后颈或下巴将头托起往后仰 70°～90°，形成气道放开，人工口吹气 2 次。然后找准胸部按压位置，再按双人抢救标准即 5∶1（胸外按压 5 次，口吹气 1 次），要求在规定的 2min 时间连续操作 12 个循环，即可成功完成双人训练过程。训练约 2min 后频率节拍停止，即训练结束。接着，进行颈动脉模拟，一只手捏皮囊，另一只手触摸颈动脉，模拟颈动脉跳动。然后，翻开双眼皮，进行双眼瞳孔放大与缩小的比较认识。

任务二 防雷与接地

【知识解读】

一、雷电形成和危害

近年来，雷电灾害事故频繁发生，给国家和人民生命财产安全造成了极大损失。据报道，每年的 4～9 月是我国的雷电高发期，造成的灾害也更为突出。据统计，我国每年由雷电灾害造成的人员伤亡达到 1000 多人，经济损失达到上百亿元。

雷电是发生在雷雨云（在气象学里叫积雨云）中的放电现象。积雨云在形成过程中，某些云团带正电荷，某些云团带负电荷。它们对大地的静电感应，使地面或建（构）筑物表面产生异性电荷，当电荷积聚到一定程度时，在云内不同部位之间或云与地面之间就形成了很强的电场。这电场的强度平均可以达到25~30kV/cm，足以把云内外的大气层击穿。于是，在云与地面之间，或者云的不同部位之间，以及不同云块之间激发出耀眼的闪光和巨响，这就是闪电。人们经常看见的闪电形状是线状闪电或枝状闪电，线状闪电多数是云对地的放电，它是对人类危害最大的一种闪电。

雷电产生的危害可分为直接雷危害、间接雷危害、雷电反击危害和雷电感应危害。

直接雷的危害是在雷电放电的通道上，瞬时雷电流高达几万安培，除电效应外，还有热效应，导致火灾，熔化物体，使闪电通道膨胀，水分汽化，又造成机械作用。

间接雷的危害不在雷电放电通道上，而是在雷电放电过程中产生的瞬时地电位高压或电磁感应过电压而造成的其他危害。

雷电反击危害的特点是雷电落地点由于巨大的电流使得地电位升高，从而使接地的设备外壳与附近的导电部分之间产生高电压，达到一定的值就会产生反击放电，给设备或人身造成危害。

雷电感应的危害特点是放电前，地面金属物感应出大量异号电荷，放电后，感应的电荷来不及立即消失，产生几万伏的高电压，会对周围放电而出现感应雷的雷击现象。放电时，闪电通道周围的导体上有强大的感应电动势产生，在导体间隙处，强电场可导致空气击穿放电。

二、防雷措施和防雷装置

中华人民共和国建设部《建筑物防雷设计规范》（GB 50057—2010）对建筑物的分类及应采取的相应措施均做了详细的规定和约束。

该标准规定，建筑物应根据其重要性、使用性质、发生雷电事故的可能性和后果，按防雷要求分为三类。

第一类防雷建筑物主要涉及制造、使用或贮存炸药、火药、起爆药、火工品等大量爆炸物质的建筑物，因电火花而引起爆炸，会造成巨大破坏和人身伤亡者。

第二类防雷建筑主要涉及国家级重点文物保护的建筑物、国家级的会堂、办公建筑物、大型展览和博览建筑物、大型火车站、国宾馆、国家级档案馆、大型城市的重要给水水泵房等特别重要的建筑物，以及国家级计算中心、国际通讯枢纽等对国民经济有重要意义且装有大量电子设备的建筑物。

第三类防雷建筑物主要涉及省级重点文物保护的建筑物及省级档案馆、省部级办公建筑物及其他重要或人员密集的公共建筑物，预计雷击次数大于或等于0.06次/年，且小于或等于0.3次/年的住宅、办公楼等一般性民用建筑物，预计雷击次数大于或等于0.06次/年的一般性工业建筑物。此外，在平均雷暴日大于15d/a的地区，高度在15m及以上的烟囱、水塔等孤立的高耸建筑物；在平均雷暴日小于或等于15d/a的地区，高度在20m及以上的烟囱、水塔等孤立的高耸建筑物也定性为第三类防雷建筑。

不同类型的建筑，GB 50057—2010有详细的防雷应对措施，按照习惯做法，大体上可分为基本防雷措施和电源防雷措施。

1. 基本防雷措施

基本防雷措施一般采用由接闪器、引下线、接地体和接地网等组成的防雷装置。

（1）接闪器

接闪器通常有避雷针、避雷带、避雷网等几种形式。

避雷针宜采用圆钢或焊接钢管制成，其直径不应小于下列数值：针长 1m 以下，圆钢为 12mm，钢管为 20mm。针长 1~2m，圆钢为 16mm，钢管为 25mm。烟囱顶上的针，圆钢为 20mm，钢管为 40mm。

避雷网和避雷带宜采用圆钢或扁钢，优先采用圆钢。圆钢直径不应小于 8mm。扁钢截面积不应小于 48mm^2，其厚度不应小于 4mm。

当烟囱上采用避雷环时，其圆钢直径不应小于 12mm。扁钢截面积不应小于 100m^2，其厚度不应小于 4mm。

架空避雷线和避雷网宜采用截面积不小于 35mm^2 的镀锌钢绞线。

金属屋面的建筑物宜利用其屋面作为接闪器，具体要求是：金属板之间采用搭接时，其搭接长度不应小于 100mm；金属板下面无易燃物品时，其厚度不应小于 0.5mm；金属板下面有易燃物品时，铁板厚度不应小于 4mm，铜板厚度不应小于 5mm，铝板厚度不应小于 7mm。

屋顶上永久性金属物宜作为接闪器，但其各部件之间均应连成电气通路，具体要求是：旗杆、栏杆、装饰物等，其尺寸应符合本规范第 4.1.1 条和第 4.1.2 条的规定。钢管、钢罐的壁厚不小于 2.5mm，但钢管、钢罐一旦被雷击穿，其介质对周围环境造成危险时，其壁厚不得小于 4mm。

值得注意的是，接闪器一般应热镀锌或涂漆。在腐蚀性较强的场所，应采取加大其截面积或其他防腐措施。不得利用安装在接收无线电视广播的共用天线的杆顶上的接闪器保护建筑物。

关于几种典型接闪器的规格也可参考表 7-3 和表 7-4。

表 7-3　避雷针的直径

针长、部位 \ 材料规格	圆钢直径/mm	钢管直径/mm
1m 以下	≥12	≥20
1~2m	≥16	≥25
烟囱顶上	≥20	≥40

表 7-4　避雷网、避雷带及烟囱顶上的避雷环规格

类别 \ 材料规格	圆钢直径/mm	扁钢截面积/mm^2	扁管厚度/mm
避雷网、避雷带	≥8	≥48	≥4
烟囱上避雷环	≥12	≥100	≥4

如图 7-15a 所示，EPE 系列提前放电避雷针采用法国技术，符合法国 NFC17-102 标准。它由三种系统（大气电力电容器、高压脉冲发送系统、电流泄放系统）组成，具有双重瞬间放电装置，被多层的具有隔绝恶劣环境及水密性的材料所保护；无老化危险，免维护。在相同的安装高度下，比普通瞬间避雷针的保护半径大数倍，抢先放电时间为 30~60μs，即优先引雷入地。

如图 7-15b 所示，西班牙 CIRPROTEC 公司生产的 nimbus 系列提前放电避雷针，采用了 CIRPROTEC 公司专有的、当今世界最为先进的电子放电技术，外形设计美观，结构紧凑、简洁，特有电子放电系统稳定性极高，安装方便、安全可靠。产品通过第三方实验室的检测，符合 UNE21186-96、NFC17-102 标准。

如图 7-15c 所示，INGESCO 避雷针是西班牙 INGESCO 公司生产的专业接闪器，该产品拥有 UNE21.186、CEI1024-1、NFC-17 102 认证。

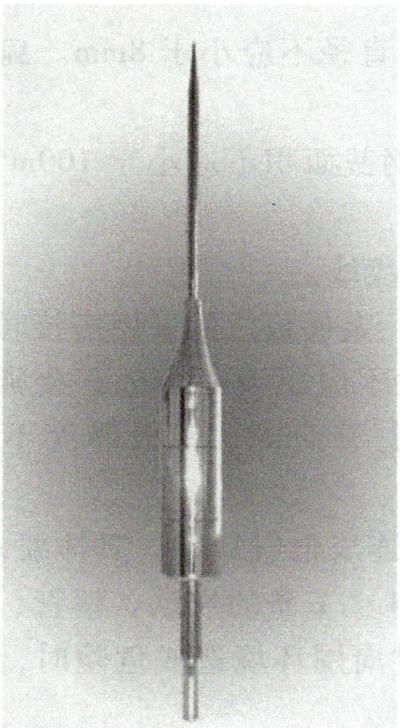

a)

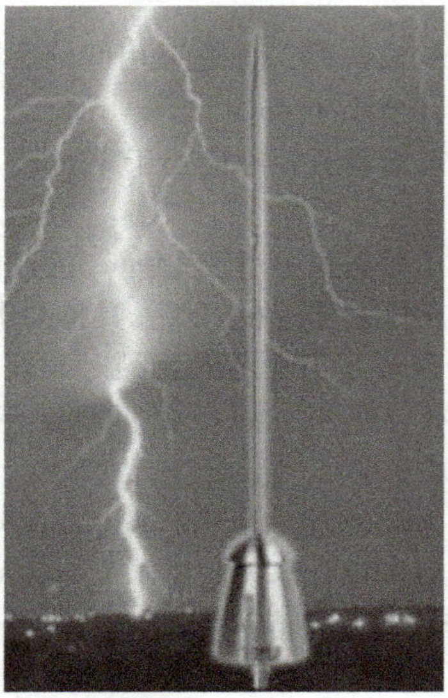

b)

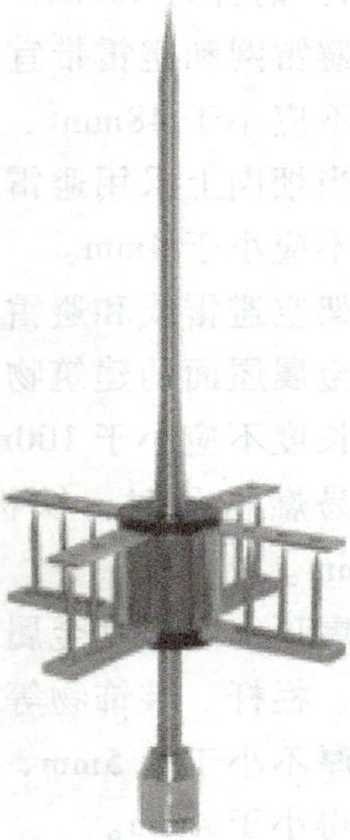

c)

图 7-15　典型成品接闪器外形

a）EPE 提前放电避雷针　b）nimbus 提前放电避雷针　c）INGESCO 避雷针

（2）引下线

引下线宜采用圆钢或扁钢，优先选用圆钢。圆钢直径不应小于 8mm。扁钢截面积不应小于 $48mm^2$，其厚度不应小于 4mm。当烟囱上的引下线采用圆钢时，其直径不应小于 12mm；采用扁钢时，其截面积不应小于 $100mm^2$，厚度不应小于 4mm。引下线应沿建筑物外墙明敷，并经最短路径接地；建筑艺术要求较高者可暗敷，但其圆钢直径不应小于 10mm，扁钢截面积不应小于 $80mm^2$。

建筑物的消防梯、钢柱等金属构件宜作为引下线，但其各部件之间均应连成电气通路。

采用多根引下线时，宜在各引下线上于距地面 0.3~1.8m 之间装设断接卡。当利用混凝土内钢筋、钢柱作为自然引下线并同时采用基础接地体时，可不设断接卡，但利用钢筋作引下线时应在室内外的适当地点设若干连接板，该连接板可供测量、接人工接地体和作等电位联结用。当仅利用钢筋作引下线并采用埋于土壤中的人工接地体时，应在每根引下线上于距地面不低于 0.3m 处设接地体连接板。采用埋于土壤中的人工接地体时应设断接卡，其上端应与连

图 7-16　铜包钢接地棒

接板或钢柱焊接。连接板处宜有明显标志。

此外，在易受机械损坏和防止人身接触的地方，地面上 1.7m 至地面下 0.3m 的一段接地线还应采取暗敷或镀锌角钢、改性塑料管或橡胶管等保护设施。

铜包钢接地棒（线）如图 7-16 所示，铜包钢材料由于具有良好的导电性能、较高的机械强度，尤其是外部包覆的铜层具有良好的抗腐蚀性能，在发达国家已被广泛地应用于接地装置中。美、英、德等国家在有关标准中都规定接地体、接地线均可采用铜包钢复合材料。在我国，接地装置的防腐蚀性和可靠性已日益引起重视，采用铜包钢复合材料替代型钢或镀锌角钢作接地装置已开始普及。

（3）接地体

埋于土壤中的人工垂直接地体宜采用角钢、钢管或圆钢；埋于土壤中的人工水平接地体宜采用扁钢或圆钢。具体规格是：圆钢直径不应小于 10mm；扁钢截面积不应小于 $100mm^2$，其厚度不应小于 4mm；角钢厚度不应小于 4mm；钢管壁厚不应小于 3.5mm；人工垂直接地体的长度宜为 2.5m；人工垂直接地体间的距离及人工水平接地体间的距离宜为 5m，当受地方限制时可适当减小；人工接地体在土壤中的埋设深度不应小于 0.5m。

随着电力、电子及尖端科学的进步，对接地的要求也越来越高，现代电力、电子系统要求接地装置具有较低的接地电阻值。通常的做法是：在高土壤电阻率地区，降低防直击雷接地装置接地电阻宜采用多支线外引接地装置，外引长度不应大于有效长度，或者接地体埋于较深的低电阻率土壤中，也可采用降阻剂或换土方式来满足接地电阻要求。

一款新型的物理接地模块是为了适应现代电气、通信、微电子设施接地研制的，它具有物理降阻剂特性，无毒、无腐、无污染，如图 7-17 所示。

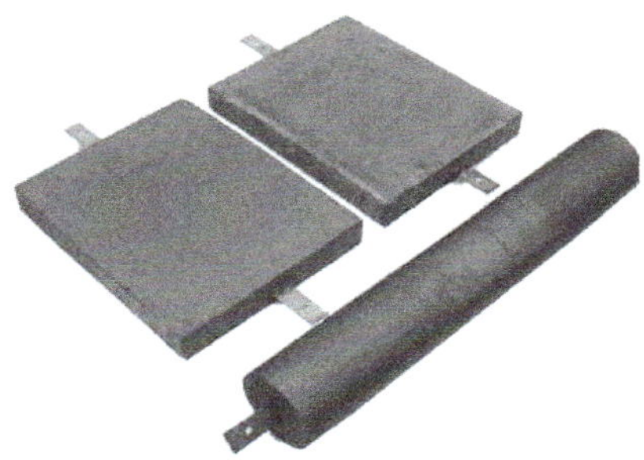

图 7-17　物理接地模块

防直接雷的人工接地体距建筑物出入口或人行道不应小于 3m。当小于 3m 时，水平接地体局部深埋不应小于 1m；水平接地体局部应包绝缘物，可采用 50～80mm 厚的沥青层；采用沥青碎石地面或在接地体上面敷设 50～80mm 厚的沥青层，其宽度应超过接地体 2m。埋在土壤中的接地装置，其连接应采用焊接，并在焊接处做防腐处理。

接地装置工频接地电阻的计算应符合现行国家标准《电力装置的接地设计规范》的规定。

（4）接地网

民用建筑宜优先利用钢筋混凝土中的钢筋作为防雷接地网，当不具备条件时，宜采用圆钢、钢管、角钢或扁钢等金属体作人工接地极。接地网结构如图 7-18 所示。

2. 电源配电防雷

雷雨频繁发生的地区发生雷击事件时，大楼建筑已有的避雷针防雷，只能对大楼形成基本的保护，但不能阻止感应雷击过电压、开关电源和操作工业设备而产生的各种瞬间过电压，残余电流所产生的感应电压还足以破坏计算机、网络等弱电设备，造成极大的损失。

在大楼总配电柜电源引入供电线路的前端，经过计算、分析后，在变电室低压侧或建筑电源总配电柜线路接入端安装防雷器，作为设备的电源第一级防雷保护。在配电柜或机房专用配电盘上安装防雷器，作为设备的电源第二级防雷保护。在设备前端输入端安装防雷器，

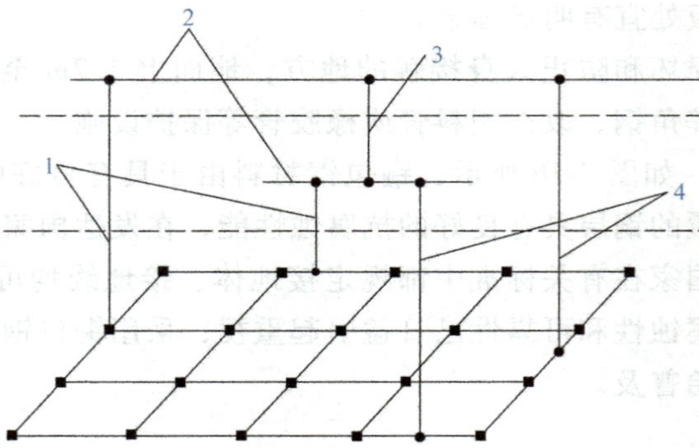

图 7-18 接地网结构

作为设备的电源第三级防雷保护。

典型的电力架空线路防雷安装位置如图 7-19 所示。

图 7-19 电力架空线路防雷安装位置

典型的电源配电防雷如图 7-20 所示。

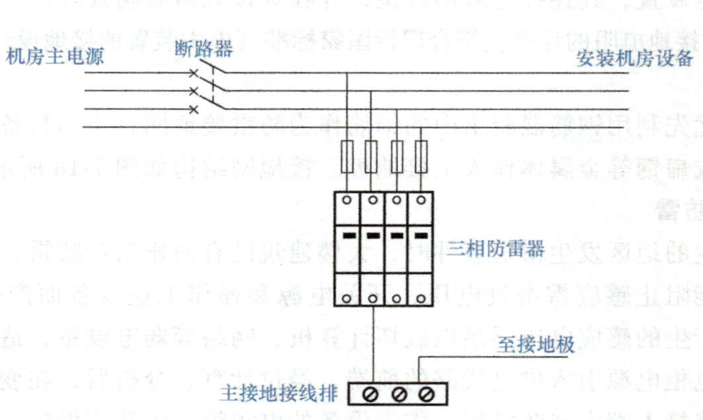

图 7-20 电源配电防雷

常用电源防雷装置外形及选用见表 7-5。

表 7-5 常用电源防雷装置外形及选用

序号	名称	外形	选用
1	B 级电源防雷器	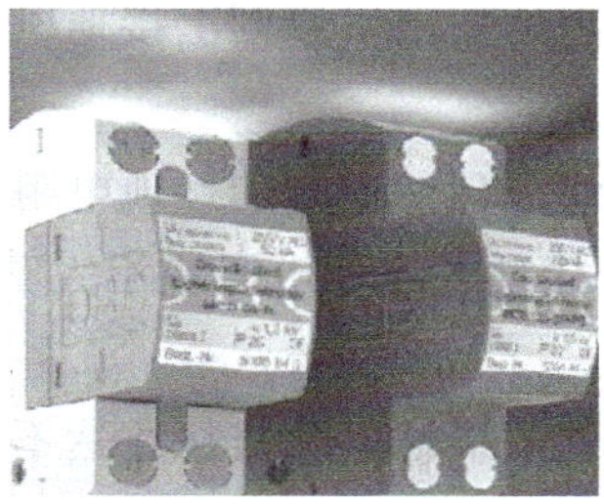	浪涌保护器 MCD 50-B 和 MCD 125-B/NPE 满足标准 DIN VDE 6F5 Part6 (Draft 11. 89) A1、A2 对 B 类器件的需求条件，以及标准 IEC61643-1 (02, 89) 对第 Ⅰ 级浪涌保护器的要求，它们与后级限压型电涌保护器配合使用时，无须设计退耦装置，可以将两级保护器安装在一起
2	C 级电源防雷器	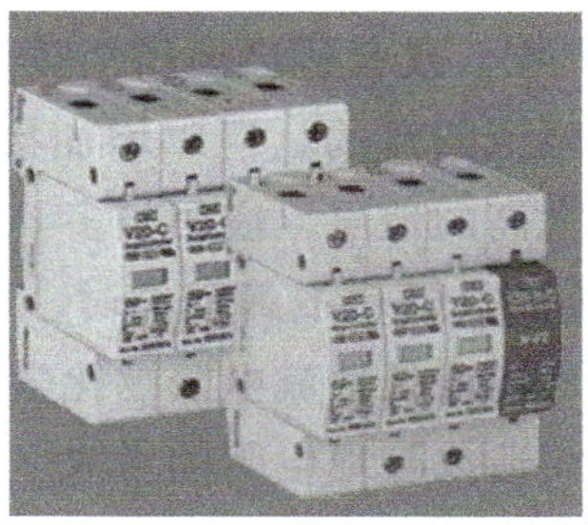	DIN VDE 0675 Part 6 (Draft 11. 89) A1、A2 的要求浪涌保护器 V 20-C 是属于 C 级的电涌保护器。它保护电气设备免受各种电压浪涌的危害。可提供从单模块到 4 模块的不同型号
3	D 级单相交流电源防雷器	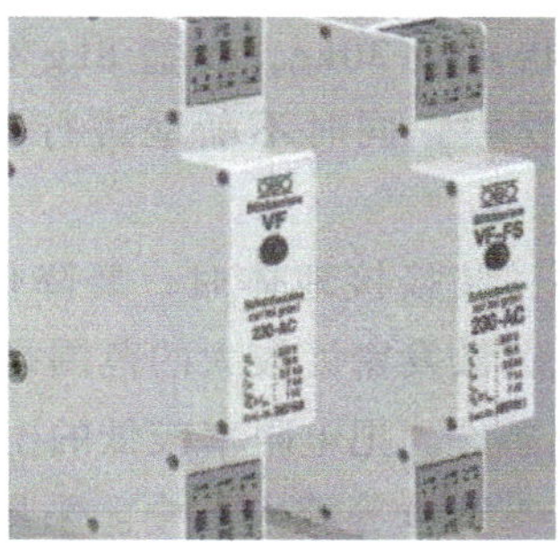	OBO VF 230-AC 浪涌保护器为用于工程控制系统、信号流回路、输电干线系统以及计算机系统之过电压保护组件。VF 系列浪涌保护器之保护电路中的压敏电阻，可在 FKA (防雷器内的一种吸收浪涌电流的材料或电缆) 的最大限制放电电流下，确保很低的保护水平。该电路包括气体放电管和氧化锌压敏电阻器，由热熔体监控，当防雷器内置器件发生老化超载时，内置断路器会立即切断电路，绿色状态指示灯熄灭。如带有远程信号报警装置 (FS) 类型的保护装置会起动浮动转换接点
4	防雷插座		多功能防雷插座能很好地抑制浪涌产生，其防雷组件是采用新技术、新工艺精心研发的电源防雷专用产品，具有强大的两级三线防感应雷击功能、高效电源浪涌保护、防雷冲击通流容量大、残留电压低、反应时间快和应用领域广及安全可靠等特点，产品符合 IEC 国际标准和中国国家标准
5	三相电源防雷箱		TBX 系列是按 SPD Ⅰ 级分类试验要求设计的一体化复合型三相电源防雷箱，可用于电源线路的负载设备第一级防护，防止低压设备受到过电压干扰甚至直击雷破坏，应用于防雷分区 LPZ0A-2 界面 TCX 系列是按 SPD Ⅱ 级分类试验要求设计的一体化复合型三相电源防雷箱，可用于电源线路的负载设备第二级防护，防止低压设备受到过电压干扰甚至直击雷破坏，应用于防雷分区 LPZ0B-2 界面

三、人工接地装置

1. 人工接地装置技术要求

接地装置的技术要求主要指接地电阻的要求，原则上接地电阻越小越好，考虑到经济合理，接地电阻以不超过规定的数值为准。

对接地电阻的要求：避雷针和避雷线单独使用时的接地电阻小于10Ω；配电变压器低压侧中性点接地电阻应在0.5~10Ω；保护接地的接地电阻应不大于4Ω。多个设备共用一副接地装置，接地电阻应以要求最高的为准。

在土壤电阻率较高的地层，接地装置的接地电阻值往往达不到规定要求。这时必须采取有效措施，使之达到要求。

1）最基本的措施是增加接地体的个数，或者适当地增加接地体的长度。两者都是以增加接地体的散流面积来达到降低接触电阻值的目的，但以增加接地体个数的效果较为显著。这种方法既有效又方便，在土壤电阻不太高的地层，应用较多。

2）在土壤电阻率较高的地层，当接地电阻达不到要求时，可在每一支接地体周围堆填化学填料，以改善接地体的散流条件，从而降低散流电阻。化学填料的质地膨松，填入后接地体容易晃动，这会增大接地电阻，反而造成接地电阻的增大。为此，应将化学填料放置在离地0.5m以下和1.2m以上的地层中，并把底层和面层的泥土夯实。

每份化学填料的组成成分是：粉状木炭30kg，食盐8kg和水适量。配制方法是：先将食盐溶解于水中，然后渐渐浇入炭粉中，同时不断地进行搅拌，均匀后即填入接地体四周。

3）在土壤电阻率很高的沙石地层，装接接地体时，要降低接地电阻可采用土壤置换法。从散流电阻的分布情况来看，因电流散发密度较大的范围是有限的，因此可采用挖坑换土的方法来改善接地体四周土壤的散流条件。把电阻率较低的土壤，或者具有较好的导电性的工业废料，如电石渣、冶炼废渣或化工废渣等填入坑中。采用这种方法能取得一定效果，尤其在降低工频接地电阻方面，效果较为显著。

4）有些区域往往存在需要接地处的土壤电阻率极高，而离之不远的地方的土壤电阻率较低。这时可采用接地体外引的方法，用较长的接地线，把设备接地点引出土壤电阻率较高的范围，让接地体安装在电阻率较低的土壤上。

2. 人工接地装置安装工艺流程

人工接地装置安装通常包括接地体制作、弹线定位、挖坑开槽、装接地极、防腐处理等基本环节，工艺流程如图7-21所示。

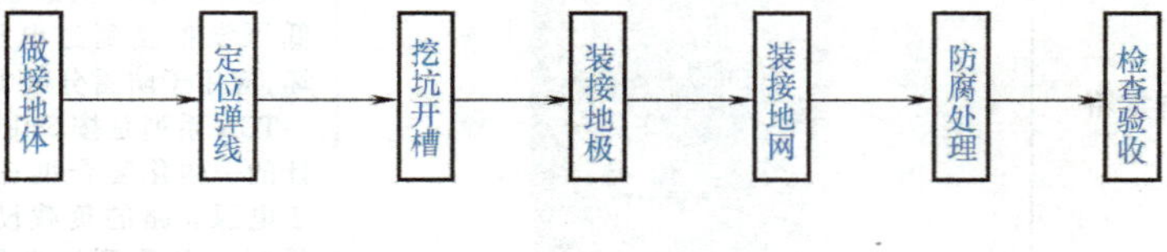

图7-21　人工接地装置安装工艺流程

【实践指导】

训练1 接地体安装与维护

一、训练目的

熟悉人工接地体制作的一般要求，掌握人工垂直接地体和水平接地体的制作方法和安装要领。熟练掌握接地装置安装工程质量验收记录表中主控项目的技术要求，了解一般项目的具体规定。能够对接地装置做一般性检查和常规维护。

二、训练准备

1）设计图样一份，接地装置安装工程质量验收记录表一份。

2）符合现场施工技术要求的角钢、钢管和扁钢长度若干。一般情况下，人工接地体规格是：角钢的厚度应不小于4mm；钢管管壁厚度不小于3.5mm；圆钢直径不小于8mm；扁钢厚度不小于4mm，其截面积不小于48mm^2。材料不应有严重锈蚀，弯曲的材料必须矫直后方可使用。

3）电工常用工具一套、卷尺、手工锯、切割机、电焊机、锤子等。

三、训练内容

1. 安装垂直接地体

以室内接地体的安装为例学习垂直接地体的安装过程和工艺要求。室内接地体安装示意图如图7-22所示。

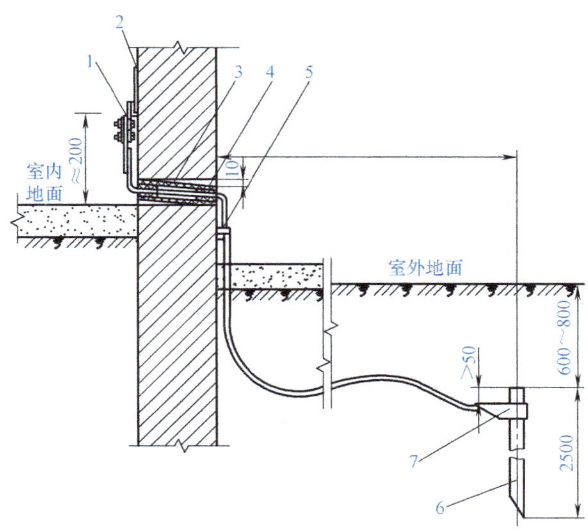

图7-22 室内接地体安装示意图

1—接地端子 2—墙壁 3—塑料套管 4—建筑密封膏 5—固定点
6—室内接地体（极） 7—接地线

1）制作垂直接地体。垂直安装接地体通常用角钢或钢管制成。根据设计要求的数量、材料规格进行加工，加工长度一般在 2～3m 之间，下端加工成尖形。用角钢制作的，尖点应在角钢的钢脊上，且两个斜边要对称。用钢管制作的，要单边斜削保持一个尖点。凡用螺钉连接的接地体，应先钻好螺钉孔。为便于连接，要在接地体的上端做成如图 7-23 所示的结构。

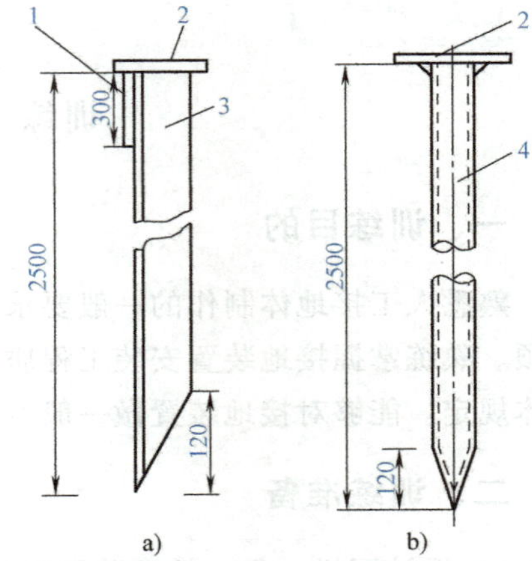

图 7-23　垂直安装接地体的制作

a）角钢顶端装连接板　b）钢管顶端装连接板

1—加固镀锌角钢　2—镀锌扁钢

3—镀锌角钢　4—镀锌钢管

2）根据设计图样要求对接地装置的线路进行测量、弹线。

3）在确定的线路上挖掘深度为 0.8m、宽度为 0.5m 的沟。为防止砂石下落，确保施工安全，所挖沟槽上部应略宽些。

4）安装垂直接地体。采用打桩法将接地体打入地下，接地体应与地面垂直，不可歪斜，如图 7-24 所示。打入地面的有效深度应不小于 2m。多极接地或接地网的接地体与接地体之间在地下应保持 2.5m 以上的直线距离。

用锤子敲打角钢时，应敲打角钢的角脊处；若是钢管，则锤击力应集中尖端的切点位置。否则不但打入困难，且不易打直，造成接地体与土壤产生缝隙，增加接触电阻。

接地体打入地下后，应在其四周填土夯实，以减小接触电阻。若接地体与接地体连接干线在地下连接，应先将其电焊焊接后，再填土夯实。

2. 安装水平接地体

水平安装接地体一般只适用于土层浅薄的地方，接地体通常用扁钢或圆钢制成。一端弯成向上直角，便于连接；如果接地线采用螺钉压接，应先钻好螺钉孔。接地体的长度随安装条件和接地装置的结构形式而定。

安装采用挖沟填埋法，接地体应埋入地面 0.6m 以下的土壤中，如图 7-25 所示。如果是多极接地或接地网，接地体之间应相隔 2.5m 以上的直线距离。

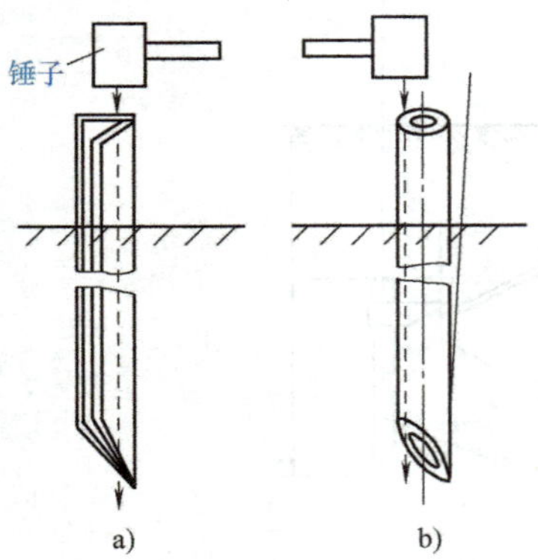

图 7-24　垂直接地体的安装

a）角钢接地体　b）钢管接地体

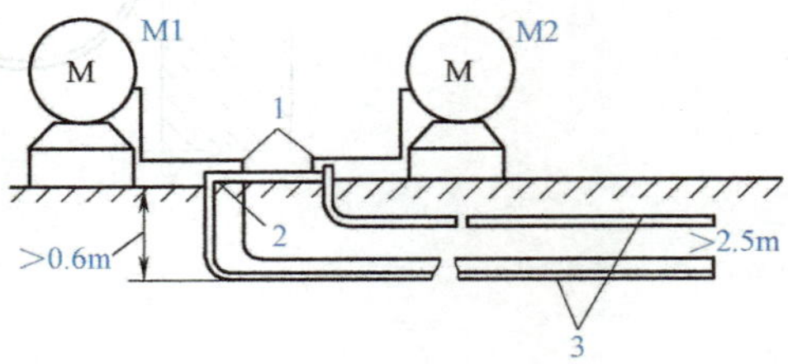

图 7-25　水平接地体的安装

1—接地支线　2—接地干线　3—接地体

3. 验收记录

接地装置安装工程质量验收记录表的填写主要包括施工单位检查评定记录和监理（建设）单位验收记录两部分，评定和验收的依据是 GB 50303—2015《建筑电气工程施工质量验收规范》相关规定。记录表格式和填写项目见表 7-6。

表 7-6 接地装置安装工程质量验收记录

工程名称		检验部位		项目经理	
施工单位		分包经理		专业工长	
分包单位		执行标准		施工组长	
验收项目	GB 50303—2015 相关规定			施工单位检查评定记录	监理(建设)单位验收记录
主控项目	1)人工接地装置或利用建筑物基础钢筋的接地装置必须在地面以上按设计要求位置设测试点 2)测试接地装置的接地电阻值必须符合设计要求 3)防雷接地的人工接地装置的接地干线埋设，经人行通道处埋地深度不应小于 1m，且应采取均压措施或在其上方铺设卵石或沥青地面 4)接地模块顶面埋深不应小于 0.6m，接地模块间距不应小于模块长度的 3~5 倍。接地模块埋设基坑，一般为模块外形尺寸的 1.2~1.4 倍，且在开挖深度内详细记录地层情况 5)接地模块应垂直或水平就位，不应倾斜设置，保持与原土层接触良好				
一般项目	1)当设计无要求时，接地装置顶面埋设深度不应小于 0.6m。圆钢、角钢及钢管接地极应垂直埋入地下，间距不应小于 5m。接地装置的焊接应采用搭接焊，搭接长度应符合下列规定： ①扁钢与扁钢搭接为扁钢度的 2 倍，不少于三面施焊 ②圆钢与圆钢搭接为圆钢直径的 6 倍，双面施焊 ③圆钢与扁钢搭接为圆钢直径的 6 倍，双面施焊 ④扁钢与钢管，扁钢与角钢焊接，紧贴角钢外侧两面，或紧贴 3/4 钢管表面，上下两侧施焊 ⑤除埋设在混凝土中的焊接接头外，有防腐措施 2)当设计无要求时，接地装置的材料采用钢材，热浸镀锌处理，最小允许规格、尺寸应符合规定 3)接地模块应集中引线，用干线把接地模块并联焊接成一个环路，干线的材质与接地模块焊接点的材质应相同，钢质的采用热浸镀锌，引出线不少于两处				
施工单位检查评定结果	项目专业质量检查员： 年　月　日				
监理(建设)单位验收结论	电气监理工程师： 年　月　日				

4. 接地装置的维护

接地装置的安装一般都在电气设备安装之前进行，因此在设计设备安装时应统一考虑，全面布局，敷设接地和接零、防雷系统。安装完毕后，便应进行统一接地、接零测量检查，并列入厂房施工和设备安装验收内容之一。由于接地系统所处位置特殊，容易受到各种恶劣环境的影响（如高温、冰冻、水流蒸汽、油污以及腐蚀气体、溶液的腐蚀和氧化），此外，还可能受机械外力的损伤，破坏原有的导电性能。因此，有必要制定出对接地装置的定期检查和及时维护的检修制度。

（1）定期检查

1）接地装置的接地电阻必须定期复测，要求工作接地每隔半年或一年复测一次，保护接地每隔一年或两年复测一次。接地电阻增大时，应及时修复，切不可勉强使用。

2）接地装置的每一个连接点，尤其是采用螺钉压接的连接点，应每隔半年或一年检查一次。连接点出现松动，必须及时拧紧。采用电焊焊接的连接点，也应定期检查焊接是否完好。

3）接地线的每个支点，应进行定期检查，发现有松动脱落的，应及时固定。

4）定期检查接地体和接地连接干线有否出现严重锈蚀，若有严重锈蚀，应及时修复或更换，不可勉强使用。

（2）常见故障的排除方法

1）连接点松散或脱落。最容易出现松脱的有移动电具的接地支线与外壳（或插头）之间的连接处；铝芯接地线的连接处；具有振动的设备接地连接处。发现松散或脱落时，应及时重新接好。

2）遗漏接地或接错位置。在设备进行维修或更换时，一般都要拆卸电源线头和接地线头，待重新安装设备时，往往会因疏忽而把接地线头漏接或接错位置。发现有漏接或接错位置时，应及时纠正。

3）接地线局部的电阻增大。常见的有：连接点松散，连接点的接触面存在氧化层或其他污垢，跨接过渡线松散等。一旦发现应及时重新拧紧压接螺钉或清除氧化层及污垢并接妥。

4）接地线的截面积过小。通常由于设备容量增加后而接地线没有相应更换所引起，接地线应按规定做相应的更换。

5）接地体的散流电阻增大。通常是由于接地体被严重腐蚀所引起，也可能是由于接地体与接地干线之间接触不良所引起。发现后应重新更换接地体，或重新把连接处接妥。

四、注意事项

1）用打桩法安装接地体时，扶持接地体者双手不要紧握接地体，只要握稳，扶持平直，不摇摆即可；否则打入地面的接地体会与土壤产生缝隙，增大接地电阻。

2）电焊焊接接地体与接地干线的连接面时，所有焊接面要平整，焊缝均应焊透。焊接后，要敲去焊渣，检查质量，不合格处要重新焊接。

训练 2　接地电阻的测量

一、训练目的

了解接地电阻测量的意义，熟练掌握用接地电阻表、接地电阻测试仪等仪表测量接地电阻的方法。

二、训练准备

1）接地电阻测试记录表一份。

2）电工常用工具一套，ZC-8 型接地电阻表及其附件一套，HF2510B 型接地电阻测试仪一台。

三、训练内容

1．用接地电阻表测量接地电阻

接地电阻表及其附件如图 7-26 所示。

其测试方法如图 7-27 所示，步骤如下：

1）拆开接地干线与接地体的连接点，或拆开接地干线上所有接地支线的连接点。

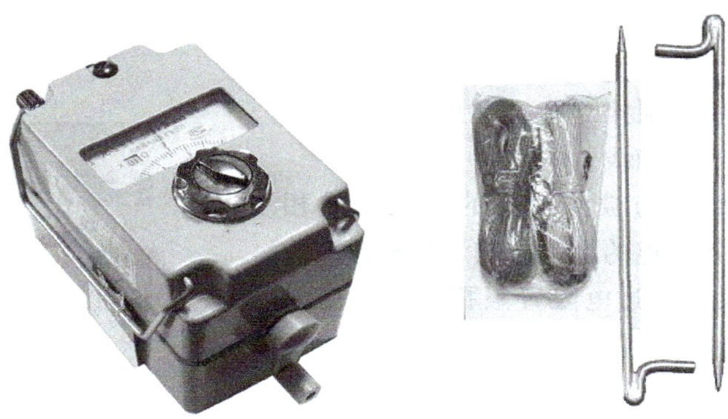

图 7-26　ZC-8 型接地电阻表及其附件

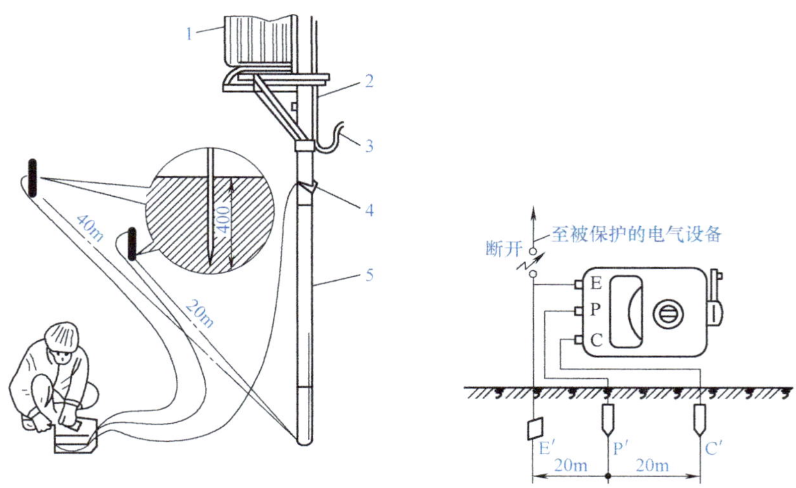

图 7-27　ZC-8 型接地电阻表测量接地电阻

a）现场测试接地电阻示意图　b）测试接地电阻接线图

1—变压器　2—接地线　3—断开处　4—连接处　5—接地干线

2）将一支测量接地棒插在离接地 40m 远的地下；另一支测量接地棒插在离接地体 20m 远的地下，两个接地棒均垂直插入地面深 400mm。

3）将接地电阻表放置在接地体附近平整的地方后接线。最短的连接线连接表上接线桩 E 和接地体；最长的一根连接线连接表上接线桩 C 和 40m 处的接地棒；较短的一根连接线连接表上接线桩 P 和 20m 远处的接地棒。

4）根据被测接地体接地电阻要求，调节好粗调旋钮（有三档可调范围）。

5）以 120r/min 的转速均匀摇动手柄，当表头指针偏离中心时，边摇边调节细调拨盘，直到表针居中为止。

6）以细调拨盘的位置乘以粗调定位的倍数，其结果就是被测接地体接地电阻的阻值。例如，细调拨盘的读数是 0.35，粗调定位倍数是 10，则被测接地电阻是 3.5Ω。

2. 用接地电阻测试仪测量接地电阻

用 HF2510B 型接地电阻测试仪测量接地电阻，本机为 220V、50Hz 电源供电，三相电源线必须具备地线、相线、中性线。HF2510B 型接地电阻测试仪如图 7-28 所示。

测试方法如下：

1）将专用测试线分别接到电流、电压端子上，电流端接粗线，电压端接细线。

2）将测量线的红端与被测设备的机壳地端相接，黑端与跟被测设备相连的电源线的地端相接。

3）按下预置开关，通过电阻置限孔设定电阻上限。例：0.100Ω 为合格上限，则调节电阻置限使毫欧表指示至“100”。

4）打开电源，选定电流，设定定时。

5）按复位按钮，此时不应有“报警”“合格”灯亮。

6）按启动按钮则“测试”灯亮。测试时，首先调整电流至“25A”，并显示被测阻值；如果电流不为 25A 或 30A，则显示的被测阻值就不准确。

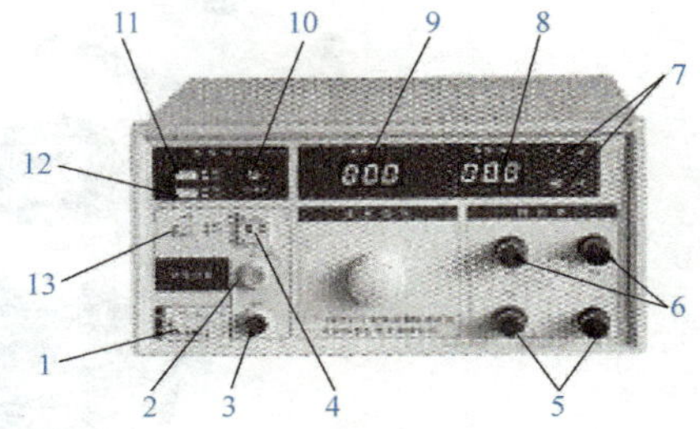

图 7-28　HF2510B 型接地电阻测试仪

1—电源开关　2—复位按钮　3—起动按钮　4—定时选择开关　5—定时按钮　6—测试电流　7—预置/测量选择开关　8—电阻置限调节端子　9—毫欧表　10—电流表　11—指示灯　12—电压测试端子　13—电流测试端子

7）将定时开关打到“ON”位置开始定时。定时到，自动复位，停止测试。

8）测量时，严禁测试端直接短路。

3. 将接地电阻测试值填入记录表

接地电阻测试记录表见表 7-7。表中检测结果应为实测值与季节系数之积。季节系数与土壤性质有关。一般而言，季节系数黏土取 1.5~3；园地取 1.2~1.3；黄沙地取 1.2~2.4；石灰石取 1.2~1.5。土壤潮湿取值偏大，土壤干燥取值偏小。

四、注意事项

1）测量接地电阻时应使仪表远离强磁场，且不宜在雨雾天测量，以免影响测量精度。

2）测量完毕应将仪表妥善保管。

表 7-7 接地电阻测试记录表

工程名称			建设单位		
敷设类别			施工单位		
仪表型号			测试环境温度		
接地类别	设计值/Ω	实测值/Ω	季节系数	检测结果	备注

测试布置简图：
(应注明测试点位置方向)

检查意见：

技术负责人： 质检员： 测试人： 年 月 日

验收意见：

专业监理工程师： 年 月 日

【四新技术】

办理新建建筑物防雷装置审核验收程序

一、防雷审核准备资料

1）设计资料。

建设单位申请防雷电设计图样审核时，应提供以下文件：

① 建（构）筑物防雷电设计说明（包括分类的依据）。

② 基础防雷电平面图。

③ 均压环及接地系统设置图。

④ 天面防雷电样图（包括针、网、带及其他）。

⑤ 防雷电施工大样图。

⑥ 四置图（红线图）。

⑦ 立面图。

⑧ 总配电图。

上述设计资料若属分段设计，则必须按施工进度提交相应图样。

2）提交规划报建审核书、施工资质证、焊工证（复印件）。

3）采用非标防雷产品（各类消雷器、防雷器、避雷器、避雷导体、优化避雷针等）进行设计，必须同时把产品说明书及有关证件、设计方案送市防雷所审核。

4）若没有进行防雷设计，则需要全套建筑物设计图样到防雷所审核。经审核合格后，领取《防雷设施设计审核书》《新建建筑物防雷设施验收手册》，凭《审核书》到建设行政主管部门办理施工手续。

二、工程验收

1. 隐蔽部分的验收

办理开工手续后，工程施工进度在以下环节时，请提前一天通知市防雷技术中心，派人到现场监督、检测。

1）完成桩基础，开始绑扎承台、地梁钢筋时。

2）完成地梁浇注，开始绑扎柱钢筋时。

3）完成柱的浇注，开始首层板筋绑扎时。

4）各层绑扎板筋时。

5）每次均压环施工（砌墙到外墙底部）或焊接完均压环时。

6）最顶层绑扎板筋，焊接完天面避雷网格时。

7）焊接完天面防雷带、避雷针时。

8）均压环与外墙金属门窗相连接时。

9）完成对大楼玻璃幕墙等大的金属物体的等电位处理时。

10）完成低压配电、供水系统、煤气管道等设施安装时。

11）在安装大楼冷却塔、广告牌等金属物体时。

2. 工程总验收

防雷设施竣工后，建设单位或施工单位应提前一天通知市防雷中心进行综合质量检测，然后持《新建建筑物防雷装置验收手册》，到市防雷中心办理防雷装置验收资料（质量说明书或合格证）。

三、补充说明

《建筑物防雷设计规范》（GB 50057—2010）是强制性国家规范，新建筑物的防雷设计、施工必须按此规范严格执行。下列行为有可能导致建筑物防雷能力先天不足，留下永久性的雷击隐患：

1）防雷建筑物没有防雷设计，或未有防雷设计先开工。

2）不按《建筑物防雷设计规范》设计。

3）不按设计施工，施工人员无焊工证上岗。

4）隐蔽部分未经验收便进入下一道工序。

5）不按“整改通知”及时整改。

6）工程未经验收便投入使用。

对上述行为，并造成严重后果的，将依照《防雷减灾管理办法》进行处罚。

任务三　电气安全管理

【知识解读】

一、电气安全操作用具

1. 低压验电器

验电器是检验导线和电气设备是否带电的一种电工常用工具。低压验电器有笔挂式和螺钉旋具式、数显式三种，其外形和结构如图7-29所示。使用低压验电器时，必须正确握持低压验电器，如图7-30所示。使用时，以手指触及笔尾的金属体，笔尖接触所测量的物体或导线，氖管小窗背光朝向自己。当用验电器测试带电体时，电流经带电体、验电器、人体到大地形成通电回路，只要带电体与大地之间的电位差超过60V，验电器中的氖管就会发光。低压验电器的电压检测范围为60~400V。

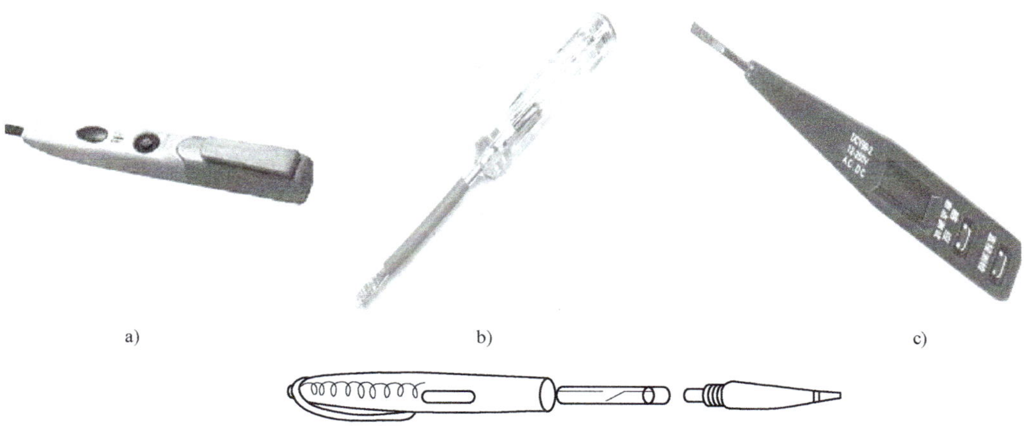

a)　b)　c)　d)

图7-29　低压验电器的外形和结构

a）笔挂式　b）螺钉旋具式　c）数显式　d）笔挂式验电器结构

2. 高压验电器

高压验电器可用来检验设备对地电压在10kV以上的高压电气设备，主要有发光型、声光型、风车式三种结构类型。高压验电器通常由检测指示部分（或风车）、绝缘部分、握手部分三大部分组成。绝缘部分是指示器下部金属衔接螺钉起到护环的部分，握手部分指罩护

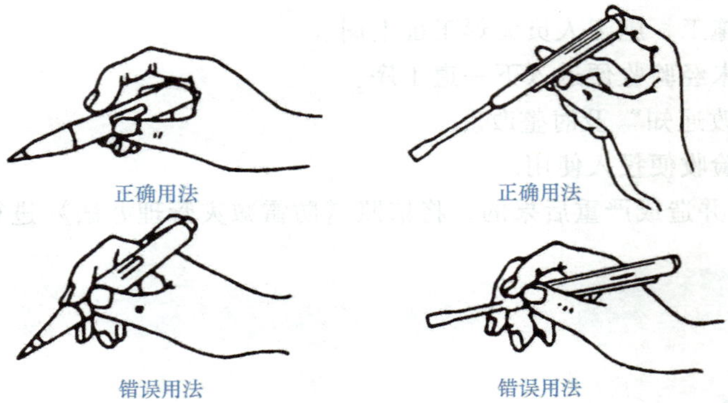

图 7-30 低压验电器的使用方法

环以下的部分。其中绝缘部分、握手部分根据电压等级的不同其长度也不相同。常用的高压验电器外形如图 7-31 所示。

GD 系列高压交流验电器具有全电路自检、电池电压欠电压显示、抗同相干扰和反相干扰、分辨交流感应电压和分辨直流电压的能力，并具有防短路与电火花侵入的能力等。

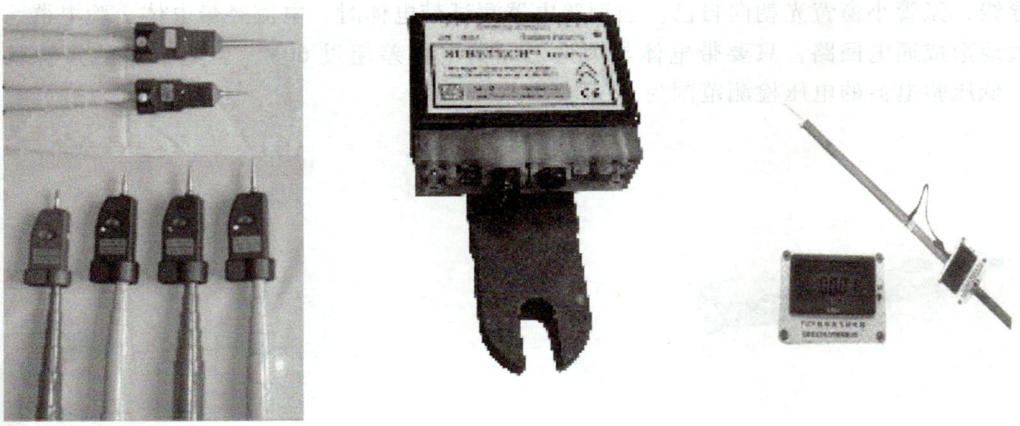

图 7-31 常用高压验电器

a）10kV 高压验电器 b）靠近式高压验电器 c）高压数显声光验电器

在使用高压验电器进行验电时，首先必须认真执行操作监护制，一人操作，一人监护。操作者在前，监护人在后。使用高压验电器时，必须注意其额定电压要和被测电气设备的电压等级相适应，否则可能会危及操作人员的人身安全或造成错误判断。验电时，操作人员一定要戴绝缘手套，穿绝缘靴。防止跨步电压或接触电压对人体的伤害。操作者应手握罩护环以下的握手部分。

验电操作前应对验电器进行自检，方法是：按下自检按钮验电指示器应发出清晰的声光报警信号。若自检无声光指示信号时不得进行验电操作。验电操作前还须检查接地引下线是否完好，接触头是否可靠。

验电操作顺序如下：

1）将接地引下线的地轧，可靠地夹在良好的接地轨或接地极上。

2）将接地引下线上端的插头可靠地插进首节杆末端的插孔内。

3）旋上验电指示器，并进行自检试验。

4）拉伸所有绝缘操作杆，使其拉足并定位。

5）操作人员应先在有电部位上验电，证明该验电器性能完好，然后在施工部位上验电，确认施工部位是否有电。

6）还应恢复到有电部位进行复验，以确保该验电器的完好性。

需要特别说明的是，在使用高压验电器验电前，一定要认真阅读使用说明书，检查一下试验是否超周期，外表是否损坏、破伤。例如，GDY 型高压风车型验电器在从包中取出时，首先应观察指示器叶片是否有脱轴现象，警报是否发出音响，若脱轴则不得使用，然后将指示器在手中轻轻摇晃，其叶片应稍有摆动，证明良好，然后检查报警部分，证明音响良好。对于 GSY 型高压声光型验电器在操作前应对指示器进行自检试验，才能将指示器旋转固定在操作杆上，并将操作杆拉伸至规定长度，再做一次自检后才能进行。注意，高压验电器不能检测直流电压。

3. 携带型短路接地线（夹）

携带型接地线是在被检修设备和线路上进行短路接地，目的是为了释放掉剩余电荷，防止在来电时的危险电压和电弧，或邻近带电设备和线路的影响产生感应电压，导致工作人触电死亡或严重灼伤，因此要按安全工作堆积来正确选择短路接地线悬挂数量，正确选择悬挂地点，正确使用短路接地线，采取这些措施后，可避免危险电压和电弧的影响。按使用要求装设的携带型短路接地线应能承受设计规定的故障电流，而不致对工作人员造成电气、机械、化学和热的危害。

携带型短路接地线由导线端线夹、短路线、接地线、接线鼻、汇流夹、接地端线夹（或临时接地极）以及接地操作棒等组成，如图 7-32 所示。其中，导线端和接地端的线夹有优质铝合金压铸线夹和纯铜压铸线夹两种，与其配套的紧固件均经金属镀铬处理。

我国关于携带型短路接地线技术标准规定如下：

1）在规定使用周期内，携带型短路接地线应能经受正常使用时的磨损和扯拉，而不改变其原有特性。

2）正常使用时的环境温度分为 $-25\sim55$℃ 和 $-40\sim55$℃ 两档，特殊使用环境温度由制造厂和用户商定。

3）携带型短路接地线在通过短路电流后，一般应予以报废。

4）携带型短路接地线的选择应按所在电力系统实际最大短路容量决定。截面积 $16mm^2$ 只用于 500V 及以下线路和绝缘架空地线上，用于直接接地系统时，接地线截面积应与短路线截面积相等。

5）携带型短路接地线的短路线和接地线应为多股铜质软绞线或编织线，并应具有柔软和耐高温的特点，软绞线应外覆透明绝缘层，即护层。

二、电气安全技术管理

在电气检修工作中，工作人员应明确工作任务、工作范围、安全措施、带电部位等安全

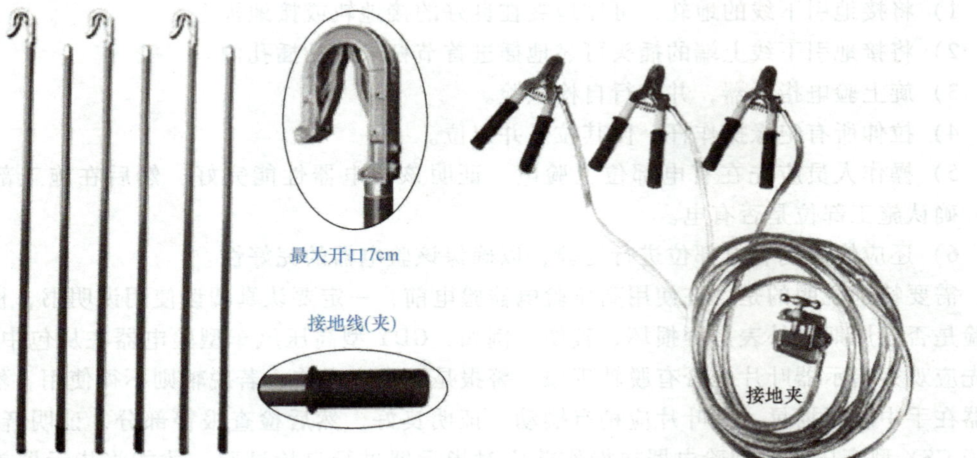

图 7-32 携带型短路接地线部件

注意事项。监护人应认真负责、精力集中，随时提醒工作人员应注意的事项，以防止可能发生的意外事故。进行全部停电和部分停电检修工作时应做好包括停电、验电、接地、装保安线、挂标示牌和装设遮栏等在内的安全技术措施，具体步骤如图 7-33 所示。检修完毕应及时做好恢复工作。

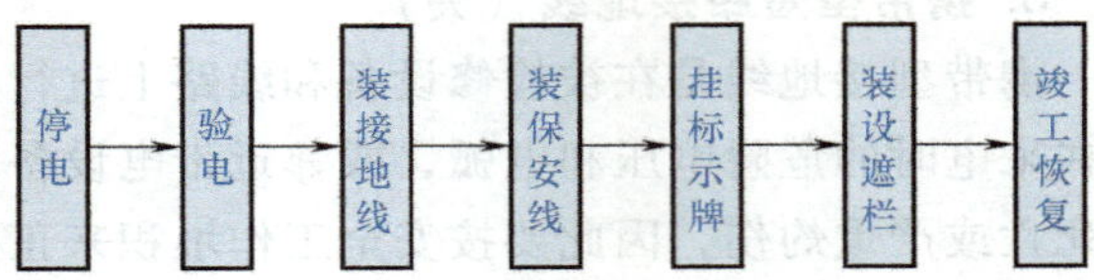

图 7-33 电气作业安全技术措施

三、电气安全组织管理

电气安全组织管理包括工作票制度、工作许可制度、工作监护制度，以及工作间断、转移和终结制度。

1. 工作票制度

(1) 工作票

工作票是准许在电气设备上工作的书面命令，也是明确安全职责，向工作人员安全交底的依据。工作票包括第一种工作票和第二种工作票。

第一种工作票适用对象：高压设备上工作票需要全部停电或部分停电的，高压室内的二次接线和照明等回路上的工作，需要将高压设备停电或采取安全措施的。

第二种工作票适用对象：带电作业和在带电设备外壳上的工作；在控制盘和低压配电盘、配电箱、电源干线上的工作；无需将高压设备停电的工作。

(2) 工作票格式

电力线路第一种工作票的填写格式见表 7-8。电力线路第二种工作票的填写格式见表 7-9。工作票填写要求如下：

1) 工作票应用钢笔或圆珠笔填写，一式两份，字迹正确清楚。不得任意涂改。如有个别错、漏字需要修改，应使用规范的符号，字迹应清楚。用计算机生成或打印的工作票应使用统一的票面格式。由工作票签发人审核无误，手工或电子签名后方可执行。

2）工作票一份交给工作负责人，一份留在工作票签发人或工作许可人处。工作票应提前交给工作负责人。一张工作票中，工作票签发人和工作许可人不得兼任工作负责人。工作负责人可以填写工作票。

3）工作票由设备运行管理单位签发，也可经设备运行管理单位审核合格且经批准的修试及基建单位签发。修试及基建单位的工作票签发人、工作负责人名单应事先送有关设备运行管理单位备案。

2. 工作许可制度

工作许可制度是确保电气检修作业安全所采取的一种重要措施。工作许可制度的主要内容如下：

1）填用第一种工作票进行工作，工作负责人应在得到全部工作许可人的许可后方能开始工作。

2）线路停电检修，工作许可人应在线路可能受电的各方面（含变电站、发电厂、环网线路、分支线路）都拉闸停电，并挂好地线后，方能发出许可工作的命令。

3）许可开始工作的明令，应通知工作负责人。其方法可采用当面通知、电话下达派人传达等形式。

4）电话下达时，工作许可人及工作负责人应记录清楚明确，并复诵核对无误。对直接在现场许可的停电工作，工作许可人和工作负责人应在工作票上记录许可时间，并签名。

5）若停电线路还涉及其他单位配合停电的线路，工作负责人应在得到指定的配合停电设备运行管理单位联系人通知这些线路已停电和接地，并履行书面许可手续后，方可开始工作。严禁约时停、送电。

6）填用第二种工作票时，不需要履行工作许可手续。

3. 工作监护制度

执行工作监护制度的目的是防止工作人员违反安全规程，及时纠正不安全动作和其他错误做法，使工作人员在整个工作过程中得到监护人的指导和监督。

工作监护制度的主要内容如下：

1）完成工作许可手续后，工作负责人、专职监护人应向工作班组成员交待工作内容、人员分工、带电部位和现场安全措施，进行危险点告知，并履行确认手续，工作班方可开始工作。工作负责人、专职监护人应始终在工作现场，对工作班组人员的安全进行认真监护，及时纠正不安全的行为。在线路停电时进行工作，工作负责人在工作班组成员确无触电等危险的条件下，可以参加工作班组工作。

2）工作票签发人和工作票负责人对有触电危险、施工复杂容易发生事故的工作，应增设专职监护人和确定被监护的人员。专职监护人不得兼做其他工作。专职监护人临时离开时，应通知被监护人员停止工作或离开工作现场，待专职监护人回来后方可恢复工作。

3）工作期间，工作负责人因故暂时离开工作现场时，应指定能胜任的人员临时代替，离开前应将工作现场交待清楚，并告知工作班组成员。原工作负责人返回工作现场时，也应履行同样的交接手续。若工作负责人必须长时间离开工作的现场，应由原工作票签发人变更工作负责人，履行变更手续，并告知全体工作人员及工作许可人。

4. 工作间断、转移和终结制度

坚持工作间断、转移和终结制度，可以有效地提高工作效率，减少施工隐患，更好地明确工作职责，保证安全生产。工作间断、转移和终结制度的主要内容如下：

1）当遇到设备改动、工作地点挂有接地线、工作中遇到雷雨天气或其他可能威胁到工作人员的安全时，工作负责人或专职监护人可根据情况，临时停止工作。

2）白天工作间断时，工作地点的全部接地线仍保留不动。如果工作班须暂时离开工作地点，则应采取安全措施和派人看守，不让人、畜接近挖好的基坑或未竖立稳固的杆塔以及负载的起重和牵引机械装置等。恢复前，应检查接地线等各项安全措施的完整性。

3）填用数日内工作有效的第一种工作票，每日收工时如果将工作地点所装的接地线拆除，次日恢复工作前应重新验电挂接地线。如果调度允许的连续停电、夜间不送电的线路，工作地点的接地线可以不拆除，但次日恢复工作前应派人检查。

4）完工后，工作负责人（包括小组负责人）应检查线路检修地段的状况，确认杆塔上、导线上、绝缘子串上及其他辅助设备上没有遗留的个人保安线、工具、材料等，查明全部工作人员确由杆塔上撤下后，再命令拆除工作地段所挂的接地线。接地线拆除后，应即认为线路带电，不准任何人再登杆进行工作。多个小组工作时，工作负责人应得到所有小组负责人工作结束的汇报。

5）工作终结后，工作负责人应及时报告工作许可人，报告方法可以是当面报告或用电话报告并经复诵无误。若有其他单位配合停电线路，还应及时通知指定的配合停电设备运行管理单位联系人。

6）工作终结报告应简明扼要，并包括下列内容：工作负责人姓名，某线路上某处（说明起止杆号、分支线名称等）工作已完工，保安线已全部拆除，线路上已无本班组工作人员和遗留物，可以送电。

表 7-8 电力线路第一种工作票的填写格式

单位________________ 编号________________

1. 工作负责人(监护人)________ 班组________________

2. 工作班人员(不包括工作负责人)：____________________ 共___人

3. 工作的线路或设备双重名称(多回路应注明双重称号)：__________

4. 工作任务：

工作地点或地段 (注明分、支线路名称、线路的起止杆号)	工作内容

5. 计划工作时间：自____年___月___日___时___分至____年___月___日___时___分

6. 安全措施(必要时可附页绘图说明)：

6.1 应改为检修状态的线路间隔名称和应拉开的断路器(开关)、隔离开关(刀开关)、熔断器(保险)(包括分支线、用户线路和配合停电线路)：________________

6.2 保留或邻近的带电线路、设备：________________

6.3 其他安全措施和注意事项：________________

6.4 应挂的接地线：

线路名称及杆号					
接地线编号					

（续）

工作票签发人签名________年____月____日
工作负责人签名________年____月____日____时____分收到工作票
7. 确认本工作票1至6项，许可工作开始：

许可方式	许可人	工作负责人签名	许可工作的时间

8. 确认工作负责人布置的任务和本施工项目安全措施
工作班组人员签名：____________________
9. 工作负责人变动情况：原工作负责人____________离去，变更____________为工作负责人
工作负责人签名________年____月____日____时____分
工作人员变动情况：（增添人员姓名、变动日期及时间）________________________________
工作负责人签名__________
10. 工作票延期：有效期延长到________年____月____日____时____分
工作负责人签名________年____月____日____时____分
工作许可人________年____月____日____时____分
11. 工作票终结：
11.1 现场所挂的接地线编号________________共____组，已全部拆除、带回
11.2 工作终结报告：

终结报告的方式	许可人	工作负责人签名	终结报告时间
			年 月 日 时 分

12. 备注：
（1）指定专责监护人________负责监护________________________（地点及具体工作）
（2）其他事项：________________________

表 7-9 电力线路第二种工作票填写格式

单位____________________ 编号____________________
1. 工作负责人（监护人）____________ 班组________________________
2. 工作班人员（不包括工作负责人）：________________________________共____人
3. 工作任务：

线路或设备名称	工作地点、范围	工作内容

4. 计划工作时间：自________年____月____日____时____分至________年____月____日____时____分
5. 安全措施和注意事项：________________________________
工作票签发人签名________________________年____月____日
工作负责人签名________________________年____月____日____时____分收到工作票
6. 确认工作负责人布置的任务和本施工项目安全措施。
工作班组人员签名：____________________
7. 工作开始时间：________年____月____日____时____分
工作负责人签名____________
工作完工时间：________年____月____日____时____分
工作负责人签名____________
8. 备注：
____
____

四、企业三级安全教育

三级安全教育是指对新入厂人员的厂级教育、车间级教育和班组级教育。新入厂的人员（包括合同工、临时工、代训工、实习人员等）必须进行不少于三天的三级安全教育，教育

表 7-10　某公司职工三级安全教育记录卡

姓名		性别		出生年月	
文化程度		部门		班组	
进工地时间		工龄		工种	水电工
公司级教育	1)宣传各级政府部门颁布的安全生产法律、法规 2)树立安全生产法则标准和法则的观念 3)加强本单位施工过程中安全生产的规章制度和安全纪律 4)吸取历史上发生重大事故的教训，认清安全生产的新形势 5)宣传预防事故的基本知识，发生事故后如何抢救伤员、排险、保护现场和及时进行报告 教育人签字:　　受教育人签字:　　年　月　日				
部门(车间)级教育	1)宣传各级管理部门的有关安全生产的标准 2)施工现场的工程基本情况介绍 3)进入施工现场必须遵守安全生产六大纪律 4)进入现场必须“戴安全帽，扣好帽带”，高空作业人员必须佩戴安全带，并应系牢，认真学习安全生产的基本知识，服从管理，配合项目部做好班前教育工作 5)机械操作人员必须经过安全技术培训，考核合格后，持证上岗 6)遵守安全生产的制度、规定及安全操作和常规注意事项 7)严格按照本工种的安全技术操作规程进行作业 8)进行防火、防毒、防尘、防坠、防爆、防触电的知识教育 9)在紧急情况下安全疏散的处置知识教育 10)在操作前必须检查操作环境是否符合安全要求，道路是否畅通，机具是否完好牢固，安全设施和防护用品是否齐全，经检查符合要求后才可施工 11)严禁酒后作业，严格遵守安全生产操作规程，不违章指挥，不违章作业 教育人签字:　　受教育人签字:　　年　月　日				
岗位(班组)级教育	1)宣传本班组生产工作概况、工作性质及范围 2)宣传新工人个人从事生产工作的性质，必要的安全知识，安全操作规程 3)宣传工程项目中，工人的安全生产责任制 4)必须遵守国家、行业、项目部的各种方针、政策、法规、标准、制度 5)必须做到“戴好安全帽，扣好帽带”等劳动纪律，服从管理，认真做好班前教育工作 6)做到文明施工，“不赤膊，不穿拖鞋”，做到“工完料尽场地清” 7)爱护和正确地使用安全防护设施，防止坠落等事故发生 8)电焊、气割，严格遵守“十不烧”规程操作 9)每台电焊机应有专用的电源控制开关，严禁用其他金属丝代替熔丝 10)注意安全用电，电线不准乱拖乱拉，电源线均应架空扎牢，过道须用钢管保护 11)现场所用各种电线绝缘不准有老化、破皮、漏电等现象，各类电动机械应勤加保养，及时清洗、油注，如遇中途停电或暂时离开，必须关闭电源或拔出插头 12)工作结束后，切断电焊机电源，并检查操作地点，确认无起火危险后，方可离开 教育人签字:　　受教育人签字:　　年　月　日				
安全管理部门综合评定					
备注	1)受培训人持本卡接受各级安全教育，安全科和专职培训员有监督检查的权力 2)受培训人安全考核合格由培训人和受培训人签字后，将本卡上交安全科领取上岗合格证 3)安全科随时对员工安全知识掌握进行抽查，掌握不全面、违章违纪现象或因人为原因造成事故的，安全科有权收回上岗合格证，并要求在1周内重新接受安全教育，考试不合格将其退回人事部 4)本卡一式三份，一份公司存档，一份项目部存档，一份工人自己存档				

后要进行考试，成绩不合格者要重新教育，直至合格，并填写《职工三级教育卡》。以某公司水电工的三级教育为例，基本格式和内容见表7-10。三级安全教育中，厂级安全教育时间一般为8h；车间级安全教育由车间行政一把手负责，一般授课时间为4~8h。

三级安全教育的主要内容有以下几个方面。

1. 厂级安全教育

厂级安全教育一般由企业安技部门负责进行。具体内容和要求如下：

1）讲解党和国家有关安全生产的方针、政策、法令、法规及本企业有关安全生产、消防、交通的规程、规定，讲解劳动保护的意义、任务、内容及基本要求，使新入厂员工树立“安全第一、预防为主”和“安全生产，人人有责”的思想。

2）介绍本企业的安全生产情况，包括企业发展史（含企业安全生产发展史）、企业生产特点、企业设备分布情况（着重介绍特种设备的性能、作用、分布和注意事项）、主要危险及要害部位，介绍一般安全生产防护知识，介绍企业的安全生产组织机构及企业的主要安全生产规章制度等。

3）介绍企业安全生产的经验和教训，结合本单位和相关厂常见事故案例进行剖析讲解，阐明伤亡事故的原因及事故处理程序等。

4）提出希望和要求。如要求受教育人员要按《全国职工守则》和企业职工奖惩条例积极工作；在生产劳动过程中努力学习安全技术、操作规程；要遵守操作规程和劳动纪律，不擅自离开工作岗位，不违章作业，不随便出入危险区域及要害部位；要注意劳逸结合，正确使用劳动保护用品等。

2. 车间级（或项目部）**安全教育**

各车间有不同的生产特点和不同的要害部位、危险区域和设备，因此，在进行本级安全教育时，应根据各自情况，详细讲解。具体内容和要求如下：

1）介绍本车间的生产特点、性质。如车间的生产方式及工艺流程；车间人员结构，安全生产组织及活动情况；车间主要工种及作业中的专业安全要求；车间危险区域、特种作业场所，有毒有害岗位情况；车间安全生产规章制度和劳动保护用品穿戴要求及注意事项；车间事故多发部位、原因，及相应的特殊规定和安全要求；车间常见事故和对典型事故案例的剖析；车间安全文明生产的经验与问题等。

2）根据车间的特点介绍安全技术基础知识。

3）介绍消防安全知识。

4）介绍车间安全生产和文明生产制度。

3. 班组级安全教育

班组是企业生产的“前线”，生产活动是以班组为基础的。由于操作人员活动在班组，机具设备在班组，事故常常发生在班组，因此，班组安全教育非常重要。具体内容和要求如下：

1）介绍本班组生产概况、特点、范围、作业环境、设备状况、消防设施等。重点介绍可能发生伤害事故的各种危险因素和危险部位，可用一些典型事故实例去剖析讲解。

2）讲解本岗位使用的机械设备、工具的性能，防护装置的作用和使用方法；讲解本工种安全操作规程和岗位责任及有关安全注意事项，使学员真正从思想上重视安全生产，自觉遵守安全操作规程，做到不违章作业，爱护和正确使用机器设备、工具等；介绍班组安全活动内容及作业场所的安全检查和交接班制度；教育学员发现了事故隐患或发生了事故，应及时报告领导或有关人员，并学会如何紧急处理险情。

3）讲解正确使用劳动保护用品及其保管方法和文明生产的要求。

4）实际安全操作示范，重点讲解安全操作要领，边示范，边讲解，说明注意事项，并讲述哪些操作是危险的、是违反操作规程的，使学员懂得违章将会造成的严重后果。

【实践指导】

训练　停电安全技术措施

一、训练目的

在电工技师或指导老师指导下学会做好停电安全技术措施。

二、训练准备

1）熟悉停电检修操作规程和安全注意事项。

2）熟悉停电检修工作内容、工作范围。

3）穿戴好防护用品，查验并备齐操作用具。

三、训练步骤

停电检修安全技术措施一般按照停电、验电、装设接地线、悬挂标示牌和装设遮栏等步骤进行，各操作阶段的工艺要求及操作要领如下：

1. 停电操作

按倒闸操作的相关要求和步骤做好以下范围的停电工作：

1）断开变电站、配电站（所）、环网设备（包括用户设备）等线路断路器（开关）和隔离开关（刀开关）。

2）断开需要工作班操作的线路各端（含分支）断路器（开关）、隔离开关（刀开关）和熔断器。

3）断开危及该线路停电作业，且不能采取相应安全措施的交叉跨越、平行和同杆架设线路（包括用户线路）的断路器（开关）、隔离开关（刀开关）和熔断器。

4）断开有可能返回低压电源的断路器（开关）、隔离开关（刀开关）和熔断器。

正确停电操作姿势如图 7-34 所示。

图 7-34　停电操作姿势

2. 验电操作

根据被验线路或设备工作电压等级选择验电

器，按下列要求进行验电：

1）验电前，宜先在有电设备上进行实验，确认验电器良好；无法在有电设备上进行实验时，可用高压发生器等确认验电器良好。

2）验电时，人体应与被验电设备保持安全距离，并设专人监护。使用伸缩式验电器时应保证绝缘的有效长度。

3）对无法进行直接验电的设备，可以进行间接验电，即检查隔离开关（刀开关）的机械指示位置、电气指示、仪表及带电显示装置指示的变化，但至少应有两个及以上的指示或信号已发生对应变化；若进行遥控操作，则应同时检查隔离开关（刀开关）的状态指示，遥测、遥信信号及带电显示装置的指示，进行间接验电。

4）对同杆架设的多层电力线路进行验电时，先验低压、后验高压，先验下层、后验上层，先验近侧、后验远侧。禁止工作人员穿越未经验电、接地的10kV及以下线路对上层进行验电。

5）线路验电应逐相进行。检修联络用的断路器（开关）、隔离开关（刀开关）或其组合时，应在两侧验电。

正确高压验电操作姿势如图7-35所示。

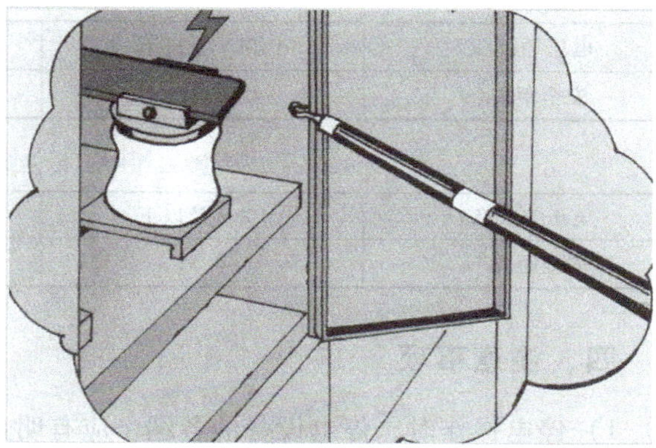

图7-35　高压验电操作姿势

3. 装设接地线

正确选择移动式短路接地线，并按下列要求正确连接。

1）线路验明却无电压后，应立即装设接地线并将三相短路。各工作班工作地段两端和有可能送电到停电线路的分支线（包括用户）都要验电、挂接地线。挂接地线应在监护下进行。配合停电的线路可以只在工作地点附近装设一处接地线。

2）同杆架设的多层电力线路挂接地线时，应先挂低压、后挂高压、先挂下层、后挂上层、先挂近侧、后挂远侧。拆除时顺序相反。

3）成套接地线由有透明护套的多股软铜线组成，其截面积不得小于25mm^2，同时应满足装设地点短路电流的要求。禁止使用其他导线作接地线或短路线。接地线应使用专用的线夹固定在导线上，严禁用缠绕的方法进行接地或短路。

4）装设接地线应先接接地端，后接导线端，接地线应接触良好，连接可靠。拆接地线的顺序与此相反。装、拆接地线均应使用绝缘棒或专用的绝缘绳。人体不得触碰接地线或未经接地的导线。

正确装设接地线方法如图7-36所示。

图7-36　装设接地线方法

4. 悬挂标示牌和装设遮栏（围栏）

在一经合闸即可送电到工作地点的断路器（开关）、隔离开关（刀开关）的操作处，均应悬挂“禁止合闸，有人工作！”的标示牌。

进行地面配电设备部分停电的工作，人员工作时距设备小于表 7-11 中安全距离以内的未停电设备，应增设临时围栏。临时围栏与带电部分的距离，不得小于表 7-12 中的规定。临时围栏应装设牢固，并悬挂“止步，高压危险！”的标示牌。35kV 及以下设备的临时围栏，如因工作特殊需求，可用绝缘隔板与带电部分直接接触。绝缘隔板的绝缘性能应符合相关要求。

在城区或人口密集区段施工时，工作场所周围应装设遮栏（围栏）。

压配电设备做耐压试验时，应在周围设围栏，围栏上应悬挂适当数量的“止步，高压危险！”标示牌。严禁工作人员在工作中移动或拆除围栏和标示牌。

表 7-11　设备不停电时的安全距离

电压等级/kV	10kV 及以下	20kV、35kV	63kV(66kV)、110kV
安全距离/m	0.70	1.00	1.50

表 7-12　工作人员工作中正常活动范围与带电设备的安全距离

电压等级/kV	10kV 及以下	20kV、35kV	63kV(66kV)、110kV
安全距离/m	0.35	0.60	1.50

四、注意事项

1）停电操作时，停电设备的各端，应有明显的断开点（对无法观看到明显断开点的设备除外）。断路器（开关）、隔离开关（刀开关）的操动机构上应加锁；跌落式熔断器的熔管应摘下。

2）高压验电时应戴绝缘手套，低压验电可以不戴绝缘手套。

3）电缆及电容器接地前应逐项充分放电，星形接线电容器的中性点应接地，串联的电容器及与整组电容器脱离的电容器应逐个放电，装在绝缘支架上的电容器外壳也应放电。

【四新技术】

电力运行管理软件

《生产运行管理信息系统》是汉华软件公司开发的产品，适用于国内电力系统管理部门，管理和规范其工作业务、提高工作效率。该系统的特点是：使各级管理部门之间的业务处理更规范；各部门工作计划的传阅与审批工作方便、快捷；工作计划和批文下发方便；真正达到无纸化办公的帮手。该系统具有如下功能：

1. 计划管理

系统提供自定义工作计划审批流程，基层单位上报工作计划后，上级单位可以跨越传递该工作计划，并签署意见，不同意的工作计划可以退回到申报部门。上级部门制定的工作计划可以下发给各部门接收人员。工作计划超过处理天数有红色提示。可以查阅任何时间处理的批文以及签署的意见。

2. 缺陷管理

登记：实验、检修、巡检等发现的设备缺陷可以直接上报给相关部门进行登记。

定级：对已经登记的缺陷进行评级。如：一般、紧急、重大等。

审核：对缺陷处理意见，按步骤审核，确定最终的处理意见、方案。

消缺：对审核的缺陷进行消除，记录消除的相关信息。

验收：对已经消缺的设备进行验收。这是缺陷处理的最后过程，验收合格的才可以确认设备缺陷已经消除。

3. 设备台账和设备评级管理

在设备台账管理中，可以对线路上各种设备的情况进行统计、汇总、上报等，在地图上可以准确显示电网中线路及线路相关设备的属性信息与缺陷情况。

设备可以进行自动评级，支持设备管理人员分析掌握各类设备的运行状况，及时发现设备运行中存在的问题，及时采取措施加以解决，保证设备的安全运行。

4. 试验管理

对各类实验项目，系统提供自定义实验参数，用来满足不同的实验要求。

5. 运行记录管理

跳闸记录维护、主变轮换记录、有载分接头记录。

6. 电压无功管理

在电压无功管理中，配合电网改造，完善电压、无功调控手段，强化电压无功管理。实现 A、C、D 类电压监测点电压合格率的输入与统计。实现并联电容器运行和功率因数的输入查询统计功能。有效地提高自动化水平、保障供电可靠性、降低设备故障损耗。

7. 两票管理

操作票、倒闸票。

8. 工程资料管理

记录工程的造价、工程的进度、工程材料清单等信息，追踪运行设备投运时间、来源于哪一个工程以及原因。

9. 安全信息管理

管理安全的目标、安全事故的分析、安全计划的执行、安全措施的监督、安全培训记录及工作票统计等信息的管理。

10. 领导综合查询

查询运行报表，送、变、配台账等信息，以及缺陷、评级、检修等信息。

"1+X"证书测评

应知部分

一、选择题

1. 经常发生的触电形式有（　　）。

A. 接触电压触电　　B. 单相触电和两相触电

C. 雷电触电　　D. 跨步电压触电

2. 我国一般采用的安全电压为交流（　）V。

A. 36　　B. 12　　C. 50　　D. 220

3. 直接接触触电的预防技术分为（　）。

A. 绝缘　　B. 屏护　　C. 间距　　D. 接地

4. 设备的金属外壳采用（　）等防止间接接触触电的安全措施。

A. 保护接地　　B. 保护接零

C. 漏电保护　　D. 安全电压

5. 低压配电系统按接地方式的不同分为三类，即（　）系统。

A. TN　　B. TT　　C. IT　　D. 其他

6. TN 系统即系统电源中性点直接接地，负载采用保护接零的系统。根据中性线和保护线的布置，TN 系统的形式有（　）三种。

A. TN-C　　B. TN-S　　C. TN-C-S 系统　　D. 其他

7. 发生触电事故，开展人工呼吸急救，每分钟（　）次。

A. 12　　B. 50　　C. 80　　D. 30

8. 防雷装置通常由（　）等部分组成。

A. 接闪器　　B. 引下线　　C. 接地体　　D. 接地网

9. 电气安全组织管理包括（　）。

A. 工作票制度　　B. 工作许可制度

C. 工作监护制度　　D. 工作间断、转移和终结制度

10. 三级安全教育是指对新入厂人员的（　）。

A. 厂级教育　　B. 车间级教育

C. 班组级教育　　D. 个人教育

二、判断题

1. 遮栏、栅栏等屏护装置上应有“止步，高压危险！”等标志。（　）

2. TT 系统为三相四线制，电源与电气装置的外露可导电部分（金属外壳）均直接接地的系统。它的中性线在电源侧接地后引出，并只做工作零线，用电器外露可导电部分在现场直接接地。（　）

3. IT 系统是电源变压器中性点接地（或通过高阻抗接地），而电气设备外壳采用保护接地的系统。（　）

4. 中性点不接地运行方式，系统正常运行时，电压、电流对称。当发生单相接地故障时，另两相对地电压升高为原来的$\sqrt{3}$倍。单相接地电容电流为正常运行时相线对地电容电流的 3 倍。（　）

5. 触电急救时，人工胸外按压频率应保持在 80~100 次/min。（　）

6. 电流经带电体、验电器、人体到大地形成通电回路，只要带电体与大地之间的电位差超过 60V，验电器中的氖管就会发光。（　）

7. 第一种工作票的适用对象是：带电作业和在带电设备外壳上的工作；在控制盘和低压配电盘、配电箱、电源干线上的工作；无需将高压设备停电的工作。（　）

8. 线路停电检修，工作许可人应在线路可能受电的各方面（含变电站、发电厂、环网线路、分支线路）都拉闸停电，并挂好地线后，方能发出许可工作的命令。(　　)

9. 在线路停电时进行工作，工作负责人在工作班组成员确无触电等危险的条件下，可以参加工作班组工作。(　　)

10. 接地线拆除后，应即认为线路带电，不准任何人再登杆进行工作。多个小组工作，工作负责人应得到所有小组负责人工作结束的汇报。(　　)

三、简答题

1. 如何预防直接接触触电和间接接触触电？

2. 某机械厂，7 月的一天中午。某修理工想利用大家都去饭堂吃饭的时间，停电检修一台设备，另一职工因上午请了一会儿假，中午匆匆赶来上班，赶到车间满头汗，一开电扇没电，就把闸刀送上，因为修理工蹲在设备的后面修电动机，他没有仔细看，结果修理工当场身亡。试分析这起电气事故的原因和应该采取的必要措施。

3. 简述心肺复苏技术的操作要领并利用模拟人反复训练。

4. 《建筑物防雷设计规范》中怎样区分一类、二类和三类防雷建筑？

5. 基本防雷措施由哪几部分组成？怎样做好电源配电防雷措施？

6. 人工接地装置有哪些技术要求？简述其施工工艺流程。

7. 如何用低压验电器判别相线和中性线、交流和直流、设备漏电、负载平衡？

8. 电气安全技术管理的主要内容有哪些？如何实施方法？

9. 简述电气安全组织管理的主要内容。在什么情况下选用电力线路第一种工作票，在什么情况下选用电力线路第二种工作票？

10. 简述工作许可制度、工作监护制度和工作间断、转移和终结制度的具体内容和要求。

应会部分

技能试题　设备检修的安全技术措施

1. 考核要求

(1) 做好保证设备检修的安全技术措施（略）

(2) 考核时限

90min。

(3) 安全文明生产

认真执行安全技术操作规程；按企业有关文明生产规定，做到工作场地整洁，工件、工具摆放整齐。

2. 考核准备

1）考核场地必须符合安全生产要求。

2）考核器材：低压动力配电柜、常用电工工具、万用表、低压验电器、接地线、标示牌、遮栏及劳保用品（含电工工作服、绝缘鞋）等。

3. 评分标准

评分标准见表 7-13。

表 7-13 评分表

序号	考核内容	配分	评分标准	扣分	得分
1	停电	20	1)设备未停电,扣 20 分 2)带负荷拉刀开关,扣 20 分		
2	验电	20	1)设备停电后,未进行验电,扣 20 分 2)设备停电后,验电方法不正确,扣 20 分		
3	装设接地线	20	1)接地线装设不可靠,扣 10 分 2)接地线装设位置不正确,扣 10 分 3)接地线装设顺序不正确,扣 10 分 4)拆接地线顺序不正确,扣 10 分		
4	悬挂标示牌	20	1)悬挂标示牌内容不正确,扣 20 分 2)悬挂标示牌位置不正确,扣 20 分 3)悬挂标示牌数量不正确,扣 10 分		
5	装设临时遮栏	20	1)对于安全距离小于规定值的未停电设备,未装设临时遮栏,扣 20 分 2)装设临时遮栏范围不符合要求 扣 10 分		
6	安全文明生产 1)服从考务和监考老师安排,遵守考试纪律 2)遵守安全操作规程,无人身伤害事故,正确使用工具,节约材料,操作场地整洁	否定项	严重违反安全文明生产规定本次考核以 0 分计,情节较轻的酌情在总分中扣 5~20 分		
	分数合计	100			

参考文献

[1] 刘光源. 电工技能训练 [M]. 3版. 北京：中国劳动社会保障出版社，2001.
[2] 朱照红. 电工技能训练 [M]. 4版. 北京：中国劳动社会保障出版社，2007.
[3] 邵之祺. 电工作业 [M]. 南京：东南大学出版社，2006.
[4] 王晴. 怎样填写与使用电气工作票 操作票 [M]. 北京：中国电力出版社，2006.
[5] 陈家瑁，包晓晖. 供配电系统及其电气设备 [M]. 北京：中国水利水电出版社，2004.
[6] 张延会. 变电站值班员 [M]. 北京：化学工业出版社，2007.
[7] 单渊达. 电能系统基础 [M]. 北京：机械工业出版社，2004.
[8] 朱照红. 维修电工（中级）实训与考级 [M]. 北京：电子工业出版社，2009.
[9] 中国建筑工程总公司. 建筑电气工程施工工艺标准 [S]. 北京：中国建筑工业出版社，2003.